图 1.7　鸢尾花

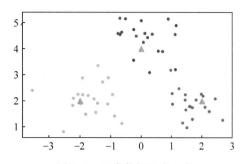

图 2.8　三类数据及中心点

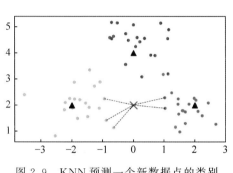

图 2.9　KNN 预测一个新数据点的类别

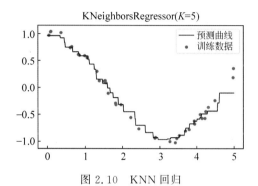

图 2.10　KNN 回归

图 2.12　用于构造决策树的 two_moons 数据

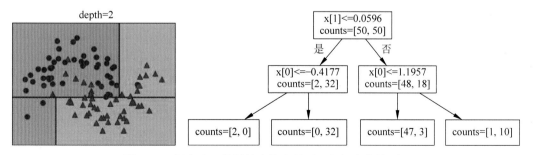

图 2.14　深度为 2 的树的决策边界(左)与相应的树(右)

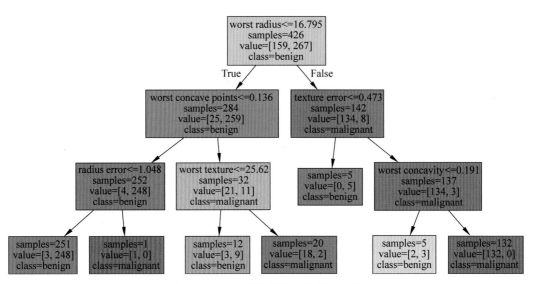

图 2.16　乳腺癌数据集构造的决策树

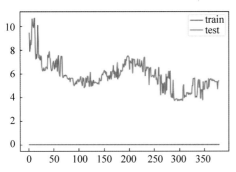

图 2.18　决策树回归 RMSE 学习曲线

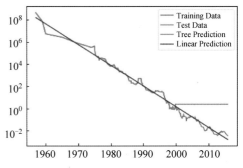

图 2.20　线性模型和回归树对内存价格的
预测结果对比

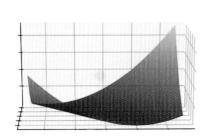

图 2.23　误差函数

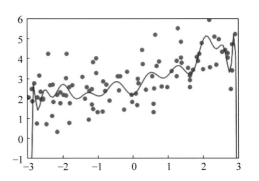

图 2.27　20 次幂多项式回归拟合曲线(无正则化)

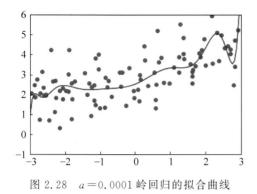

图 2.28　$a=0.0001$ 岭回归的拟合曲线

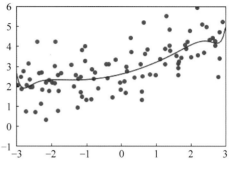

图 2.29　$a=0.01$ 时 Lasso 回归的拟合曲线

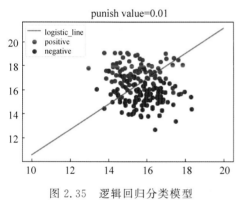

图 2.35　逻辑回归分类模型

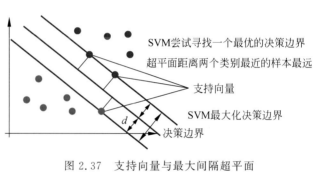

图 2.37　支持向量与最大间隔超平面

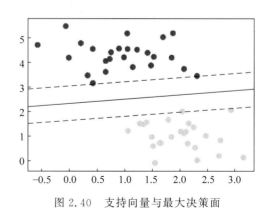

图 2.39　多条分割线

图 2.40　支持向量与最大决策面

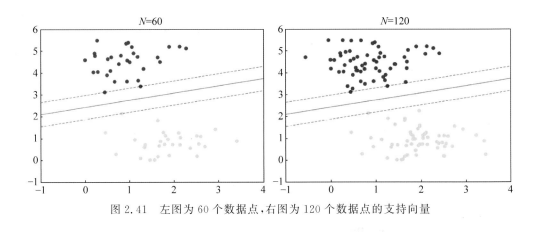

图 2.41 左图为 60 个数据点,右图为 120 个数据点的支持向量

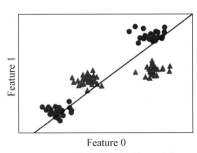

图 2.42 样本数据线性不可分

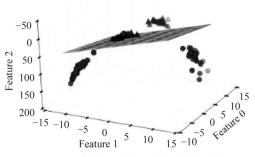

图 2.43 投影到高维空间中线性可分

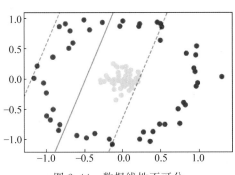

图 2.44 数据线性不可分

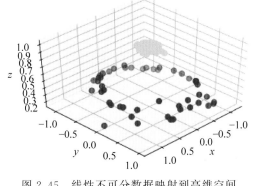

图 2.45 线性不可分数据映射到高维空间

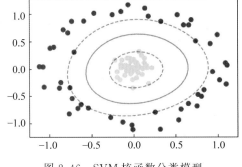

图 2.46 SVM 核函数分类模型

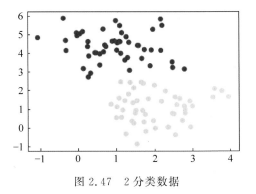

图 2.47 2 分类数据

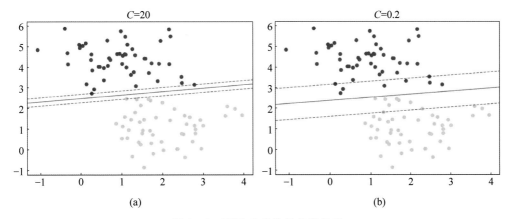

图 2.48　不同 C 参数的分类效果

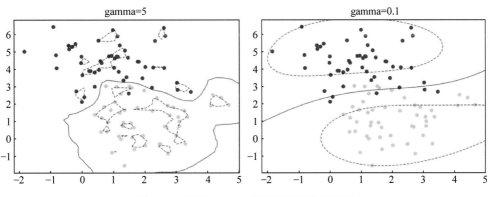

图 2.49　不同 gamma 值时 SVM 分类效果

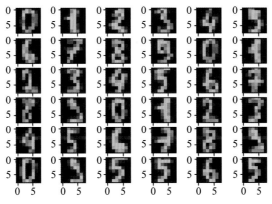

图 2.59　手写数字格式

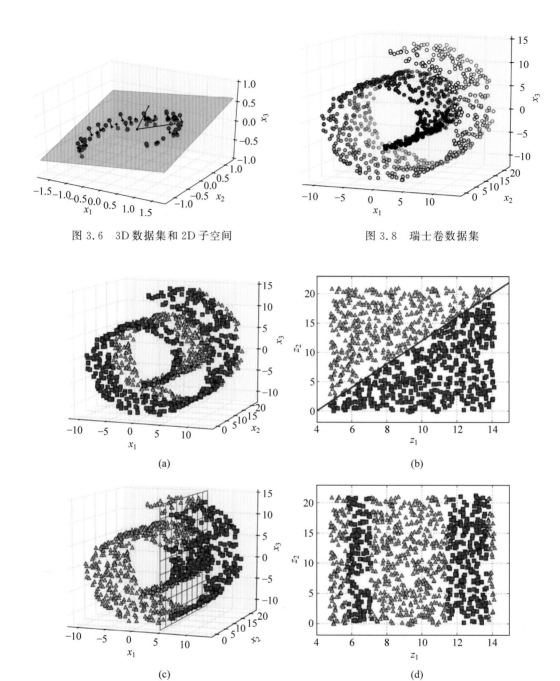

图 3.6　3D 数据集和 2D 子空间

图 3.8　瑞士卷数据集

(a)

(b)

(c)

(d)

图 3.10　决策边界不总是维度越低越简单

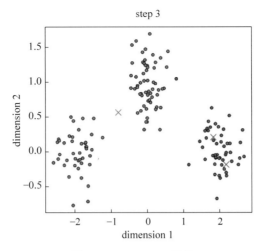

图 3.11   K-Means 聚类

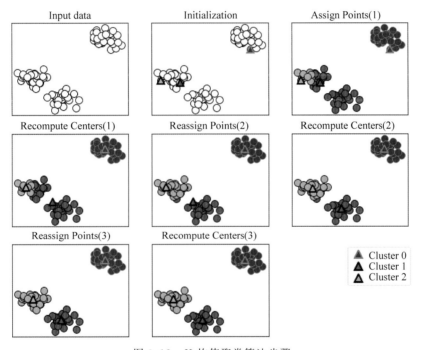

图 3.12   K 均值聚类算法步骤

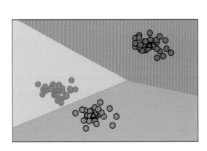

图 3.13   K 均值聚类算法找到的簇中心和簇边界

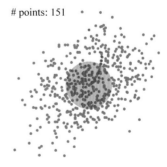

图 3.14   基于滑动窗口的均值偏移聚类

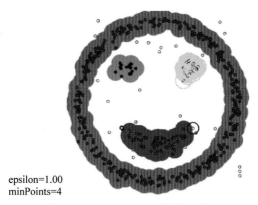

epsilon=1.00
minPoints=4

图 3.15　DBSCAN 实现笑脸聚类

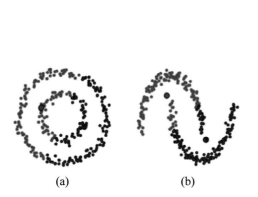

(a)　　　　　(b)

图 3.16　K-Means 聚类两个失败案例

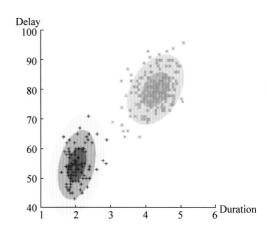

图 3.17　使用高斯混合模型的期望最大化聚类

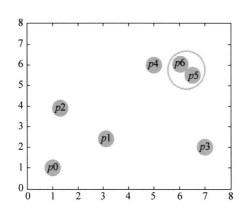

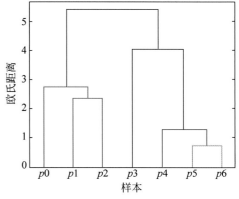

图 3.18　层次聚类

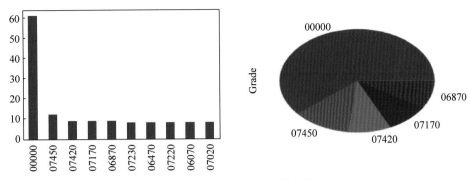

图 4.1 定类数据的条形图和饼图

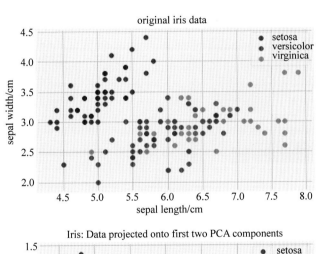

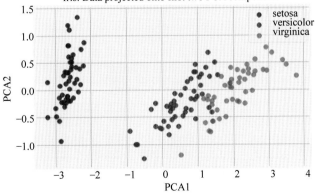

图 4.20 PCA 在 sklearn 上的调用和效果展示

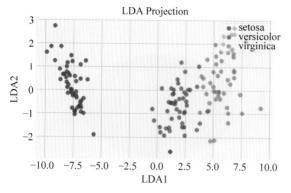

图 4.21 LDA 在 sklearn 上的调用和效果展示

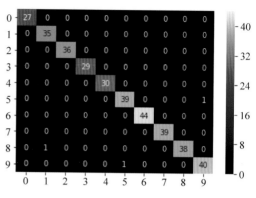

图 5.15 热力图绘制的混淆矩阵

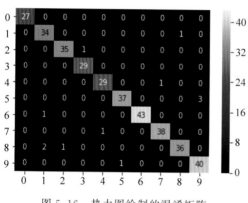

图 5.16 热力图绘制的混淆矩阵

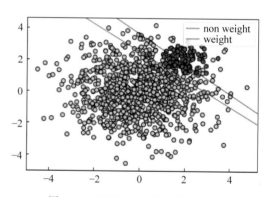

图 5.18 用 SVC 最优分离超平面

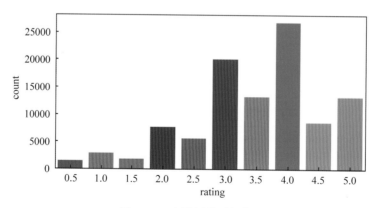

图 6.12 电影评分可视化

图 6.22　总体影评词云

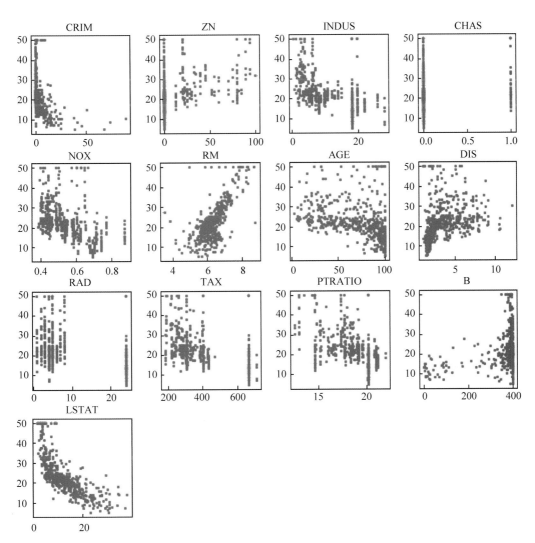

图 6.25　各特征的散点分布图

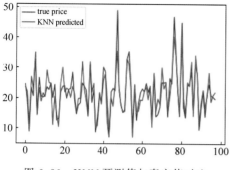

图 6.26　KNN 预测值与真实值对比

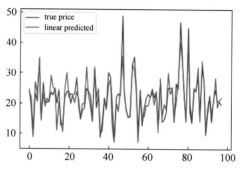

图 6.27　linear 预测值与真实值对比

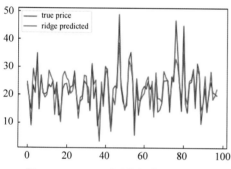

图 6.28　ridge 预测值与真实值对比

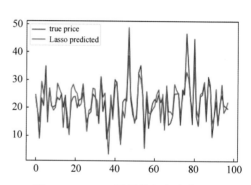

图 6.29　Lasso 预测值与真实值对比

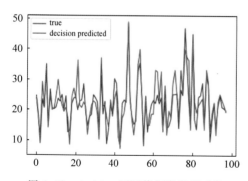

图 6.30　decision 预测值与真实值对比

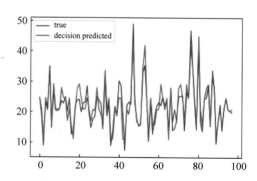

图 6.31　decision 预测值与真实值对比

大数据与人工智能技术丛书

机器学习

原理、算法与Python实战

微课视频版

◎ 姚捃 刘华春 侯向宁 编著

清华大学出版社

北京

内 容 简 介

本书以 Python 为开发语言，采用理论与实践相结合的形式，系统全面地介绍了机器学习涉及的核心知识。本书共 6 章，其中第 1 章介绍机器学习的基础知识，包括机器学习的概念、分类、研究范围、开发环境等，介绍第一个机器学习案例；第 2、3 章介绍机器学习的主要方法：监督学习与无监督学习，涉及目前机器学习最为流行的经典算法和模型，如 KNN、朴素贝叶斯、决策树、线性回归、逻辑回归、SVM、神经网络、PCA 降维、K-Means，每个算法模型都配有代码及可视化演示，让读者能更直观形象地理解机器学习；第 4 章介绍机器学习非常重要的数据处理方法：特征工程，特征工程能进一步提高机器学习算法的性能；第 5 章介绍机器学习模型的评估与优化，通过评估判断模型优劣，评估后利用优化方法使其达到生产需求；第 6 章介绍机器学习的应用案例，让读者更直观地感受机器学习在生产生活中的实际用途。

本书附有配套教学课件、源代码、习题，供读者实践，旨在通过边学边练的方式，巩固所学知识，提升开发能力。

本书可作为高等学校计算机相关专业的教材，也可作为机器学习工程技术人员的参考用书。

图书在版编目（CIP）数据

机器学习：原理、算法与 Python 实战：微课视频版/姚捃，刘华春，侯向宁编著.—北京：清华大学出版社，2022.8（2024.8 重印）
　　（大数据与人工智能技术丛书）
　　ISBN 978-7-302-61660-3

　　Ⅰ.①机…　Ⅱ.①姚…②刘…③侯…　Ⅲ.①机器学习　Ⅳ.①TP181

中国版本图书馆 CIP 数据核字（2022）第 145396 号

策划编辑：魏江江
责任编辑：王冰飞
封面设计：刘　键
责任校对：申晓焕
责任印制：刘海龙

出版发行：清华大学出版社
　　　　网　　　址：https://www.tup.com.cn,https://www.wqxuetang.com
　　　　地　　　址：北京清华大学学研大厦 A 座　　邮　　编：100084
　　　　社 总 机：010-83470000　　　　　　　　邮　　购：010-62786544
　　　　投稿与读者服务：010-62776969，c-service@tup.tsinghua.edu.cn
　　　　质量反馈：010-62772015，zhiliang@tup.tsinghua.edu.cn
　　　　课件下载：https://www.tup.com.cn,010-83470236
印 装 者：三河市龙大印装有限公司
经　　销：全国新华书店
开　　本：185mm×260mm　　印　　张：15.75　　插　　页：6　　字　　数：378 千字
版　　次：2022 年 9 月第 1 版　　　　　　　　　　印　　次：2024 年 8 月第 4 次印刷
印　　数：4001～5200
定　　价：59.90 元

产品编号：094160-01

前　言

以云计算、大数据、人工智能为引领的新一轮技术进步正在融入各行各业,在这样一个转型阶段,人工智能备受关注。人工智能取得革命性进步背后的推手,其实是机器学习(Machine Learning)。由机器学习驱动的人工智能领域在过去十多年中经历了一些惊人的变化,它从一个纯粹的学术研究领域开始,到现在已经看到广泛的行业正在采用机器学习技术。跨越多个领域的应用正在蓬勃发展,包括推荐系统、自动驾驶技术、图像、语音、文本处理等技术正在多个领域广泛应用,并取得了巨大的商业价值。机器学习是人工智能的组成部分,是人工智能的核心。

由于多个领域的广泛应用,催生了巨大的人才需求,为此,近年来,各高校纷纷开设智能科学与技术专业、人工智能专业、数据科学与大数据专业。传统的计算机科学与技术专业、软件工程专业也开设了人工智能方向,而机器学习是其中重要的核心课程,学习和掌握机器学习技术具有巨大的社会需求。在此背景下,希望这本以面向应用为主的机器学习教材可以帮助读者更好、更快地进入机器学习领域。

机器学习其实是一门多领域交叉学科,它涉及计算机科学、概率统计、函数逼近论、最优化理论、控制论、决策论、算法复杂度理论、实验科学等多个学科。机器学习也因此有许多不同的具体定义,分别因学科视角不同而有差异。但总体上讲,其关注的核心问题是如何用计算的方法模拟人类的学习行为,从历史经验中获取规律(或模型),并将其应用到新的类似场景中。

机器学习是用算法指导计算机利用已知数据自主构建合理的模型,并利用此模型对新的情境给出判断的过程。它不同于传统软件程序,因为传统软件由人编写指令,软件按照这些预先编写的逻辑规则运行,输出结果。机器学习则是通过大量数据的输入,机器学习算法从中主动寻求规律(模型),评估模型的性能,然后用学习到的模型在新的数据上得出结论,自主解决问题。

机器学习之所以重要,是因为它可以为复杂问题提供解决方案。相对于传统程序设计,这些解决方案具有更高的鲁棒性和更多的策略动态。因为计算机程序使数据处理过程得以自动化,它通常是线性的、基于过程和规则逻辑的。而有些复杂问题,想通过传统程序设计方法来解决通常不可行。如下面这些问题,可以描述,却不能通过传统程序解决。这类问题具有如下特点:

(1) 无法界定输入数据的属性范围。

(2) 数据属性太多,无法设计出逻辑去实现程序的目标。

(3) 规则太复杂,无法设计出实现目标的所有逻辑。

(4) 可以收集输入数据的样例,需要将样例中的规律推广到更广泛的数据上。

这类问题对基于过程和因果逻辑的传统程序解决方案来说很难实现,或者即使实现了,但其性能也很差。总体上来说,传统程序设计基于因果逻辑,而机器学习采用的算法基于概率统计和经验反馈。

由此可以看出,机器学习概念广泛,算法过程复杂,以不同的定位和视角学习的内容会有非常大的区别。本书立足于应用,以算法思想替代了机器学习算法的复杂数学公式推导,降低了读者的数学门槛,以大量的案例和具体的项目为线索来学习机器学习的各种算法和应用,让读者学以致用,快速进入机器学习领域。全书共有45个程序,分别实现了各种算法和机器学习技术。4个完整的机器学习项目分别是推荐系统、情感分析系统、预测和人脸识别,每个案例都详细地介绍了采用机器学习技术实现这些应用的步骤和流程,读者掌握这些方法后,就可以用来解决自己面对的各种机器学习问题。

全书以Python为开发语言实现机器学习的各种算法和应用,采用理论与实践相结合的形式,系统全面地介绍机器学习算法与应用。本书共6章,第1章介绍机器学习的基础知识,包括机器学习的基本概念,机器学习的分类和范围。第2章介绍机器学习的监督学习算法,涵盖了机器学习常用的经典算法和模型,包括:K近邻、朴素贝叶斯、决策树、线性回归、逻辑回归、SVM、神经网络等,这些算法和模型采用原理与代码相结合的方式进行讲解。第3章介绍无监督学习与数据预处理,包括数据变换、可视化、降维、聚类等无监督学习常用算法。第4章介绍特征工程,良好的特征工程通常可以提高模型的性能。第5章介绍模型的评估与优化,机器学习模型的多种评价指标以及搜索最有价值模型参数的技术和方法。第6章介绍机器学习在推荐系统、情感分析系统、预测与人脸识别问题上的应用案例。

本书由刘华春老师编写第1章和第2章,姚捃老师编写第3章和第4章,侯向宁老师编写第5章和第6章。本书配套有全部的电子课件和软件程序,可以在清华大学出版社官方网站下载。

在编写过程中,每位作者均付出了很多努力,力求算法描述可理解、案例生动、语言表述简洁。机器学习是一个范围广泛、博大精深的领域,由于编写时间有限,错误和不足在所难免,希望广大读者提出宝贵的意见,以便我们不断完善本书,在此表示感谢!

编　者

2022 年 6 月

目　录

随书资源

第 **1** 章

机器学习基础

本章内容

◇　机器学习概念

◇　机器学习的分类

◇　机器学习的研究范围

◇　构建机器学习开发环境

◇　第一个机器学习案例

机器学习(Machine Learning)是研究使用计算机模拟或实现人类学习活动的科学，是一种构建模型实现自动化数据分析的方法，是人工智能中最具智能特征、最前沿的研究领域之一。机器学习的依据是系统可以从数据中学习、识别模式并以最少的人工干预做出决策。

自20世纪80年代以来，机器学习作为实现人工智能的途径，在人工智能领域受到了广泛的关注，特别是近十几年来，机器学习领域的研究工作发展很快，它已成为人工智能的重要课题之一。机器学习不仅在基于知识的系统中得到应用，而且在自然语言理解、非单调推理、机器视觉、模式识别等许多领域也得到了广泛应用。一个系统是否具有学习能力已成为是否"智能"的一个标志。

近年来，机器学习方法已经被广泛应用到日常生活的方方面面。从自动推荐看什么电影、点什么食物、买什么商品，到在线视频的个性化推荐、从照片中智能识别好友，许多现代化网站和设备的核心都包含机器学习算法。

本章将解释机器学习如此流行的原因，介绍机器学习的分类，并探讨机器学习可以解决哪些类型的问题，展示如何构建第一个机器学习模型，同时介绍一些重要的概念。

1.1　机器学习

1.1.1　什么是机器学习

在讨论计算机如何学习之前,不妨先来看看人类是如何学习的。人类的学习是人根据过往的经验,对一类问题形成某种认识或总结出一定的规律,然后利用这些知识来对新的问题下判断的过程。

机器学习从数据中提取知识,主要研究的是让机器从过去的经历中学习经验,对数据中包含的规律进行建模,对未来进行预测。机器学习是一种利用数据训练出模型,然后使用模型预测的一种方法。

为了理解机器学习,将机器学习与人类经验学习作比较,如图1.1所示。

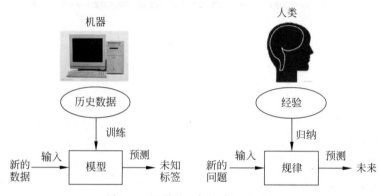

图 1.1　机器学习与人类经验学习

人类在成长、生活过程中积累了很多的历史经验,人类定期地对这些经验进行"归纳",获得了生活的"规律"。当人类遇到未知的问题或者需要对未来进行"推测"的时候,人类使用这些"规律",对未知问题与未来进行"推测",从而指导自己的生活和工作。

在机器学习中,"训练"与"预测"是机器学习的两个过程,"模型"则是训练过程的中间输出结果。"训练"产生"模型","模型"指导"预测"。机器学习中的"训练"与"预测"过程可以对应人类学习的"归纳"和"推测"过程。

机器学习方法是计算机利用已有的数据(经验),得出某种模型(规律),并利用此模型预测未来的一种方法。

通过这样的对比可以发现,机器学习的思想并不复杂,仅仅是对人类在生活中学习成长的模拟。由于机器学习不是基于编程的结果,因此它的处理过程不符合因果的逻辑,而是通过归纳思想得出相关性结论。

机器学习研究的是计算机模拟人类的学习行为,以获取新的知识或技能,并重新组织已有的知识结构使自身不断改善的方法。简单说,就是计算机从数据中学习出规律和模式,以应用在新数据上做出预测。互联网使得信息大爆炸,数据丰富,覆盖面远远超出人工可以观察和总结的范畴,而机器学习的算法能指引计算机在海量数据中,挖掘出有价值的信息。

机器学习是目前业界最为惊奇与火热的一项技术。从网上每一次购买东西,到汽车的自动驾驶技术,以及网络攻击抵御系统等,机器学习算法在其中发挥了出色的作用。机器学习也是最有可能使人类完成人工智能梦想的一项技术,目前各种人工智能的应用,如聊天机器人、计算机视觉技术,都是机器学习的应用成果。

1.1.2　从数据中学习

微课视频

"瑞雪兆丰年"这句民间谚语,是先辈通过大量观察,发现"大雪"与"丰收"之间有关系,并且呈现正相关,归纳总结而成。可以把这句话看成从经验数据中学习到的一个模型。当新的一年到来时,如果下大雪,就可以预测,来年大概率会丰收,如图1.2所示。

机器学习也一样,从图1.2可以看出,机器学习需要获取大量的数据,然后通过某种学习算法进行训练,得到规律(假设模型)。当有新数据到来时,就可以用学习好的模型进行预测,从而解决问题。

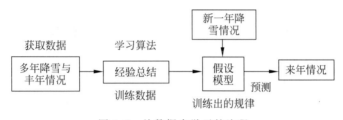

图1.2　从数据中学习的流程

那么,怎么指导计算机从数据中总结规律呢?

几十年来,很多计算机科学和应用数学界的学者们已经总结出不少教会计算机的办法,它们就是各式各样的机器学习算法。**这些机器学习算法指导计算机利用已知数据得出适当的模型,并利用此模型对新的数据给出判断。**

由此看来,机器学习的思想并不复杂,它仅仅是对人类生活中学习过程的一种模拟。

而在全部过程中,最关键的是数据,正所谓"no data,no intelligence"。如果说模型是我们希望造出来的火箭,那么数据就是它的燃料,这也是机器学习和大数据密不可分的原因。

从数据样本中学习的问题可以类比古典哲学的普通推理,每个预测学习过程都包括两个主要阶段:

(1) 从已知样本集中学习或估计其中的未知的相关性,**归纳**出模型。

(2) 用估计出的模型来预测新到来的输入数据的输出,用模型**演绎**出新的结论。

归纳学习和模型估计的过程可用不同的机器学习算法来描述,学习算法是一种估计系统在可用数据集中的输入和输出之间的未知映射的算法,即从已知样本中进行估计,一旦较好地估计出它们的相关性,就可以用于预测已知输入值的情况下系统将得到的输出。

1.1.3　机器学习能够解决的问题

机器学习研究如何从数据中学习到有效的模型,进而能对未来作出预测。例如,如果商店能够预测某一件商品在未来一段时间的销售量,就可以提前预订相应数量的商品,这样既可以避免缺货,又可以避免进太多货而造成积压。与传统的决策不同的是,机器学习算法依赖数据,从历史数据中学习出相应的模型以对未来进行预测,这样做有两个好处:第一,由于算法依赖数据,可以使用新的数据来不停地更新模型,使得模型能够自适应地处理新的数据;第二,对人的介入要求少,在机器学习的过程中,虽然也会尽量利用人的经验,但更多地强调如何利用人的经验知识从数据中训练,得到更好的模型。

目前,机器学习已成为人工智能领域研究和应用的热点之一,能够使用机器学习解决的实际问题包括:

- 根据信用卡交易的历史数据,判定哪些交易是欺诈交易;
- 从字母、数字或者汉字图像中有效地识别出相应的字符;
- 根据用户以往的购物历史来给用户推荐新的商品;
- 根据用户当前的查询和以往的消费历史向其推荐适合的网页、商品等;
- 根据用户对短视频的观看时间、关注、下载、点赞情况推荐相关的短视频。

虽然这些问题的具体形式不同,但是均可转化成机器学习可以解决的问题形式。

从概念上讲,只要能从给定的数据集中学习出一个模型,使得它能够有效地从输入数据中预测出感兴趣的量(目标值),这类问题都可以采用机器学习来解决。根据问题的不同,感兴趣的量可以有不同的形式。例如,在分类问题中,目标值就是若干类别之一;在排序问题中,目标值就是关于文档的一个序列。在机器学习中,通常解决问题的流程如下:

(1)搜集足够多的数据;

(2)通过分析问题本身或者分析数据,认为模型是可以从数据中学习出来的;

(3)选择合适的模型和算法,从数据中学习出模型;

(4)评价模型,并将其利用在实际问题中处理新的数据。

在实际问题中,还需要根据应用的实际情况及时更新模型。例如,若数据发生了显著变化,则需要更新模型。因此,在实际部署机器学习模型时,上面的步骤(3)和步骤(4)是一个循环的过程。

1.2 机器学习的分类

机器学习有不同的学习方式,也有若干不同的算法。很多算法属于同一类,而有些算法又是从其他算法中延伸得到的。从不同角度来对机器学习进行分类,第一,按照学习方式进行分类;第二,按照算法的类似性进行分类。

1.2.1 学习方式

微课视频

根据数据类型的不同,对一个问题的建模有不同的方式。在机器学习领域,有几种主要的学习方法,如图1.3所示。根据输入数据来选择最合适的机器学习方法才能获得最好的结果。

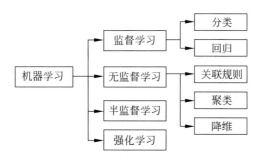

图 1.3　机器学习的主要方法

1. 监督学习

在监督学习中,输入数据被称为"训练数据",每组训练数据有一个明确输入/输出对。输入为**特征**,输出为**标签**。如垃圾邮件处理系统中,特征为构成垃圾邮件的各种特征数据,标签为"垃圾邮件""非垃圾邮件"。在手写数字识别问题中,特征为构成每个数字的像素数据,标签为"1""2""3""4"等。在构建机器学习系统时,若数据有明确的**输入/输出**对,都应当采用监督学习方法。

在建立预测模型的时候,监督学习方法有一个学习过程,这个过程称为训练(Train),每训练一次,将学习算法输出的结果与输入数据的真实结果(标签)进行比较。这个比较结果通常不一致,其差值称为**误差**,根据这个误差值,不断地调整预测模型参数,直到模型的输出结果达到预期的**准确率**。这时训练结束,得到一个预测模型,就可以用这个模型对新数据进行预测。

监督学习常见应用场景如垃圾邮件处理、人脸识别、温度预测等分类和回归问题。常见算法有逻辑回归(Logistic Regression)和神经网络、支持向量机、决策树等。

2. 无监督学习

在无监督学习中,数据**只有输入特征,没有输出标签**,学习模型是为了推断出数据的一些内在结构。

无监督学习常见的应用场景如客户兴趣、新闻主题、舆情分析等。常见算法包括关联规则(Apriori 算法)、聚类(K-Means 算法)、降维(PCA 算法)等。

3. 半监督学习

在此学习方式下,输入数据部分被标识,部分没有被标识,这种学习方式可以用来进行预测,但是模型首先需要学习数据的内在结构以便合理地组织数据来进行预测。

半监督学习算法包括一些对常用监督式学习算法的延伸,这些算法首先试图对未标识数据进行建模,在此基础上再对标识的数据进行预测,如图论推理算法(Graph Inference)和拉普拉斯支持向量机(Laplacian SVM)等。

4. 强化学习

在强化学习中,模型根据环境的反馈,对输入进行奖励或惩罚。输入数据作为对模型的反馈,在强化学习中,输入数据直接反馈到模型,模型必须对此立刻作出调整。

强化学习常见的应用场景包括扫地机器人、人机棋类/游戏对决、动态系统以及机器人控制等;常见算法包括 Q-Learning 以及时间差学习(Temporal Difference Learning)。

在企业实际数据应用的场景下,最常用的是监督式学习和无监督式学习的模型。在图像识别等领域,由于存在大量的非标识的数据和少量的可标识数据,目前常采用半监督式学习。强化学习则更多地应用在机器人控制及其他需要进行系统控制的领域。

微课视频

1.2.2 算法的分类

根据算法的功能和形式的差异,可以对机器学习进行分类,比如基于树的算法、基于神经网络的算法等。机器学习的范围非常广,有些算法很难明确归到某一类。而对于有些分类来说,同一类的算法可以针对不同类型的问题。机器学习常用的算法按照相似性进行分类如下。

1. 回归算法

回归算法是试图采用对误差(模型预测值与真实值之间的差值)的衡量来探索目标与变量之间关系的一类算法,回归算法是机器学习的利器。在机器学习领域,人们说起回归,有时候是指一类问题,有时候是指一类算法,这一点常常会使初学者有所困惑。常见的回归算法包括:最小二乘法(Ordinary Least Square)、线性回归(Linear Regression)、逐步式回归(Stepwise Regression)、多元自适应回归样条(Multivariate Adaptive Regression Splines)以及本地散点平滑估计(Locally Estimated Scatterplot Smoothing)。

2. 基于实例的算法

基于实例的算法常用来对决策问题建立模型。这样的模型先选取一批样本数据,然后根据某些特征的近似性把新数据与样本数据进行比较,通过这种方式来寻找最佳的匹配。因此,基于实例的算法常常也被称为"赢家通吃"学习或者"基于记忆的学习"。常见的算法包括 K 近邻(K-Nearest Neighbor,KNN)、学习向量量化(Learning Vector Quantization,LVQ)以及自组织映射算法(Self-Organizing Map,SOM)。

3. 正则化方法

正则化方法是其他算法(通常是回归算法)的延伸,根据算法的复杂度对算法进行调整。正则化方法通常对简单模型予以奖励,而对复杂算法予以惩罚。常见的算法包括:岭回归(Ridge Regression)、Lasso 回归(Least Absolute Shrinkage and Selection Operator)以及弹性网络(Elastic Net)。

4. 基于树的算法

基于树的算法是根据数据的属性采用树状结构建立决策模型,决策模型常用来解决分类和回归问题。这一类算法包括分类及回归树(Classification And Regression Tree, CART)、ID3(Iterative Dichotomiser 3)、C4.5、Chi-squared Automatic Interaction Detection(CHAID)、Decision Stump、随机森林(Random Forest)、多元自适应回归样条(MARS)以及梯度提升机(Gradient Boosting Machine, GBM)。

5. 贝叶斯方法

贝叶斯方法是基于贝叶斯定理的一类算法,主要用来解决分类问题。常见算法包括:朴素贝叶斯算法、平均单依赖估计(Averaged One-Dependence Estimators, AODE)以及贝叶斯信念网络(Bayesian Belief Network, BBN)。

6. 基于核的算法

基于核的算法中最著名的莫过于支持向量机(SVM)。基于核的算法把输入数据映射到一个高阶的向量空间,在这个高阶向量空间里,有些分类或者回归问题能够更容易地解决。常见的基于核的算法包括:支持向量机(Support Vector Machine, SVM)、径向基函数(Radial Basis Function, RBF)以及线性判别分析(Linear Discriminate Analysis, LDA)等。

7. 聚类算法

聚类,就像回归一样,有时候人们描述的是一类问题,有时候描述的是一类算法。聚类算法通常按照中心点或者分层的方式对输入数据进行归并。所有的聚类算法都试图找到数据的内在结构,以便按照最大的共同点将数据进行归类。常见的聚类算法包括K-Means算法以及期望最大化算法(Expectation Maximization, EM)等。

8. 关联规则算法

关联规则算法通过寻找最能够解释数据变量之间关系的规则,来找出大量多元数据集中有用的关联规则。常见算法包括Apriori算法和Eclat算法等。

9. 人工神经网络

人工神经网络模拟生物神经网络,是一类模式匹配算法。通常用于解决分类和回归问题。神经网络是机器学习的一个庞大的分支,有很多种不同的算法(其中深度学习就是其中的一类算法)。常见的神经网络算法包括:感知器神经网络(Perceptron Neural Network)、反向传递(Back Propagation)、Hopfield网络、自组织映射(Self-Organizing Map, SOM)、学习向量量化(Learning Vector Quantization, LVQ)等。

10. 深度学习

随着神经网络的发展,深度学习在近年来赢得了很多关注。在计算能力变得日益廉价的今天,深度学习试图建立巨大而复杂的神经网络。很多深度学习的算法是半监督式学习算法,用来处理存在少量未标识数据的大数据集。常见的深度学习算法包括:受限玻尔兹曼机(Restricted Boltzmann Machine,RBN)、深度信念网络(Deep Belief Networks,DBN)、卷积神经网络(Convolutional Neural Networks,CNN)、循环神经网络(Recurrent Neural Networks,RNN)等。

11. 降维算法

降维算法用以降低数据维度,用更少的特征表示数据。像聚类算法一样,降维算法试图分析数据的内在结构,不过降维算法是以非监督学习的方式学习,试图利用较少的信息来归纳或者解释数据。这类算法可以用于高维数据的可视化或者用来简化数据以便监督学习使用。常见的算法包括:主成分分析(Principle Component Analysis,PCA)、偏最小二乘回归(Partial Least Square Regression,PLS)、Sammon映射、非负矩阵分解等。

12. 集成方法

集成方法用一些相对较弱的学习算法独立地就同样的样本进行训练,然后把结果整合起来进行整体预测。集成方法的主要难点在于需要判断究竟集成哪些独立的较弱的学习模型以及如何把学习结果整合起来。这是一类非常强大的技术,同时也非常流行。常见的算法包括:Boosting、Bootstrapped Aggregation(Bagging)、AdaBoost、堆叠泛化(Stacked Generalization,Blending)、梯度提升机(Gradient Boosting Machine,GBM)、随机森林(Random Forest)等。

1.3　机器学习的范围

微课视频

机器学习与模式识别、统计学习、数据挖掘、计算机视觉、语音识别、自然语言处理等领域有着很深的联系。从范围上来说,机器学习跟模式识别、统计学习、数据挖掘是类似的;此外,机器学习与其他领域的处理技术的结合,形成了计算机视觉、语音识别、自然语言处理等交叉学科。一般说数据挖掘时,其算法大多与机器学习算法重合,主要区别在于构建的应用系统的侧重点不同。机器学习的应用,不仅仅局限在结构化数据,还有图像、音频等应用。如图1.4所示为机器学习的相关领域。

图1.4　机器学习的相关领域

从图 1.4 可以看出,机器学习与模式识别、数据挖掘、统计学习、计算机视觉、语音识别、自然语言处理等领域密切相关。机器学习与这些领域的区别与联系如下。

模式识别 VS 机器学习:模式识别和机器学习的区别在于,模式识别提供给算法的是各种特征描述,从而让算法对未知的事物进行判断;机器学习提供给算法的是某一事物的海量样本数据,让算法通过样本数据来自己学习模型,最后去判断某些未知的事物。

数据挖掘 VS 机器学习:机器学习训练模型,根据数据优化模型参数;数据挖掘从数据中筛选符合条件的模式、规则。机器学习的重点在于优化,数据挖掘的重点在于筛选。它们之间有很多重合的地方,重合部分主要是分类、聚类和回归,机器学习有高层次的理论分析,有高效的训练方法。在非重合部分,机器学习有很多数据挖掘没有的东西,比如学习理论和强化学习,如图 1.5 所示。

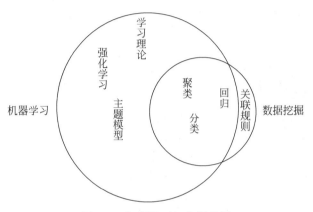

图 1.5　机器学习与数据挖掘

统计学习 VS 机器学习:机器学习是建立在统计学习基础之上的。统计学习是理论驱动型的,对数据分布进行假设,以强大的数学理论来支撑来解释因果,注重参数推断,重点关注统计模型的发展与优化;机器学习是数据驱动型的,依赖大数据规模预测未来,弱化了收敛性问题,注重模型预测,重点关注的是模型的效率与准确性的提升。

计算机视觉 VS 机器学习:机器学习(ML)属于方法论;计算机视觉(CV)是应用场景,如运动目标的视觉跟踪。解决计算机视觉领域的问题会用到机器学习中的很多方法。机器学习的方法不仅可以应用于计算机视觉,还可以应用到数据挖掘、金融分析、人工智能等领域。

深度学习 VS 机器学习:深度学习就是传统的神经网络包括算法和网络结构的发展。自从 20 世纪 90 年代,神经网络已经消寂了一段时间。但是 BP 算法的发明人 Geoffrey Hinton 一直没有放弃对神经网络的研究。由于神经网络在隐藏层扩大到两层以上,其训练速度就会非常慢,因此实用性一直低于支持向量机。2006 年,Geoffrey Hinton 在科学杂志 *Science* 上发表了一篇文章,论证了两个观点:

(1)多隐藏层的神经网络具有优异的特征学习能力,学习得到的特征对数据有更本质的刻画,从而有利于可视化或分类;

(2)深度神经网络在训练上的难度,可以通过"逐层初始化"来有效克服。

这样的发现,不仅降低了神经网络在计算上的难度,同时也说明了深层神经网络在机器学习上的优异性。从此,神经网络重新成为了机器学习中的主流学习技术。同时,具有多个隐藏层的神经网络被称为深度神经网络,基于深度神经网络的学习研究被称为深度学习。

人工智能 VS 机器学习:人工智能(Artificial Intelligence,AI)是研究、开发用于模拟、延伸和扩展人的智能的理论、方法、技术及应用系统的一门新的技术科学。人工智能企图了解智能的实质,并生产出一种新的能以人类智能相似的方式作出反应的智能机器,该领域的研究包括机器人、语言识别、图像识别、自然语言处理和专家系统等。人工智能可以对人的意识、思维的信息过程进行模拟。人工智能的发展经历了若干阶段,从早期的逻辑推理,到中期的专家系统,这些科研进步确实使人类离机器的智能更接近了,但距离实际应用还有一大段差距。不断发展的机器学习技术目前成为了研究人工智能的核心技术。

图 1.6　机器学习与深度学习、
人工智能的关系

可以说,人工智能是机器学习的父类,深度学习则是机器学习的子类,三者的关系如图 1.6 所示。

机器学习是一门人工智能的科学,该领域的主要研究对象是人工智能,特别是研究如何在经验学习中改善具体算法的性能的方法。机器学习是人工智能的组成部分,是人工智能的核心和前沿,机器学习将不断推动人工智能向前发展。

1.4　编程语言与开发环境

在开发机器学习的应用上,编程工具的使用与理论学习同样重要,掌握编程工具是学习机器学习的第一步,编程语言的选择直接决定了后续的开发环境和工具链。编程语言可选择的范围有 Python、R 和 Java,其中 Python 和 R 是使用最广泛的泛 AI 领域开发语言,Python 常用于机器学习和数据分析,有大量成熟的开源第三方库可以使用(Scikit-learn、TensorFlow、Pandas 等);R 常用于统计分析,数据挖掘和经典机器学习模型的应用;Java 对自然语言处理应用广泛,有大量经典的自然语言处理开源库(Standford NLP、HanLp 等)。

1.4.1　选择 Python 的原因

微课视频

本书选用 Python 作为机器学习的开发语言,因为 Python 的学习门槛低,开发效率高,使用方便,有大量相关领域第三方库,社区完善。并且 Python 是一门通用编程语言,在 Web 服务器开发、数据库操作、爬虫开发等领域同样强大。Python 满足了几乎所有在人工智能领域的开发需要,大多数非 Python 代码的第三方库也都有 Python 的接口(如 Apache Spark、OpenCV 等)。Python 已经成为许多数据科学应用的通用语言,它既有通用编程语言的强大功能,也有特定领域脚本语言(如 MATLAB 或 R)的易用性。Python 有用于数据加载、可视化、统计、自然语言处理、图像处理等各种功能的库,这个大型工具箱为数据科学家提供了大量的通用功能和专用功能。作为通用编程语言,Python 还可以用来创建复杂的图形用户界面(Graphical User Interface,GUI)和 Web 服务,也可以集成到现有系统中。

1.4.2 安装开发环境

微课视频

在安装 Python 机器学习开发环境时,推荐使用下面三个预先打包的 Python 发行版,里面已经装有必要的包。

Anaconda(https://store.continuum.io/cshop/anaconda/):用于大规模数据处理、预测分析和科学计算的 Python 发行版。Anaconda 已经预先安装好 NumPy、SciPy、Matplotlib、Pandas、IPython、Jupyter Notebook 和 Scikit-learn,它可以在 macOS、Windows 和 Linux 上运行,是一种非常方便的解决方案。对于尚未安装 Python 科学计算包的人,建议使用 Anaconda。Anaconda 现在还免费提供商用的 Intel MKL 库。MKL(在安装 Anaconda 时自动安装)可以使 Scikit-learn 中许多算法的速度大大提升。

Enthought Canopy(https://www.enthought.com/products/canopy/):用于科学计算的另一款 Python 发行版。它已经预先装有 NumPy、SciPy、Matplotlib、Pandas 和 IPython,但免费版没有预先安装 Scikit-learn。学术机构的成员可以申请学术许可,免费使用 Enthought Canopy 的付费订阅版。Enthought Canopy 适用于 Python 2.7.x,可以在 macOS、Windows 和 Linux 上运行。

Python(x,y)(http://python-xy.github.io/):专门为 Windows 打造的 Python 科学计算免费发行版。Python(x,y)已经预先装有 NumPy、SciPy、Matplotlib、Pandas、IPython 和 Scikit-learn。

1.4.3 Scikit-learn

Scikit-learn(又称 sklearn)是 Python 的一个开源机器学习模块,它建立在 NumPy、SciPy 和 Matplotlib 模块之上,能够为用户提供各种机器学习算法接口,可以让用户简单、高效地进行数据挖掘和数据分析。

Scikit-learn 封装了很多机器学习常用的工具和算法,可以直接调用。从 Scikit-learn 上可以看到成熟工具和算法的结构和使用形式。可以免费使用和分发,任何人都可以轻松获取其源代码来查看其背后的原理。Scikit-learn 项目正在不断地开发和改进中,用户社区非常活跃。Scikit-learn 包含许多目前最先进的机器学习算法,每个算法都有详细的文档(http://Scikit-learn.org/stable/documentation)。Scikit-learn 是一个非常流行的工具,也是最有名的 Python 机器学习库。它广泛应用于工业界和学术界,网上有大量的教程和代码片段。Scikit-learn 也可以与其他大量 Python 科学计算工具一起使用。

1.5 第一个机器学习应用:鸢尾花分类

本节将采用 Scikit-learn 中的鸢尾花数据集,完成一个简单的机器学习应用,构建第一个机器学习模型,同时还将介绍一些核心概念和术语,方便读者理解机器学习解决问题的一般流程与方法。

图 1.7   鸢尾花(见彩插)

在鸢尾花数据集中,已经采集了每朵鸢尾花的一些测量数据:花瓣的长度和宽度以及花萼的长度和宽度(4 个特征数据),所有测量结果的单位都是厘米,如图 1.7 所示为鸢尾花的图片。在 Scikit-learn 所包含的这个鸢尾花数据集中,这些花已经被植物学专家鉴定为 setosa、versicolor 或 virginica 三个品种之一(3 个类别)。对于这些测量数据,可以确定每朵鸢尾花所属的品种(假设在野外只会遇到这三种鸢尾花)。

如何构建一个机器学习模型呢?可以从这些已知品种的鸢尾花测量数据进行学习,从而能够预测新发现的一朵鸢尾花属于哪个品种。因为有已知品种的鸢尾花的特征数据和标签数据,所以这是一个监督学习问题。在这个问题中,要在多个选项(3 个鸢尾花类别)中预测其中一个鸢尾花的品种,这是一个**分类**(Classification)问题的示例。可能的输出(鸢尾花的品种)叫作**类别**(Class)。数据集中的每朵鸢尾花都属于三个类别之一,所以这是一个三分类问题。单个数据点(一朵鸢尾花)的预期输出是这朵花的品种。对于一个数据点来说,它的品种叫作**标签**(Label)。

微课视频

1.5.1   特征数据与标签数据

在 Scikit-learn 的 datasets 模块中,包含了一些基础的数据集,其中之一就是鸢尾花数据集,可以调用 load_iris()函数,载入 iris 数据集。

代码清单 1-1:鸢尾花分类

```
1   from sklearn.datasets import load_iris
2   iris_dataset = load_iris()
3   #该函数返回一个 Bunch 对象,它直接继承自 Dict 类,与字典类似,由键值对组成。同样可以
    #使用 bunch.keys(),bunch.values(),bunch.items()等方法
4   print(iris_dataset.keys())
5   Out[2]:
6   dict_keys(['target_names','DESCR','feature_names','data','target'])
7   #鸢尾花的 data 属性:Iris 鸢尾花数据集内包含 3 类分别为山鸢尾(Iris‐setosa)、变色鸢
    #尾(Iris‐versicolor)和维吉尼亚鸢尾(Iris‐virginica),共150 条记录,每类各 50 个数
    #据,每条记录都有 4 项特征:花萼长度、花萼宽度、花瓣长度、花瓣宽度,可以通过这 4 个特
    #征预测鸢尾花卉属于哪一品种
8   print(type(iris_dataset['data']))
9   Out[3]:
10  <class 'numpy.ndarray'>
11  #表明 iris 数据集的类型为 ndarray 类型
12  print(iris_dataset['data'].shape)
13  Out[4]:
14  (150, 4)
15  #查看数据集的形状,表示 iris 数据集有 150 朵花,每朵花有 4 列,即 4 个特征,data 数组的
    #每一行对应一朵鸢尾花的测量数据,列代表每朵花的四个测量数据。机器学习的个体叫作
    #样本,其属性叫作特征,data 数组的形状是样本数乘以特征数
```

```
16  print(iris_dataset['target'].shape)
17  Out[5]:
18  (150,)
19  #数据集"target"表示标签,即鸢尾花的类别,其数值为150,表明有150个标签
20  print(iris_dataset['target_names'])
21  Out[6]:
22  ['setosa' 'versicolor' 'virginica']
23  #鸢尾花标签的名称target_names为'setosa' 'versicolor' 'virginica'
24  print(iris_dataset['target'])
25  Out[7]:
26  [0 0 0 0 0 0 0 0 0 0 0 0 0 0 0 0 0 0 0 0 0 0 0 0 0 0 0 0 0 0 0 0 0 0 0 0 0 0
    0 0 1 1 1 1 1 1 1 1 1 1 1 1 1 1 1 1 1 1 1 1 1 1 1 1 1 1 1 1 1 1 1 1 1 1 1 1
    1 2 2 2 2 2 2 2 2 2 2 2 2 2 2 2 2 2 2 2 2 2 2 2 2 2 2 2 2 2 2 2 2 2 2 2 2 2 2]
27  #数字的代表含义由iris['target_names']数组给出:0代表setosa,1代表versicolor,2代
    #表virginica
28  print(iris_dataset['data'][:6])
29  Out[8]:
30  [[5.1  3.5  1.4  0.2]
31  [4.9  3.   1.4  0.2]
32  [4.7  3.2  1.3  0.2]
33  [4.6  3.1  1.5  0.2]
34  [5.   3.6  1.4  0.2]
35  [5.4  3.9  1.7  0.4]]
```

显示前6行的特征数据,每1列为鸢尾花的1个特征数据,4列分别为鸢尾花的花瓣的长度、宽度,花萼的长度、宽度。

1.5.2 训练数据与测试数据

微课视频

将鸢尾花数据集分为两个子集:

- 训练集:用于训练模型。
- 测试集:用于测试训练后模型的性能。

训练集数据用于算法的学习,构建模型。机器学习将训练好的模型应用于新的数据,判断这个训练的模型是否可用,需要有评估模型性能的方法,故将测试集数据用于评估模型的性能。

利用 Scikit-learn 中的 train_test_split 函数可以将数据划分为训练集和测试集。这个函数将 75% 的数据用作训练集,将 25% 的数据用作测试集。

```
1  from sklearn.model_selection import train_test_split
2  X_train, X_test, y_train, y_test = train_test_split(iris_dataset['data'], iris_dataset
   ['target'], random_state = 0)
3  print("X_train:{}".format(X_train[:10]))
4  print("y_train:{}".format(y_train[:10]))
5  Out[9]:
6  X_train:[[5.9  3.   4.2  1.5]
```

```
7     [5.8  2.6  4.    1.2]
8     [6.8  3.   5.5   2.1]
9     [4.7  3.2  1.3   0.2]
10    [6.9  3.1  5.1   2.3]
11    [5.   3.5  1.6   0.6]
12    [5.4  3.7  1.5   0.2]
13    [5.   2.   3.5   1. ]
14    [6.5  3.   5.5   1.8]
15    [6.7  3.3  5.7   2.5]]
16    y_train:[1  1  2  0  2  0  0  1  2  2]
```

　　部分数据如上显示,X_train 为训练的特征数据,y_train 为训练标签数据。在 train_test_split 这个函数中,需要设置 random_state,给其赋一个值,直到多次运行此段代码时能够得到完全一样的结果为止;若不设置此参数,则会随机选择一个种子,执行结果会每次不同,这样不清楚是数据选择的不同还是模型参数的不同而导致结果的不同。虽然可以对 random_state 进行调参,但是调参后在训练集上表现好的模型未必在陌生训练集上表现好,所以一般会随机选取一个 random_state 的值作为参数。

微课视频

1.5.3　构建机器学习模型

　　Scikit-learn 中有许多可用的分类算法。这里用的是 K 近邻分类器,这是一个很容易理解的算法,构建此模型只需要保存训练集即可。如果需要对一个新的数据点做出预测,算法会在训练集中寻找与这个新数据点距离最近的数据点,然后将找到的数据点的标签

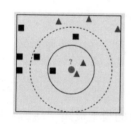

图 1.8　K 近邻算法原理

赋值给这个新数据点。在 K 近邻算法中,K 的含义是考虑训练集中与新数据点最近的任意 K 个邻居(比如,距离最近的 3 个或 5 个邻居)。**如图 1.8 所示,图中有两类不同的样本数据,分别用小正方形和小三角形表示,而图正中间的那个圆形表示的数据则是待分类的数据。**也就是说,现在不知道中间那个圆形数据是从属于哪一类(小正方形或者小三角形),要解决这个问题:给这个圆形数据分类。

　　从它的邻居下手,邻居是什么类别,就让这个数据作为什么类别。但一次性看多少个邻居呢?从图中可以看到:**如果 $K=3$,圆形的最近的 3 个邻居是 2 个小三角形和 1 个小正方形,少数从属于多数,基于统计学的方法,判定圆形的这个待分类点属于三角形一类。如果 $K=5$,圆形的最近的 5 个邻居是 2 个三角形和 3 个正方形,还是少数从属于多数,基于统计学的方法,判定这个圆形待分类点属于正方形一类。**

　　K 近邻算法的核心思想就是:依据统计学的理论看它所处的位置特征,衡量它周围邻居的数量,而把它归为(或分配)到数量更多的那一类。

　　在 Scikit-learn 中,K 近邻分类算法是在 neighbors 模块的 KNeighborsClassifier 类中实现的。需要将这个类实例化为一个对象,才能使用这个模型。使用时需要设置模型的参数。

```
1    fromsklearn.neighbors import KNeighborsClassifier
2    knn = KNeighborsClassifier(n_neighbors = 1)
3    knn.fit(X_train, y_train)
4    Out[10]:
5    KNeighborsClassifier(algorithm = 'auto', leaf_size = 30, metric = 'minkowski', metric_
params = None, n_jobs = 1, n_neighbors = 1, p = 2, weights = 'uniform')
```

“knn＝KNeighborsClassifier(n_neighbors＝1)”表示实例化对象,“n_neighbors＝1”表示选取一个邻居,“knn.fit()”表示训练模型。运行这段代码就建立并训练好了一个模型,接下来进行模型的预测与性能评估。

1.5.4　预测与评估

微课视频

1. 模型预测

现在模型已经训练好,可以开始预测,假设发现了一朵鸢尾花,花萼长 5cm、宽 2.9cm,花瓣长 1cm、宽 0.2cm,这朵鸢尾花属于哪个品种?

将这组数据放在一个 NumPy 数组中,使用 predict 方法进行预测。

```
1    Xnew = np.array([[5, 2.9, 1, 0.2]])
2    prediction = knn.predict(Xnew)
3    print("Prediction: {}".format(prediction))
4    print("Predictedtargetname:{}".format(iris_dataset['target_names'][prediction]))
5    Out[11]:
6    Prediction:[0]
7    Predicted target name:['setosa']
```

运行这段模型预测的代码,这朵新的鸢尾花属于类别 0,名称为 setosa。需要注意的是,在建立一个数组的时候要将其转换为二维数组的一行,因为该函数的输入数据必须满足之前提到的约定:二维数组。接下来只要调用 predict 方法进行预测。

现在已完成预测,但是如何知道预测的结果是否可信,这就要对模型进行评估,这取决于训练模型的精度。

2. 模型评估

这里需要用到之前创建的测试集。这些数据没有用于构建模型,但已标出测试集中每朵鸢尾花的实际品种(标签类别)。因此,可以对测试数据中的每朵鸢尾花进行预测,并将预测结果(预测值)与测试数据中的标签(真实值)进行对比。通过计算精度(Accuracy)来衡量模型的性能,精度就是品种预测正确的花所占的比例。使用 KNN 的对象的 score 方法进行计算测试集的精度。

```
1    print("Test set score:{}".format(knn.score(X_test, y_test)))
2    Out[12]:
3    Test set score: 0.97
```

对于这个模型来说,测试集的精度约为0.97,也就是说,对于测试集中的鸢尾花,预测97％是正确的。对于新的鸢尾花,可以认为模型预测结果97％都是正确的。高精度意味着模型足够可信,可以使用。

以上步骤建立了一个基本的机器学习的模型,该模型拥有较高(97％)的精度。还可以采用其他方法提高精度(提高精度的方法将在第5章介绍)。

1.6　本章小结

本章首先简要介绍了机器学习的含义及其应用,然后讨论了机器学习算法的分类及机器学习的范围,机器学习与密切相关的领域(如数据挖掘、统计学习、计算机视觉等)的联系和区别。然后,使用鸢尾花数据集构建了第一个机器学习应用:预测鸢尾花的类别,利用鸢尾花的物理测量数据来预测其品种。在分类问题中,可能的品种被称为类别(Class),每朵花的品种被称为它的标签(Label)。

鸢尾花(Iris)数据集包含两个NumPy数组:一个是特征数组,每个特征对应一列,即花萼长度、花萼宽度、花瓣长度、花瓣宽度;另一个为标签数组,包含鸢尾花的类别,为0到2之间的整数,0代表setosa,1代表versicolor,2代表virginica。每朵鸢尾花为一个数据点,对应一行。

将数据集分成训练集(Training set)和测试集(Test set),前者用于构建(训练)模型,后者用于评估模型对前所未见的新数据的泛化能力。

选择了K近邻分类算法,后调用fit方法来构建模型,用score方法来评估模型,该方法计算的是模型精度。将score方法用于测试集数据和测试集标签,得出模型的精度约为97％,也就是说,该模型在测试集上97％的预测都是正确的。

习题

1. 什么是机器学习?你会怎么定义机器学习?
2. 机器学习在哪些问题上表现突出?你能提出四种应用类型吗?
3. 什么是被标记的训练数据集?
4. 监督学习任务的回归与分类是什么意思?
5. 按照学习方式来分类,机器学习有哪些类别?
6. 按照算法的类似性来分类,机器学习有哪些算法?
7. 机器学习与人工智能是什么关系?
8. 机器学习与深度学习是什么关系?
9. 什么是测试集?为什么要使用测试集?

第 2 章

监督学习

本章内容

◇ 监督学习的概念

◇ *K* 近邻算法

◇ 朴素贝叶斯模型

◇ 决策树模型

◇ 线性模型

◇ 逻辑回归

◇ 支持向量机

◇ 集成学习方法

◇ 神经网络

◇ 分类器的不确定度

  监督学习是利用一组带标签的数据,学习从输入到输出的映射,然后将这种映射关系应用到未知数据的一类机器学习方法。在监督学习中,每个实例都由一个输入对象和一个输出标签值(也称为监督信号)组成。监督学习算法的过程是分析训练数据,产生推断(也称为假设),将假设值与实际标签值进行比较,使得误差最小,不断迭代,最终学习到一个模型。

  监督学习是最常用也是最成功的机器学习类型之一。本章将会详细介绍监督学习,分析几种常用的监督学习算法。每当想要根据给定输入预测某个结果,并且还有输入/输出对的示例时,都应该使用监督学习。这些输入/输出对构成了训练集,利用它来构建机器学习模型,其目标是对从未见过的新数据作出准确预测。

2.1 监督学习概念与术语

监督学习从给定的训练数据集中学习得到一个模型,可以把这个模型看成是一个从输入映射到输出的函数。当新的数据到来时,可以根据这个函数预测结果。监督学习的训练集要求包括输入/输出,也称为特征/目标(标签),数据集中的目标是人为标注的。

2.1.1 监督学习工作原理

监督学习是根据已有的数据集中**输入特征**(Feature)和**输出标签**(Label)之间的关系,根据这种已知的关系,算法不停迭代(训练)得到一个最优的模型。通过训练,让算法可以自己找到特征和标签之间的联系,当有新的数据(只有特征没有标签)到来时,可以通过训练的模型判断出标签。

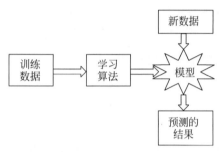

图 2.1 监督学习工作过程

图 2.1 为监督学习工作过程,其中的"模型"为学习算法及设定的参数在训练数据上学习到的模型,如果这个模型足够好(新的数据与训练数据的精度相差很小),就可以用这个模型对新的数据进行预测,这就是监督学习的工作原理。监督学习通常分为回归(Regression)和分类(Classification)两种类型。

2.1.2 分类与回归

分类是指识别出一组数据的所属类别,如识别输入图像数据是猫还是狗。分类问题的目标是预测类别标签(Class Label),分类问题可分为二分类和多分类,在两个类别之间进行区分的情况为二分类,在两个以上的类别之间进行区分的情况为多分类。

在二分类问题中,通常将其中一个类别称为正类(Positive Class),另一个类别称为负类(Negative Class)。这里的"正"并不代表"好的方面"或"正数",而是代表研究对象的类别。比如在判别垃圾邮件时,"正"如果指的是垃圾邮件这一类别,"负"就指正常邮件类别。将两个类别中的哪一个作为"正类",往往是主观判断的,与具体的领域有关。

在多分类问题中,比如鸢尾花分类问题属于多分类问题,有三个输出类别。另一个多分类的例子是根据网站上的文本预测网站所用的语言,这里的类别就是预定义的语言列表。

回归的目标是预测一组连续值,编程术语叫作浮点数,数学术语叫作实数。如根据教育水平、年龄和居住地来预测一个人的年收入,这就是一个回归的例子。在预测收入时,预测值是一个金额,可以在给定范围内任意取值。回归任务的另一个例子是,根据上一年的产量、天气和农场员工数等属性来预测玉米农场的产量。

区分分类任务和回归任务有一个简单的方法,就是输出是否具有某种连续性。如果可能的结果之间具有连续性,那么它通常就是一个回归问题。与此相反,对于识别网站语言的任务(这是一个分类问题)来说,并不存在程度问题。网站使用的要么是这种语言,要么是那种语言,在语言之间不存在连续性,这类问题就属于分类。

更严格地来说,分类与回归的区别是输出空间的度量不同。回归与分类的根本区别在于输出空间是否为度量空间。回归与分类本质上都要建立映射关系,而两者的区别则在于:

(1) **对于回归问题,其输出空间 θ 是一个度量空间,即"定量"。**也就是说,回归问题的输出空间定义了一个度量去衡量输出值与真实值之间的"误差大小"。例如:预测一瓶700毫升的可乐的价格(真实价格为 5 元)为 6 元时,误差为 1;预测其为 7 元时,误差为2。这两个预测结果是不一样的,是有度量定义来衡量这种"不一样"的(于是有了均方误差这类误差函数)。

(2) **对于分类问题,其输出空间 θ 不是度量空间,即"定性"。**也就是说,在分类问题中,只有分类"正确"与"错误"之分,至于错误是将 Class 5 分到 Class 6 或 Class 7 并没有区别。

2.1.3 泛化

微课视频

监督学习希望在训练数据上构建模型,然后能够对没见过的新数据(这些新数据与训练集具有相同的特性)作出准确预测。如果一个模型能够对没见过的数据作出准确预测,就说它能够从训练集**泛化**(Generalize)到测试集。

泛化能力(Generalization Ability)指一个机器学习算法对于没有见过的样本的识别能力,也可以形象地称为举一反三的能力,或者称为学以致用的能力。根据测试数据预测的结果对比测试数据的标签,能够检测出此模型的泛化能力。

监督学习的目标是构建一个**泛化精度尽可能高**的模型。机器学习的目标是构建模型使其在训练集上能够准确预测,如果训练集和测试集足够相似,预计模型在测试集上也能准确预测。因为在拟合的时候使用的是训练数据,并没有牵扯到测试数据。这样用训练数据拟合模型后,在测试数据上预测,就能够看出这个模型的泛化能力。

如图 2.2 所示,最佳模型是在测试数据上精度最高的模型。不好的情况一般表现为过拟合和欠拟合。

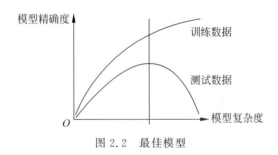

图 2.2 最佳模型

机器学习训练出来的模型如果具备很好的泛化能力(即在训练集和测试集或者更大的数据集中都能很好地表现),那么该训练模型就是理想的模型。但是由于受到训练集质量的影响,往往得不到理想的训练模型。

2.1.4　欠拟合

欠拟合(Under-fitting)指模型没有能够很好地学习到训练数据中的规律,不能很好地拟合数据,表现为训练标签值和测试标签值与真实值之间存在较大的误差。

欠拟合的原因有模型的复杂度过低,数据特征过少等,导致没法很好地学习到数据集中的规律。下面这段代码,表现为欠拟合。

代码清单 2-1：欠拟合示例

```
1   import matplotlib.pyplot as plt
2   import numpy as np
3   x = np.random.uniform(-3,3,size=100)
4   #生成 x 特征 -3 到 3 共 100 个
5   X = x.reshape(-1,1)
6   #将 x 变成 100 行 1 列的矩阵
7   y = 0.5 * x ** 2 + x + 2 + np.random.normal(0,1,size=100)
8   #模拟的是标记 y 所对应的 x 的二次函数
9   #使用线性回归模型
10  from sklearn.linear_model import LinearRegression
11  reg = LinearRegression()
12  reg.fit(X,y)
13  Print(reg.score(X,y))
14  #模型的精度 score
15  #将预测值 y_pre 画图对比真实 y
16  y_pre = reg.predict(X)
17  plt.scatter(x,y)
18  plt.plot(np.sort(x),y_pre[np.argsort(x)],color='r')
19  #查看 MSE
20  from sklearn.metrics import mean_squared_error
21  mean_squared_error(y,y_pre)
```

从图 2.3 可以看出,用线性模型(图中的直线)来拟合二次函数数据(图中圆点),数据中的变化规律没有能够学习出来,因此可以说从数据中学习出来的这个线性模型出现了欠拟合。

欠拟合的解决办法:

(1) 增加新特征,可以考虑加入特征组合或高次特征,来增大假设空间。

(2) 添加多项式特征,这在机器学习算法里面用得很普遍,例如将线性模型通过添加 2 次项或者 3 次项使模型泛化能力更强。

(3) 减少正则化参数,正则化是用来防止过拟合的,但如果模型出现了欠拟合,则需要减少正则化参数。

(4) 产生欠拟合的主要原因是模型过于简单,可以采用更为复杂的非线性模型,比如核 SVM、决策树、深度学习等模型。

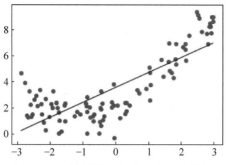

图 2.3 用线性模型拟合二次函数数据

2.1.5 过拟合

微课视频

过拟合(Over-fitting)通常可以理解为模型的复杂度要高于实际的问题,模型学习数据的能力太强,除了学习到数据整体的特性以外,还额外学习到了训练集的一些细节特性。主要表现为能够很好地拟合训练集,但是不能很好地预测测试样本,即泛化能力太差。

导致过拟合的原因:模型过于复杂,并且往往训练集样本过少。下面这段程序表现出了过拟合。

代码清单 2-2:过拟合

```
1    #将Pipeline封装方便使用
2    import numpy as np
3    from sklearn.linear_model import LinearRegression
4    from sklearn.pipeline import Pipeline
5    from sklearn.preprocessing import StandardScaler
6    from sklearn.preprocessing import PolynomialFeatures
7    from sklearn.metrics import mean_squared_error
8    def PolynomialRegression(degree):
9        return Pipeline("poly",PolynomialFeatures(degree=degree)),("std_scaler",
     StandardScaler()),("lin_reg",LinearRegression())
10   #设置degree=2进行fit拟合
11   poly2_reg = PolynomialRegression(2)
12   poly2_reg.fit(X,y)
13   #求出MSE
14   y2_pre = poly2_reg.predict(X)
15   mean_squared_error(y2_pre,y)
```

从图 2.4 可以看出,采用 2 次特征多项拟合数据后,明显更合理,误差也更小。如果使用 degree=10 训练,预测结果会更好。

从图 2.5 可以看出,当使用 10 次特征多项式回归时,拟合数据比使用 2 次特征更好。

如图 2.6 所示,当 degree=100 时,拟合效果看起来更好。但这并不是真正的拟合曲线,只是原有数据点连接的曲线。对训练数据集的拟合程度太高,不具有泛化能力。学习

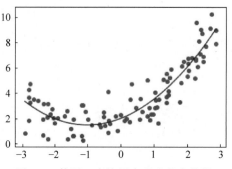

图2.4 使用2次特征多项式拟合数据

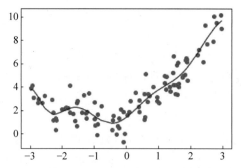

图2.5 使用 degree=10 多项式回归拟合数据

到了数据中的细微特征,模型过拟合,逐渐变得更不能反映样本数据的形态规律了。

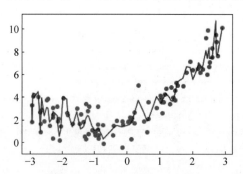

图2.6 使用 degree=100 多项式回归拟合数据

多项式回归degree传入数据越大,拟合程度越高,取特别大的话能使 MSE 为0,但是这并不能反映样本数据形态,这就是过拟合的状况。

过拟合的解决办法:

(1)获取更多数据。这是解决过拟合最有效的方法,只要给足够多的数据,让模型"看见"尽可能多的"例外情况",它就会不断修正自己,从而得到更好的结果。

(2)使用合适的模型。过拟合主要是由两个原因造成的:数据太少以及模型太复杂。所以,可以通过降低模型复杂度来防止过拟合,让其足够拟合真正的规则,同时又不至于拟合太多细节。

（3）结合多种模型。采用集成方法，训练多个模型，以每个模型的平均输出作为结果。

模型复杂度与数据集大小的关系：

需要注意，模型复杂度与训练数据集中输入数据的变化密切相关：数据集中包含的数据点的变化范围越大，在不发生过拟合的前提下可以使用的模型就越复杂。通常来说，收集更多的数据点可以有更大的变化范围，所以更大的数据集可以用来构建更复杂的模型。但是，仅复制相同的数据点或收集非常相似的数据是无济于事的。

2.1.6 不收敛

微课视频

机器学习中还有另一种情况是不收敛。不收敛一般出现在一些基于梯度下降算法的模型中，收敛是指这个算法有能力找到局部的或者全局的最小值（比如找到使得预测的标签和真实的标签最相近的值，也就是二者距离的最小值），从而得到一个问题的最优解。

如果一个机器学习算法的效果和随机猜测的差不多，那么基本就可以说这个算法没有收敛，也就是无法学习到数据中的规律，或者数据中就没有规律。

2.2 K 近邻算法

K 近邻（K-Nearest Neighbor，KNN）算法，是一个容易理解的方法，也是最简单、最常用的机器学习算法之一。该方法的思路是：在特征空间中，如果一个样本附近的 K 个最近（即特征空间中最邻近）样本的大多属于某一个类别，则该样本也属于这个类别。

2.2.1 K 近邻分类

微课视频

如图 2.7 所示，有两类不同的样本数据，分别用圆形和三角形表示，而图正中间的正方形是待分类的数据。也就是说，现在不知道中间那个正方形的数据从属于哪一类（圆形或三角形）。下面就要解决这个问题：给这个正方形数据分类。

如果 $K=3$，正方形数据点的最近的 3 个邻居，分别是 2 个三角形和 1 个圆形，依据"少数服从多数"的原则，基于统计的方法，判定正方形的这个待分类点属于三角形一类。

可以看到，当判别待分类点从属于已知分类中的哪一类时，要依据统计学的理论看它所处的位置特征，然后衡量它周围邻居的数量，把它归为（或分配）到最近的 K 个邻居中较大数量的那一类，这就是 K 近邻算法的核心思想。

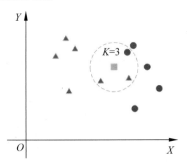

图 2.7　KNN 原理

KNN 算法选择的邻居都是已经正确分类的对象。该方法在分类决策上只依据最邻近的一个或者几个样本的类别来决定待分样本所属的类别。

代码清单 2-3：使用 K 近邻算法进行分类

```
1  from sklearn.datasets.samples_generator import make_blobs
2  #生成数据
3  centers = [[-2,2], [2,2], [0,4]]
4  X,y = make_blobs(n_samples = 60,centers = centers,random_state = 0,cluster_std = 0.60)
```

使用 sklearn.datasets.samples_generator 包内的 make_blobs 函数来生成数据集,代码清单 2-3 中,生成了 60 个训练样本,这 60 个样本分布在以 centers 参数指定中心点周围。cluster_std 是标准差,用来指明生成的点分布的松散程度。生成的训练数据集放在变量 X 里面,数据集的类别标记放在 y 里面。

使用 matplotlib 库把生成的点画出来。

```
1   #画出数据
2   import matplotlib.pyplot as plt
3   import numpy as np
4   plt.figure(figsize = (5,3), dpi = 144)
5   c = np.array(centers)
6   #画出样本
7   plt.scatter(X[:,0], X[:,1], c = y, s = 10, cmap = 'cool')
8   #画出中心点
9   plt.scatter(c[:,0], c[:,1], s = 50, marker = '^',c = 'orange')
10  plt.savefig('knn_centers.png')
11  plt.show()
```

三类数据及中心点如图 2.8 所示,其中三角形即各个类别的中心点。

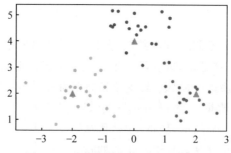

图 2.8 三类数据及中心点(见彩插)

```
1  #使用 KNeighborsClassifier 对算法进行训练,选择参数 k = 5
2  from sklearn.neighbors import KNeighborsClassifier
3  #模型训练
4  k = 5
5  clf = KNeighborsClassifier(n_neighbors = k)
6  clf.fit(X, y)
7  #对一个新样本数据进行预测
8  X_sample = np.array([[0, 2]])
```

```
9    y_sample = clf.predict(X_sample)
10   neighbors = clf.kneighbors(X_sample, return_distance = False)
```

要预测的样本是[0,2]，使用 kneighbors()方法，把这个样本周围距离最近的 5 个点取出来。取出来的点是训练样本 X 里的索引，从 0 开始计算。

把待预测的样本以及和其最近的 5 个样本在图上标记出来。

```
1    #画出示意图
2    plt.figure(figsize = (5,3), dpi = 144)
3    c = np.array(centers)
4    plt.scatter(X[:,0], X[:,1], c = y, s = 10, cmap = 'cool')
5    #出样本
6    plt.scatter(c[:,0], c[:,1], s = 50, marker = '^', c = 'k')
7    #中心点
8    plt.scatter(X_sample[0][0], X_sample[0][1], marker = "x",
9    s = 100, cmap = 'cool')
10   #待预测的点
11   for i in neighbors[0]:
12       plt.plot([X[i][0], X_sample[0][0]], [X[i][1], X_sample[0][1]],
     'k -- ', linewidth = 0.6)
13   #预测点与距离最近的 5 个样本的连线
14   plt.savefig('knn_predict.png')
15   plt.show()
```

从图 2.9 可以清楚地看到这个新的数据[0,2]点，其最近的 5 个点($K=5$)的类别有 2 个类别，其中左边的类别 0 有 3 个点，右边的类别 1 有 2 个点，故这个待预测数据属于左边的类别 0。这段代码显示了 K 近邻算法用于分类的原理。

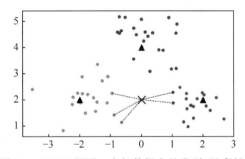

图 2.9 KNN 预测一个新数据点的类别(见彩插)

2.2.2 K 近邻回归

KNN 算法不仅可以用于分类，还可以用于回归。通过找出一个样本的 K 个最近邻居，将这些邻居的属性的平均值赋给该样本，就可以得到该样本的值。

代码清单 2-4：使用 K 近邻算法进行回归

用 KNN 算法在连续区间内对数值进行预测，这就是 KNN 回归。使用 sklearn.

微课视频

neighbors. KNeighborsRegressor 类。

```
1   #生成数据集,在余弦曲线的基础上加入了噪声
2   import numpy as np
3   n_dots = 40
4   X = 5 * np.random.rand(n_dots, 1)
5   y = np.cos(X).ravel()
6   #添加一些噪声
7   y += 0.2 * np.random.rand(n_dots) - 0.1
8   #使用 KNeighborsRegressor 来训练模型
9   #训练模型
10  from sklearn.neighbors import KNeighborsRegressor
11  k = 5
12  knn = KNeighborsRegressor(k)
13  knn.fit(X, y)
```

怎么进行回归拟合呢?一个方法是,在 X 轴上的指定区间内生成足够多的点,针对这些足够密集的点,使用训练出来的模型去预测,得到预测值 y_pred,然后在坐标轴上把所有的预测点连接起来,这样就画出了拟合曲线,代码如下。

```
1   #生成足够密集的点并进行预测
2   T = np.linspace(0, 5, 500)[:, np.newaxis]
3   y_pred = knn.predict(T)
4   print(knn.score(X, y))
5   #计算拟合曲线对训练样本的拟合准确性
6   Out[12]:
7   0.9804488058034699
8   #KNN 回归预测的 score 为 0.98
9   #把 y_pred 中这些预测点的数据连接起来,构成拟合曲线
10  #画出拟合曲线
11  import matplotlib.pyplot as plt
12  plt.figure(figsize = (5,3), dpi = 144)
13  plt.scatter(X, y, c = 'g', label = 'train data', s = 10)
14  #画出训练样本
15  plt.plot(T, y_pred, c = 'k', label = 'prediction', lw = 1)
16  #画出拟合曲线
17  plt.axis('tight')
18  plt.title('KNeighborsRegressor (k = % i)' % k)
19  plt.legend()
20  plt.savefig('knn_regressor.png')
21  plt.show()
```

从图 2.10 可以看出,圆点为训练数据,训练好一个 KNN 回归模型后,再用训练好的模型预测新生成的 X 数据,画出预测的数据点曲线(图中的曲线部分)。这个模型的分数可以达到 0.98,模型的性能较好。

算法参数和优缺点:

一般来说,KNeighbors 分类器有 2 个重要参数:邻居个数与数据点之间距离的度量

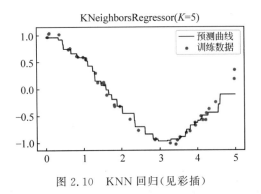

图 2.10　KNN 回归(见彩插)

方法。在实践中,使用较小的邻居个数(比如 3 个或 5 个)往往可以得到比较好的结果,这个参数可以调节。参数 K 的选择需要由数据来决定,K 值越大,对噪声数据越不敏感,当 K 值很大时,可能造成欠拟合;K 值越小,就会造成过拟合。默认使用欧氏距离,它在许多情况下的效果都很好。

KNN 的优点之一就是模型很容易理解,通常不需要过多调节就可以得到不错的性能。在考虑使用更高级的技术之前,尝试此算法是一种很好的基准方法。构建最近邻模型的速度通常很快,但如果训练集很大(特征数很多或者样本数很大),预测速度可能会比较慢。

使用 KNN 算法时,对数据进行预处理是很重要的。这一算法对于有很多特征(几百或更多列)的数据集往往效果不好,对于大多数特征的大多数取值都为 0 的数据集(稀疏数据集),这一算法的效果尤其不好。

虽然 K 近邻算法很容易理解,但由于其数据很多时预测速度慢且不能处理具有很多特征的数据集,所以在实践中往往不会用到它。

KNN 的变种:

KNN 算法有一些变种,其中之一是增加邻居的权重。默认情况下,在计算距离时,都是使用相同权重。实际上,可以针对不同的邻居指定不同的距离权重,如距离越近权重越高,这可以通过指定算法的 weights 参数来实现。另一个变种是,使用一定半径内的点取代距离最近的 K 个点。当数据采样不均匀时,可以有更好的性能。在 Scikit-learn 里,RadiusNeighbors Classifier 类实现了这个算法变种。

2.3　朴素贝叶斯

贝叶斯方法是以贝叶斯原理为基础,使用概率统计的知识对样本数据集进行分类。由于其基于坚实的数学基础,贝叶斯分类算法的误判率是很低的。贝叶斯方法的特点是结合先验概率和后验概率,既避免了只使用先验概率的主观偏见,又避免了单独使用样本信息的过拟合现象。贝叶斯分类算法在数据集较大的情况下表现出较高的准确率,同时算法本身也比较简单。朴素贝叶斯是贝叶斯定理的简化应用,学习和预测的效率都很高,是一种经典而常用的分类算法。

2.3.1 贝叶斯定理

1. 几个概率定义

边缘概率(又称先验概率):某个事件发生的概率。边缘概率是这样得到的:在联合概率中,把最终结果中那些不需要的事件通过合并成它们的全概率,而消去它们,这称为边缘化,比如 A 的边缘概率表示为 $P(A)$,B 的边缘概率表示为 $P(B)$。

联合概率表示两个事件共同发生的概率。A 与 B 的联合概率表示为 $P(A\bigcap B)$ 或者 $P(AB)$。

条件概率(又称后验概率):事件 A 在另外一个事件 B 已经发生条件下的发生概率。条件概率表示为 $P(A\mid B)$,读作"在 B 的条件下 A 的概率"。

考虑这样一个问题:$P(A\mid B)$ 是在 B 发生的情况下 A 发生的可能性。首先,事件 B 发生之前,对事件 A 的发生有一个基本的概率判断,称为 A 的先验概率,用 $P(A)$ 表示;其次,事件 B 发生之后,对事件 A 的发生概率重新评估,称为 A 的后验概率,用 $P(A\mid B)$ 表示。类似地,事件 A 发生之前,对事件 B 的发生有一个基本的概率判断,称为 B 的先验概率,用 $P(B)$ 表示;同样,事件 A 发生之后,对事件 B 的发生概率重新评估,称为 B 的后验概率,用 $P(B\mid A)$ 表示。

2. 贝叶斯公式的推导

根据条件概率的定义,在事件 B 发生的条件下事件 A 发生的概率是 $P(A\mid B) = P(A\bigcap B) \div P(B)$。同样地,在事件 A 发生的条件下事件 B 发生的概率为 $P(B\mid A) = P(A\bigcap B) \div P(A)$。整理与合并上述两式,便可以得到 $P(A\mid B)P(B) = P(A\bigcap B) = P(B\mid A)P(A)$。两边同除以 $P(B)$(若 $P(B)$ 是非零的),便可以得到贝叶斯定理的公式表达式:

$$P(A\mid B) = \frac{P(B\mid A)\times P(A)}{P(B)} \tag{2-1}$$

3. 贝叶斯定理的含义

对条件概率公式进行变形,可以得到:后验概率=先验概率×调整因子。**$P(A)$ 称为先验概率,即在事件 B 发生之前,对事件 A 概率的一个判断。$P(A\mid B)$ 称为后验概率,即在事件 B 发生之后,对事件 A 概率的重新评估。**$P(B\mid A) \div P(B)$ 称为可能性函数(Likelihood),这是一个调整因子,使得预估概率更接近真实概率。

先预估一个先验概率,然后加入实验结果,看这个实验到底是增强还是削弱了先验概率,由此得到更接近事实的后验概率。在这里,如果可能性函数 $P(B\mid A) \div P(B)$ 大于1,意味着先验概率被增强,事件 A 发生的可能性变大;如果可能性函数等于1,意味着事件 B 无助于判断事件 A 的可能性;如果可能性函数小于1,意味着先验概率被削弱,事件 A 发生的可能性变小。

上述思考模式意味着,新观察到的样本信息将修正人们以前对事物的认知。综合起来看,则好比人类起先对大自然只有少得可怜的先验知识,但随着不断地观察、实验,获得更多的样本、结果,人们对自然界的规律摸得越来越透彻。所以,贝叶斯方法既符合人们对日常生活的思考方式,也符合人们认识自然的规律,经过不断的发展,最终占据统计学领域的重要地位。

2.3.2　朴素贝叶斯算法步骤

微课视频

朴素贝叶斯(Naive Bayesian Algorithm)对贝叶斯算法进行了相应地简化。朴素贝叶斯算法是应用最为广泛的分类算法之一。

算法步骤:

(1) 设 $x = \{a_1, a_2, \cdots, a_m\}$ 为一个待分类数据集,而每个 a 为 x 的一个特征属性。

(2) 有类别集合 $C = \{y_1, y_2, \cdots, y_n\}$。

(3) 计算 $p(y_1 \mid x), p(y_2 \mid x), \cdots, p(y_n \mid x)$。

(4) 如果 $p(y_k \mid x) = \max\{p(y_1 \mid x), p(y_2 \mid x), \cdots, p(y_n \mid x)\}$,则 x 属于 y_k 这个类别。

$p(y_k \mid x)$ 的值就是特征数据 x 的类别值,那么现在的关键就是如何计算步骤(3)中的各个条件概率。步骤(3)的计算方法为

(1) 获取训练数据,其中已有输入特征和标签类别的数据。

(2) 统计在各个类别下各个特征的条件概率,即

$p(a_1 \mid y_1), p(a_2 \mid y_1), \cdots, p(a_m \mid y_1); p(a_1 \mid y_2), p(a_2 \mid y_2), \cdots, p(a_m \mid y_2); \cdots;$ $p(a_1 \mid y_n), p(a_2 \mid y_n), \cdots, p(a_m \mid y_n)$。

(3) 根据贝叶斯定理进行计算,如

$$p(y_i \mid x) = \frac{p(x \mid y_i) p(y_i)}{p(x)} \tag{2-2}$$

因为分母对于所有的类别都一样,为常数,故只需要计算分子,即将分子最大化。又因为朴素贝叶斯的约定是各个特征属性为条件独立,所以有

$$p(x \mid y_i) p(y_i) = p(a_1 \mid y_i) p(a_2 \mid y_i) \cdots p(a_m \mid y_i) p(y_i) = p(y_i) \prod_{j=1}^{m} p(a_j \mid y_i)$$

$$\tag{2-3}$$

式(2-3)的计算前提是各个特征属性符合相互独立的假设,虽然这个假设简化了计算,在一定程度上降低了贝叶斯分类算法的分类效果,但是在实际的应用场景中,极大地简化了贝叶斯方法的复杂程度。

有了训练数据,以及这些数据对应的分类类别概率和条件概率,就可以使用贝叶斯方法重新对新数据进行分类预测。概率模型就可以使用贝叶斯定理对新数据进行预测。

2.3.3　在Scikit-learn中使用贝叶斯分类

Scikit-learn 中朴素贝叶斯库的使用需要关注的参数比较少。在 Scikit-learn 中,一共有 3 个朴素贝叶斯的分类算法类,分别是 GaussianNB、MultinomialNB 和 BernoulliNB。

高斯分布型:GaussianNB 就是先验为高斯分布的朴素贝叶斯,用于分类问题,假定

属性/特征服从正态分布。

多项式型：MultinomialNB 就是先验为多项式分布的朴素贝叶斯,用于离散值模型,比如文本分类问题。

伯努利型：BernoulliNB 就是先验为伯努利分布的朴素贝叶斯,特征只有 0(没出现)和 1(出现过)时使用。

MultinomialNB 这个函数有 3 个参数：alpha(拉普拉斯平滑)、fit_prior(表示是否要考虑先验概率)和 class_prior(可选参数)。MultinomialNB 的一个重要的功能是 partial_fit 方法,这个方法一般用在训练集数据量非常大,不能一次全部载入内存的时候。这时可以把训练集分成若干等份,重复调用 partial_fit 来一步步地学习训练集。

代码清单 2-5：朴素贝叶斯分类

```
1   from sklearn.datasets import load_iris
2   from sklearn.model_selection import cross_val_score
3   from sklearn.naive_bayes import GaussianNB
4   #高斯分布型
5   iris = load_iris()
6   gnb = GaussianNB()
7   #构造
8   pred = gnb.fit(iris.data, iris.target)
9   #拟合
10  y_pred = pred.predict(iris.data)
11  #预测
12  print(iris.data.shape[0])
13  print((iris.target != y_pred).sum())
14  # iris.target 人工标注出的分类,为真实的类别。y_pred 模型预测产生的类别,比较
15  #两个值什么不一样,即为模型的误差。然后将不同的值的个数求出来,150 个结果中,有
16  #6 个和人工标注的值不同
17  #采用 10 折交叉验证查看贝叶斯模型的性能
18  scores = cross_val_score(gnb, iris.data, iris.target, cv = 10)
19  print("Accuracy: %.3f" % scores.mean())
```

朴素贝叶斯的主要优点：

(1) 朴素贝叶斯模型发源于古典概率理论,有稳定的分类效率。

(2) 对小规模的数据表现很好,能够处理多分类任务,适合增量式训练,尤其是数据量超出内存时,可以一批批地增量训练。

(3) 对缺失数据不太敏感,算法也比较简单,常用于文本分类。

朴素贝叶斯的主要缺点：

(1) 朴素贝叶斯模型在给定输出类别的情况下,假设属性之间相互独立,这个假设在实际应用中往往是不成立的,在属性个数比较多或者属性之间相关性较大时,分类效果不好。而在属性相关性较小时,朴素贝叶斯性能最好。

(2) 由于是通过先验数据来决定后验的概率,从而决定分类的,所以分类决策存在一定的错误率。

(3) 对输入数据的表达形式很敏感。

2.4 决策树

在现实生活中会遇到各种选择。不论选择中午吃什么,还是挑选水果,都基于以往的经验来判断。如果把判断背后的逻辑整理成一个结构图,就会发现它实际上是一个树状图,这棵树称为决策树。

决策树是使用最广泛的机器学习模型之一,因为决策树可以很好地处理噪声或丢失的数据,并且可以很容易地进行整合,以形成更强大的预测器(集成方法常采用决策树作为基学习器)。此外,可以直观地看到模型的学习结果图,它是一个非常受欢迎的模型。

2.4.1 决策树的基本思想

微课视频

先看银行审批个人贷款的一个简易模型,图 2.11 是一棵简易的个人贷款决策树,用于预测贷款用户是否具有偿还贷款的能力。

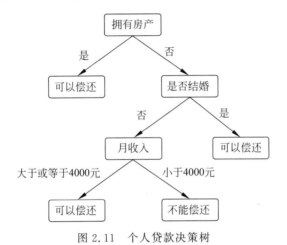

图 2.11 个人贷款决策树

贷款用户主要具备三个属性:是否拥有房产,是否结婚,月收入是否大于 4000 元。每一个内部结点都表示一个属性条件判断,叶子结点表示贷款用户是否具有偿还能力。例如:用户甲没有房产、没有结婚、月收入 5000 元,通过决策树的根结点判断,用户甲符合右边分支(是否拥有房产为否);再判断是否结婚,用户甲符合左边分支(是否结婚为否);然后判断月收入是否大于 4000 元,用户甲符合左边分支(月收入大于或等于 4000元),该用户落在"可以偿还"的叶子结点上。所以预测用户甲具备偿还贷款能力。

机器学习中的决策树是一类预测模型,代表的是对象属性与对象值之间的一种映射关系。树中每个分叉路径则代表某个可能的属性值,而每个叶子结点则对应从根结点到该叶子结点所经历的路径所表示的对象的值,决策树仅有单一输出。机器学习中的决策树是一种经常要用到的模型,可以用于分类,也可以用于回归。

从数据训练出决策树模型的过程叫作决策树学习。每棵决策树都表述了一种树型结构,它由分支来对该数据特征进行分类。每棵决策树的构建依靠对数据的分割进行数据测试,这个过程以递归式进行,当不能再进行分割或一个单独的类别可以被应用于某一分支时,树的构建过程就完成了。

微课视频

2.4.2　决策树学习算法

决策树学习常见的算法包括 CART(Classification And Regression Tree)、ID3、C4.5、随机森林(Random Forest)等。

决策树学习的目标就是把数据集按对应的类别标签进行分类。最理想的情况是,通过特征的选择能把不同类别的数据集贴上对应类标签。

这些算法都需要选择特征,即选择一个合适的特征作为判断结点,可以快速地分类,其目标是使得分类后的数据集比较"纯",即分割后的每个类别尽可能地单一。通过不断地迭代,最终就学习到了一棵决策树模型。如何衡量一个特征选择后的数据集纯度呢?这里就需要引入数据纯度函数,下面介绍两种表示数据纯度的函数。

1. 信息增益

先看信息熵这个概念。信息熵表示的是不确定度,当均匀分布时,不确定度最大,此时熵就最大,当选择某个特征对数据集进行分类时,分类后的不确定度会变小,故数据集的信息熵会比分类前的小,其差值表示为信息增益。**信息增益可以衡量某个特征对分类结果的影响大小。**

假设在样本数据集 D 中,混有 c 种类别的数据。构建决策树时,根据给定的样本数据集选择某个特征值作为树的结点,在数据集中,可以计算出该数据中的信息熵,如式(2-4)所示为分割前的信息熵。

$$\text{Info}(D) = -\sum_{i=1}^{c} p_i \log_2(p_i) \tag{2-4}$$

其中,D 表示训练数据集,c 表示数据类别数,p_i 表示类别 i 样本数量占所有样本的比例。

对应数据集 D,选择特征 A 作为决策树判断结点时,在特征 A 分割后的信息熵为 $\text{Info}(D)$,如式(2-5)所示,为分割后的信息熵计算公式。其中,k 表示样本 D 被分为 k 个部分。

$$\text{Info}_A(D) = -\sum_{j=1}^{k} \frac{|D_j|}{|D|} \times \text{Info}(D_j) \tag{2-5}$$

信息增益表示数据集 D 在特征 A 的作用后,其信息熵减少的值。式(2-6)为信息熵差值计算公式。**对于决策树结点最合适的特征选择,就是 Gain(A) 值最大的特征。**

$$\text{Gain}(A) = \text{Info}(D) - \text{Info}_A(D) \tag{2-6}$$

2. 基尼指数

基尼指数是另一种数据的不纯度的度量方法,式(2-7)为基尼指数计算公式。其中,c 表示数据集中类别的数量,P_i 表示类别 i 样本数量占所有样本的比例。

$$\text{Gini}(D) = 1 - \sum_{i=1}^{c} p_i^2 \tag{2-7}$$

从式(2-7)可以看出,当数据集中数据混合的程度越高,基尼指数也就越高;当数据

集 D 只有一种数据类型，那么基尼指数的值为最低 0。

如果选取的属性为 A，那么分裂后的数据集 D 的基尼指数的计算公式如式(2-8)所示，为分裂后的基尼指数计算公式。其中，k 表示样本 D 被分为 k 个部分，数据集 D 分裂成为 k 个 D_j 数据集。

$$\text{Gini}_A(D) = \sum_{j=1}^{k} \frac{|D_j|}{|D|} \text{Gini}(D_j) \tag{2-8}$$

特征选取时需要选择最小的分裂后的基尼指数，也可以用基尼指数增益值作为决策树选择特征的依据。式(2-9)为基尼指数差值计算公式。**在构建决策树选择特征时，应选择基尼指数增益值最大的特征，作为该结点分裂条件。**

$$\Delta \text{Gini}(A) = \text{Gini}(D) - \text{Gini}_A(D) \tag{2-9}$$

2.4.3　构造决策树

微课视频

如图 2.12 所示为二维分类数据集，如何在这组数据上构造决策树？这个数据集由 2 个半月形组成，每个类别都包含 50 个数据点。这个数据集称为 two_moons。构造决策树，就是用某个特征值进行数据划分，采用 2.4.2 节介绍的信息增益或基尼指数进行度量，使得每次划分后，信息增益或基尼指数最大，能够以最快的速度得到正确答案。在机器学习中，这些问题叫作测试。图 2.12 中的数据表示为连续特征，用于连续数据的测试形式是："特征 i 的值是否大于 a？"

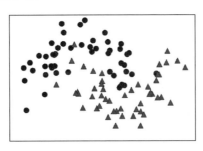

图 2.12　用于构造决策树的 two_moons 数据（见彩插）

1. 构造决策树的方法

为了构造决策树，算法搜遍所有可能的测试，找出对目标变量来说信息增益最大的那一个。图 2.13 展示了选出的第一个测试。将数据集在 x[1]＝0.0596 处水平划分可以得到最多信息增益，它在最大程度上将类别 0 中的点与类别 1 中的点进行区分。顶结点（也叫根结点）表示整个数据集，包含属于类别 0 的 50 个点和属于类别 1 的 50 个点，通过测试 x[1]<=0.0596 的真假来对数据集进行划分，在图中表示为一条黑线。**如果测试结果为真，那么将这个点分配给左结点，左结点里包含属于类别 0 的 2 个点和属于类别 1 的 32 个点，否则将这个点分配给右结点，右结点里包含属于类别 0 的 48 个点和属于类别 1 的 18 个点。**这两个结点对应图 2.13 中的顶部区域和底部区域。

尽管第一次划分已经对两个类别做了很好的区分，但底部区域仍包含属于类别 0 的点,顶部区域也仍包含属于类别1的点。可以在两个区域中重复寻找最佳测试的过程,从而构建出更准确的模型。图2.14展示了信息增益最大的一次划分,这次划分是基于 x[0]做出的,分为左右两个区域。

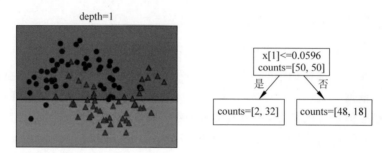

图2.13　深度为1的树的决策边界(左)与相应的树(右)

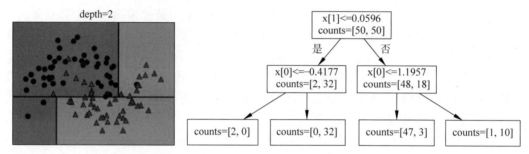

图2.14　深度为2的树的决策边界(左)与相应的树(右)(见彩插)

这一递归过程生成一棵二元决策树,其中每个结点都包含一个测试。也可以将每个测试看成沿着一条轴对当前数据进行划分。这是一种将算法看作分层划分的观点。由于每个测试仅关注一个特征,所以划分后的区域边界始终与坐标轴平行。

对数据反复进行递归划分,直到划分后的每个区域(决策树的每个叶子结点)只包含单一目标值(单一类别或单一回归值)。如果树中某个叶子结点所包含数据点的目标值都相同,那么这个叶子结点就是纯的(Pure)。这个数据集的最终划分结果如图2.15所示。

2. 停止构造决策树的条件

决策树不可能不受限制地生长,总有停止分裂的时候。最极端的情况是当结点分裂到只剩下一个数据点时自动结束分裂,但这种情况下的树过于复杂,会出现过拟合,预测的精度反而下降。一般情况下为了降低决策树复杂度和提高预测的精度,会适当提前终止结点的分裂。

以下是决策树结点停止分裂的一般性条件:

(1) 最小结点数。当结点的数据量小于一个指定的数量时,不继续分裂。这样做有两个原因:①数据量较少时,再分裂容易强化噪声数据的影响;②设置最小结点数可以降低构造的树模型的复杂性。提前结束分裂在一定程度上有利于降低过拟合的影响。

(2) 熵或者基尼指数小于阈值。由上述可知,信息熵和基尼指数的大小表示数据类

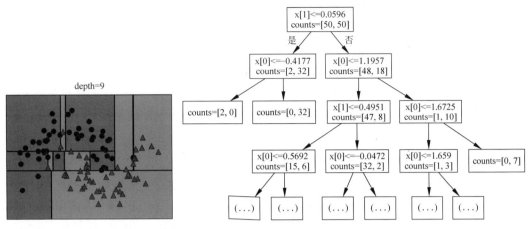

图 2.15 深度为 9 的树的决策边界(左)与相应的树的一部分(右)

别的不纯程度。熵或者基尼指数过小,表示数据的纯度比较大。因此熵或者基尼指数小于一定程度时,结点停止分裂。

(3)决策树的深度达到指定的条件。结点的深度可以理解为结点与决策树根结点的距离,决策树的深度是所有叶子结点的最大深度,当深度到达指定的阈值时,停止分裂。

(4)所有特征已经使用完毕,不能继续进行分裂。被动式停止分裂的条件,当已经没有可分的属性时,直接将当前结点设置为叶子结点。

3. 使用决策树进行预测

想要对新数据点进行预测,从根结点开始对树进行遍历就可以找到这一区域,每一步向左还是向右取决于是否满足相应的测试。搜索完树模型后,查看待预测数据点位于特征空间划分的哪个区域,然后将该区域的多数目标值(如果是纯的叶子结点,就是单一目标值)作为预测结果。

决策树也可以用于回归任务,使用的方法与分类完全相同。回归的方法是,基于每个结点的测试对树进行遍历,最终找到新数据点所属的叶子结点的区域,这一数据点的输出即为此叶子结点中所有训练点的平均值。

2.4.4 决策树的优化与可视化

通常来说,构造决策树时直到所有叶子结点都是纯的叶子结点才结束,这会导致模型非常复杂,并且会过拟合。纯叶子结点的存在说明这棵树在训练集上的精度是 100%。训练集中的每个数据点都位于分类正确的叶子结点中,这样决策边界过于关注远离同类别其他点的单个异常点。

微课视频

1. 控制决策树的复杂度

防止过拟合有两种常见的策略:一种是及早停止树的生长,也叫**预剪枝**(Pre-pruning);另一种是先构造树,但随后删除或折叠信息量很少的结点,也叫**后剪枝**(Post-pruning)或剪枝(Pruning)。预剪枝可以通过限制树的最大深度、限制叶子结点的最大数目,或者规定一个叶子结点中数据点的最小数目来防止继续划分。

Scikit-learn 的决策树在 DecisionTreeRegressor 类和 DecisionTreeClassifier 类中实现。Scikit-learn 只实现了预剪枝,没有实现后剪枝。

在乳腺癌数据集上更详细地看一下预剪枝的效果。和前面一样,导入数据集并将其分为训练集和测试集。然后利用默认设置来构建模型,默认将树完全展开(树不断分支,直到所有叶子结点都是纯的)。

代码清单 2-6:决策树分类

```
1   from sklearn.tree import DecisionTreeClassifier
2   cancer = load_breast_cancer()
3   X_train, X_test, y_train, y_test = train_test_split(cancer.data, cancer.target,
    stratify = cancer.target, random_state = 42)
4   tree = DecisionTreeClassifier(random_state = 0)
5   tree.fit(X_train, y_train)
6   print("Accuracy on training set: {:.3f}".format(tree.score(X_train, y_train)))
7   print("Accuracy on test set: {:.3f}".format(tree.score(X_test, y_test)))
8   print("tree max depth:{}".format(tree.tree_.max_depth))
9   Out[17]:
10  Accuracy on training set: 1.000
11  Accuracy on test set: 0.937
12  tree max depth:7
```

可以看出,训练集的精度是100%,这是因为叶子结点都是纯的,树的深度为7,足以完美地记住训练数据的所有标签,测试集泛化精度只有93.7%,明显过拟合。这里不限制决策树的深度,它的深度和复杂度都可以变得特别大。因此,未剪枝的树容易过拟合,对新数据的泛化性能不佳。

现在将预剪枝应用在决策树上,这可以阻止树的完全生长。一种选择是在到达一定深度后停止树的生长(也可以限制叶子结点的最大数目,或者规定一个叶子结点中数据点的最小数)。这里设置 max_depth=4,这表明构造的决策树只有4层,限制树的深度可以减少过拟合,这会降低训练集的精度,但可以提高测试集的精度。

```
1   tree = DecisionTreeClassifier(max_depth = 4, random_state = 0)
2   tree.fit(X_train, y_train)
3   print("Accuracy on training set: {:.3f}".format(tree.score(X_train, y_train)))
4   print("Accuracy on test set: {:.3f}".format(tree.score(X_test, y_test)))
5   Out[59]:
6   Accuracy on training set: 0.988
7   Accuracy on test set: 0.951
8   tree max depth:4
```

可以看出,设置 max_depth=4 后,训练精度为98.8%,测试精度为95.1%,树的最大深度只有4层,降低了训练精度,提高了泛化精度,改善了过拟合的状况。

2. 决策树的可视化

在 Scikit-learn 中,可以利用 tree 模块的 export_graphviz 函数来将树可视化,这样便于向非专业人士解释决策过程。这个函数会生成一个 .dot 格式的文件,这是一种用于保存图形的文本文件格式。设置为结点添加颜色的选项,用颜色区分每个结点中的多数类别,同时传入类别名称和特征名称,这样可以对树正确标记。

代码清单 2-7:决策树可视化

```
1  from sklearn.tree import export_graphviz
2  export_graphviz(tree, out_file = "tree.dot", class_names = ["malignant", "benign"],
   feature_names = cancer.feature_names, impurity = False, filled = True)
3  ♯ 可以利用 graphviz 模块读取这个文件并将其可视化,如图 2.16
4  import graphviz
5  with open("tree.dot") as f:
6      dot_graph = f.read()
7  graphviz.Source(dot_graph)
```

树的可视化有助于深入理解算法是如何进行预测的,也是易于向非专家解释的机器学习算法的优秀示例。不过,如果树的深度有很多层,显示出来会很大,图 2.16 中只显示了 3 层。

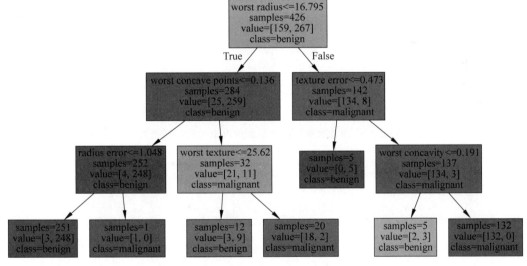

图 2.16 乳腺癌数据集构造的决策树(见彩插)

3. 显示树的特征重要性

在 Scikit-learn 中,可以利用一些有用的属性来显示树的工作原理,其中最常用的是特征重要性(Feature Importance),每个特征对树决策的重要性进行排序。对于每个特征来说,它是一个介于 0 和 1 的数字,其中 0 表示"根本没用到",1 表示"完美预测目标值",

特征重要性的求和始终为1。

代码清单 2-8：决策树的特征重要性

```
1   print("Feature
2   importances:\n{}".format(tree.feature_importances_))
3   Out[60]:
4   Feature importances:
5   [ 0.    0.    0.    0.    0.    0.    0.    0.    0.    0.    0.01
6   0.048  0.    0.    0.002  0.    0.    0.    0.    0.    0.727  0.046
7   0.    0.    0.014  0.    0.018  0.122  0.012  0.  ]
```

可以将特征重要性可视化，如图 2.17 所示。

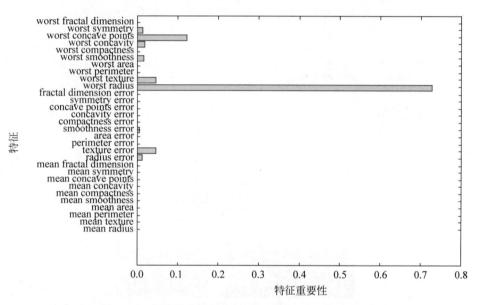

图 2.17   由乳腺癌数据集得到的决策树的特征重要性

```
1   def plot_feature_importances_cancer(model):
2       n_features = cancer.data.shape[1]
3       plt.barh(range(n_features),model.feature_importances_,align = 'c
            enter')
4       plt.yticks(np.arange(n_features), cancer.feature_names)
5       plt.xlabel("Feature importance")
6       plt.ylabel("Feature")
7   plot_feature_importances_cancer(tree)
```

从图 2.17 可以看到，顶部划分用到的特征(Worst Radius)是最重要的特征。这也证实了在分析树时的观察结论，即第一层划分已经将两个类别区分得很好。

但是，如果某个特征的 feature_importance_ 很小，并不能说明这个特征没有提供任何信息；只能说明该特征没有被树选中，可能因为另一个特征也包含了同样的信息。

2.4.5 决策树回归

前面都是使用决策树解决分类问题的,其实使用决策树也可以非常容易地解决回归问题。当决策树建立起来之后,相应地每一个叶子结点其实都包含了若干个数据,如果这些数据输出值是类别,那么它就是一个分类问题;如果输出值是一个具体的数值,那么它就是一个回归问题。想了解 Scikit-learn 封装的决策树是怎样解决回归问题的,可以看下面回归问题代码。

代码清单 2-9:决策树回归

```
1   import numpy as np
2   import matplotlib.pyplot as plt
3   from sklearn import datasets
4   boston = datasets.load_boston()
5   X = boston.data
6   y = boston.target
7   from sklearn.model_selection import train_test_split
8   X_train, X_test, y_train, y_test = train_test_split(X, y, random_state = 666)
9   #Decision Tree Regressor 决策树的回归器
10  from sklearn.tree import DecisionTreeRegressor
11  dt_reg = DecisionTreeRegressor()
12  dt_reg.fit(X_train, y_train)
13  print(dt_reg.score(X_test, y_test))
14  print(dt_reg.score(X_train, y_train))
15  Out[19]:
16  0.5844504263063501
17  1.0
18  #此时决策树在训练数据集上预测准确率是百分百的,但是在测试数据集上只有60%的准
19  #确率,很显然出现了过拟合,也可以设置树的深度等方法来改善过拟合。用 RMSE 绘制学
20  #习曲线
21  from sklearn.tree import DecisionTreeRegressor
22  from sklearn.metrics import mean_squared_error
23  def plot_learning_curve(algo, X_train, X_test, y_train, y_test):
24      train_score = []
25      test_score = []
26      for i in range(2, len(X_train) + 1):
27      algo.fit(X_train[:i], y_train[:i])
28      y_train_predict = algo.predict(X_train[:i])
29          train_score.append(mean_squared_error(y_train[:i], y_train_predict))
30      y_test_predict = algo.predict(X_test)
31  test_score.append(mean_squared_error(y_test, y_test_predict))
32          plt.plot([i for i in range(2, len(X_train) + 1)],
                     np.sqrt(train_score), label = "train")
33          plt.plot([i for i in range(2, len(X_train) + 1)],
                     np.sqrt(test_score), label = "test")
34      plt.legend()
35      plt.show()
```

从图 2.18 可以看出,训练数据的 RMSE 为 0,这表示训练数据上没有任何误差。而

测试数据的 RMSE 为 5 左右。

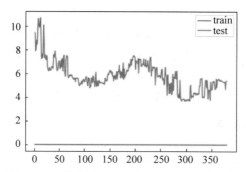

图 2.18 决策树回归 RMSE 学习曲线(见彩插)

树的模型用于回归时,有一个特殊的性质,不能外推(Extrapolate),即不能在训练数据范围之外进行预测。看下面案例,利用计算机内存(RAM)历史价格的数据集来更详细地研究这个问题。图 2.19 给出了这个数据集的图像,横轴为日期,纵轴为那一年 1 兆字节(MB)内存的价格。

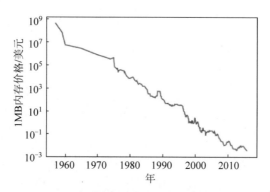

图 2.19 用对数坐标绘制内存的价格曲线

代码清单 2-10:树的回归预测不能外推

```
1   import pandas as pd
2   ram_prices = pd.read_csv("data/ram_price.csv")
3   plt.semilogy(ram_prices.date, ram_prices.price)
4   plt.xlabel("Year")
5   plt.ylabel("Price in $ /Mbyte")
6   #利用 2000 年前的历史数据来预测 2000 年后的价格,只用日期作为特征。将对比两个
7   #简单的模型:DecisionTreeRegressor 和 LinearRegression。对价格取对数,使
8   #得二者关系的线性相对更好。这对 DecisionTreeRegressor 不会产生什么影响,但
9   #LinearRegression 的影响却很大。训练模型并做出预测之后,应用指数映射来做对数
10  #变换的逆运算。为了便于可视化,这里对整个数据集进行预测,但如果是为了定量评估,
11  #将只考虑测试数据集
12  from sklearn.tree import DecisionTreeRegressor
13  #利用历史数据预测 2000 年后的价格
```

```
14  data_train = ram_prices[ram_prices.date < 2000]
15  data_test = ram_prices[ram_prices.date >= 2000]
16  #基于日期来预测价格
17  X_train = data_train.date[:, np.newaxis]
18  #利用对数变换得到数据和目标之间更简单的关系
19  y_train = np.log(data_train.price)
20  tree = DecisionTreeRegressor().fit(X_train, y_train)
21  linear_reg = LinearRegression().fit(X_train, y_train)
22  #对所有数据进行预测
23  X_all = ram_prices.date[:, np.newaxis]
24  pred_tree = tree.predict(X_all)
25  pred_lr = linear_reg.predict(X_all)
26  #对数变换逆运算
27  price_tree = np.exp(pred_tree)
28  price_lr = np.exp(pred_lr)
29  #这里创建图 2.20 表示将决策树和线性回归模型的预测结果与真实值进行对比
30  plt.semilogy(data_train.date, data_train.price, label = "Training data")
31  plt.semilogy(data_test.date, data_test.price, label = "Test data")
32  plt.semilogy(ram_prices.date, price_tree, label = "Tree prediction")
33  plt.semilogy(ram_prices.date, price_lr, label = "Linear prediction")
34  plt.legend()
```

图 2.20 将决策树和线性回归模型的预测结果与真实值进行对比,两个模型之间的差异非常明显。线性模型用一条直线对数据做近似处理。这条直线对测试数据(2000 年后的价格)给出了相当好的预测。与之相反,树模型完美预测了训练数据,但是,一旦输入超出了模型训练数据的范围,模型就只能持续预测最后一个已知数据点。树模型不能在训练数据的范围之外生成"新的"响应,即不能外推,所有基于树的模型都有这个特点。

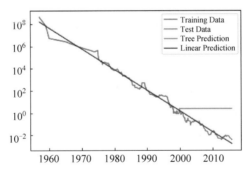

图 2.20   线性模型和回归树对内存价格的预测结果对比(见彩插)

回归树不能外推的原因是将树模型应用于回归时,对新数据的预测值采用训练数据对应结点区域数据的平均值。当预测数据超出训练数据范围时,预测值始终是预测结点区域训练数据的平均值,所以其值不会改变。

决策树的优缺点如下。

优点:

(1)速度快:计算量相对较小,且容易转换成分类规则,只要沿着树根向下一直走到叶子结点,沿途的分裂条件就能够唯一确定分类的特征。

(2) 准确性高:决策树模型的准确性高,便于理解,决策树可以清晰地显示哪些特征比较重要,还能生成可以理解的规则。

(3) 可以处理连续和分类特征。

(4) 特征数据不需要缩放预处理。

缺点:

(1) 对于类别样本数量不一致的数据,信息增益偏向于那些数值更大的特征。

(2) 容易过拟合。

(3) 忽略了属性之间的相关性。

2.5 线性模型

线性模型蕴含着机器学习中一些重要的基本思想,许多功能更为强大的非线性模型可在线性模型的基础上通过引入层次结构或高维映射而得到,线性模型还有多种推广形式,如多项式回归、Lasso 回归、岭回归等。

2.5.1 线性回归

微课视频

在机器学习中,线性回归(Linear Regression)的基本形式:给定 d 个属性的实例 $x = (x_1, x_2, \cdots, x_i, \cdots, x_d)$,$x_i$ 是 x 在第 i 个属性的取值,线性模型可以写为如下形式。

基本形式:$f(x) = w_1 x_1 + w_2 x_2 + \cdots + w_d x_d + b$

向量形式:$f(x) = \boldsymbol{W}^\mathrm{T} \boldsymbol{X} + \boldsymbol{b}$

其中,$\boldsymbol{W}$、$\boldsymbol{b}$ 为模型需要学习的参数,在给定数据集中,线性回归试图学习到一个线性模型,尽可能准确地预测输出数值。通过在数据集上建立线性模型,建立损失函数(Loss Function),最终以最优化损失函数为目标来确定模型参数 $\boldsymbol{W}$、$\boldsymbol{b}$,从而得到模型。整个线性回归算法流程如图 2.21 所示。

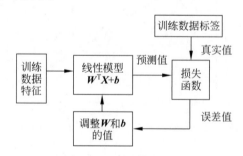

图 2.21 线性模型原理

那么线性模型问题的核心就转换为求目标参数 $\boldsymbol{W}$ 和 $\boldsymbol{b}$,根据已知的数据集 D,$D = ((x_1, y_1); (x_2, y_2); \cdots; (x_m, y_m))$,其中 $x_i = (x_{i1}, x_{i2}, \cdots, x_{id})$,$y_i \in \mathbf{R}$,$x_i$ 为特征数据,y_i 为标签值。

对于给定的样本数据 x_i,其预测值为 $\hat{y} = w x_i + b$,这时需要一个可以衡量预测值与数据集真实值之间差距的函数,这个函数称之为损失函数。如果损失函数在整个数据集上的值越小,就代表预测值与真实值越接近,而这就是想要的模型,所以优化目标就是让损失函数的值最小。这里损失函数选用均方误差,在整个数据集 D 上,模型的损失函数为式(2-10)。

$$L(f) = \sum_{i=1}^{m} (\hat{y}_i - y_i)^2 = \sum_{i=1}^{m} (wx_i + b - y_i)^2 \tag{2-10}$$

要确定参数 w、b 使得损失函数值最小。这样的基于均方误差最小化来进行模型求解的方法称为"最小二乘法"。

下面从一个最简单的例子来分析最小二乘线性回归的求解过程。给定 3 对 (x,y) 训练数据 $(2,4)$、$(5,1)$、$(8,9)$ 进行函数建模,如图 2.22 所示。建立目标变量 y 和输入变量 x 之间的关系。

这一模型写成公式为 $f(x) = ax + b$,通过拟合这个线性函数,可模拟 x 和 y 之间的关系。该函数不仅与输入变量 x 呈线性关系,而且与参数 a、b 呈线性关系。损失函数为模型 $f(x)$ 的输出值与真实值 y 的误差平方和,如式(2-10)所示。

利用误差函数的概念,可将"确定最符合训练数据的参数 a、b"改为"确定参数 a、b,使误差函数最小化",计算训练数据的误差函数。

$$\begin{aligned}
L(a,b) &= \sum_{i=1}^{3} \left[f(x_i) - y_i \right]^2 \\
&= \sum_{i=1}^{3} (ax_i + b - y_i)^2 \\
&= (2a + b - 4)^2 + (5a + b - 1)^2 + (8a + b - 9)^2 \\
&= 93a^2 + 3b^2 + 30ab - 170a - 28b + 98
\end{aligned}$$

这是要求最小值的误差函数。但是,怎样才能找到参数 a、b,得到此函数的最小值呢?将该函数可视化,如图 2.23 所示。

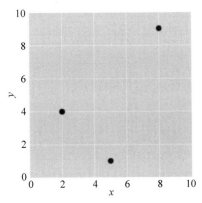

图 2.22　拟合最小二乘线性模型的训练数据

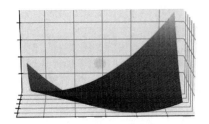

图 2.23　误差函数(见彩插)

从图 2.23 的 3D 图来看,会看到该函数为凸函数。凸函数的优化就是找到最小值,因为凸函数只有一个最小点,这个点通过如下方程求解,便可得到使函数最小化的参数。

$$\frac{\partial}{\partial a}E(a,b)=0$$

$$\frac{\partial}{\partial b}E(a,b)=0$$

代入数据,求解方程。

$$\frac{\partial}{\partial a}E(a,b)=186a+30b-170=0$$

$$\frac{\partial}{\partial b}E(a,b)=6b+30a-28=0$$

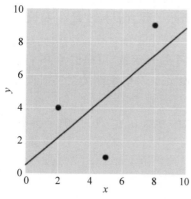

图 2.24　最小二乘线性模型

通过求解上面的等式,得到 $a=\frac{5}{6}$, $b=\frac{1}{2}$。因此,这个损失函数最小的模型如式(2-11)所示。

$$f(x)=\frac{5}{6}x+\frac{1}{2} \qquad (2-11)$$

如图 2.24,通过求解损失函数最小化方程,得到最佳参数 a、b,这样就得到了这三个数据所代表的最佳线性模型,这就是最小二乘法线性模型的基本方法。

下面用机器学习方法构建一个线性回归模型,通过分析匹萨的直径与价格数据的线性关系,来预测任意直径匹萨的价格。假设查到了部分匹萨的直径与价格的数据,这就构成了训练数据,如表 2.1 所示。

表 2.1　匹萨数据

样本序号	直径/英寸	价格/美元	样本序号	直径/英寸	价格/美元
1	6	7	4	14	17.5
2	8	9	5	18	18
3	10	13			

代码清单 2-11:线性模型回归

```
1    # 用 matplotlib 画出图形
2    % matplotlib inline
3    import matplotlib.pyplot as plt
4    from matplotlib.font_manager import FontProperties
5    font = FontProperties(fname = r"c:\windows\fonts\msyh.ttc", size = 10)
6    def runplt(size = None):
7        plt.figure(figsize = size)
8        plt.title('匹萨价格与直径数据',fontproperties = font)
9        plt.xlabel('直径/英寸',fontproperties = font)
10       plt.ylabel('价格/美元',fontproperties = font)
11       plt.axis([0, 25, 0, 25])
12       plt.grid(True)
```

```
13        return plt
14  plt = runplt()
15  X = [[6], [8], [10], [14], [18]]
16  y = [[7], [9], [13], [17.5], [18]]
17  plt.plot(X, y, 'k.')
18  plt.show()
```

如图 2.25 所示,横轴表示匹萨直径,纵轴表示匹萨价格。能够看出匹萨价格与其直径正相关,这与日常经验也比较吻合——自然是越大越贵。下面用 Scikit-learn 来构建模型。

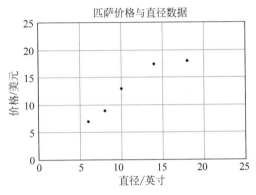

图 2.25　匹萨尺寸与价格关系图

```
1   import numpy as np
2   from sklearn import linear_model
3   # 调用 Scikit - learn 中的 linear_model 模块进行线性回归
4   model = linear_model.LinearRegression()
5   model.fit(X, y)
6   Print(model.intercept_)
7   # 截距
8   Print(model.coef_)
9   # 线性模型的系数
10  a = model.predict([[12]])
11  a[0][0]
12  print("预测一张 12 英寸匹萨的价格:
13  {:.2f}".format(model.predict([[12]])[0][0]))
14  Out[20]:
15  [1.96551724]
16  [[0.9762931]]
17  # 预测一张 12 英寸匹萨的价格:13.68
```

LinearRegression 类的 fit() 方法学习到了一元线性回归模型:$y=ax+b$。y 表示模型的预测值,这里指匹萨价格预测值;x 是自变量,这里指匹萨直径;截距 b 和系数 a 是线性回归模型学习到的参数。如图 2.26 所示,图中的直线就是匹萨直径与价格的线性关系,用这个模型,可以计算不同直径的价格。

```
1    plt = runplt()
2    plt.plot(X, y, 'k.')
3    X2 = [[0], [10], [14], [25]]
4    model = linear_model.LinearRegression()
5    model.fit(X,y)
6    y2 = model.predict(X2)
7    plt.plot(X2, y2, 'g-')
8    plt.show()
```

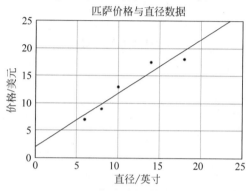

图 2.26　匹萨数据拟合的线性模型

从图 2.26 看出,通过线性模型学习到了匹萨尺寸与价格的关系。然而,普通线性回归缺少对模型复杂度的控制,没办法通过参数来控制模型的复杂度。因此应该试图找到一个可以控制复杂度的模型,线性回归最常用的替代方法就是岭回归和 Lasso回归。

2.5.2　岭回归与 Lasso 回归

微课视频

1. 岭回归

当样本特征很多,而样本数相对较少时,普通线性模型很容易陷入过拟合。为了缓解过拟合问题,可对线性模型损失函数引入正则化项,若使用 L2 范数正则化,则有

$$\min_{w} \sum_{i=1}^{m} (y_i - w^{\mathrm{T}} x_i)^2 + \lambda \parallel w \parallel_2^2 \qquad (2\text{-}12)$$

其中,正则化参数 $\lambda > 0$。损失函数称为岭回归(Ridge Regression),通过引入 L2 范数正则化,能显著降低过拟合的风险。

当线性回归过拟合时,权重系数 w 就会非常的大。岭回归可以理解为在线性回归的损失函数的基础上,加入一个 L2 正则项来限制权重 w 不要过大。通过确定 λ 的值可以使得模型在偏差和方差之间达到平衡,随着 λ 的增大,模型的方差减小,偏差增大。岭回归一般写成

$$\mathrm{Loss} = L_0 + \frac{\lambda}{2n} \sum w^2 \qquad (2\text{-}13)$$

其中，λ 为正则项系数，是一个超参数，可以理解为正则化部分占整个待优化函数的权重，n 为训练集大小，系数 $\frac{1}{2}$ 是为了求导方便，w 为参数。下面以一个具体的例子理解岭回归模型正则化的作用。

代码清单 2-12：岭回归模型

```
1   import numpy as np
2   np.random.seed(42)
3   x = np.random.uniform(-3,3,size=100)
4   X = x.reshape(-1,1)
5   y = 0.5 * x + 3 + np.random.normal(0,1,size=100)
6   #该模拟数据集服从 y = 0.5x + 3,加入了标准高斯噪声,首先不使用正则化用 20 次幂多项
7   #式回归训练模型
8   from sklearn.preprocessing import PolynomialFeatures
9   from sklearn.pipeline import Pipeline
10  from sklearn.preprocessing import StandardScaler
11  from sklearn.linear_model import LinearRegression
12  lin_reg = LinearRegression()
13  def PolynomialRegression(degree):
14      '''传入步骤对应的类组成多项式回归函数'''
15      returnPipeline([("poly",PolynomialFeatures(degree=degree)),
    ("std_scaler",StandardScaler()),
                        ("lin_reg",lin_reg)])
16  from sklearn.model_selection import train_test_split
17  X_train,X_test,y_train,y_test = train_test_split(X,y,random_state=666)
18  from sklearn.metrics import mean_squared_error
19  poly20_reg = PolynomialRegression(degree=20)
20  poly20_reg.fit(X_train,y_train)
21  y20_predict = poly20_reg.predict(X_test)
22  Print(mean_squared_error(y_test,y20_predict))
23  Out[27]:
24  167.94010867662124
25  #均方误差值为 167.94,绘制拟合曲线如图 2.27 所示
26  X_plot = np.linspace(-3,3,100).reshape(100,1)
27  y_plot = poly20_reg.predict(X_plot)
28  plt.scatter(x,y)
29  plt.plot(X_plot,y_plot,color='r')
30  #有序排序后绘制曲线
31  plt.axis([-3,3,-1,6])
32  plt.show()
```

下面同样使用 degree＝20 的多项式，但加入正则化项进行岭回归，为了调用方便，封装岭回归函数和绘图函数。

```
1    from sklearn.linear_model import Ridge
2    def RidgeRegression(degree,alpha):
3        '''传入步骤对应的类组成岭回归函数'''
4    ReturnPipeline([("poly",PolynomialFeatures(degree = degree)),
                ("std_scaler",StandardScaler()),
                ("ridge_reg",Ridge(alpha = alpha))])
5        '''绘图函数封装'''
6    def plot_model(model):
7            X_plot = np.linspace( - 3,3,100).reshape(100,1)
8            y_plot = model.predict(X_plot)
9    plt.scatter(x,y)
10           plt.plot(X_plot,y_plot,color = 'r')        #有序排序后绘制曲线
11           plt.axis([ - 3,3, - 1,6])
12           plt.show()
13   plot_model(poly20_reg)
14   #使用 a = 0.0001 的岭回归
15   ridge1_reg = RidgeRegression(20,0.0001)
16   ridge1_reg.fit(X_train,y_train)
17   y1_predict = ridge1_reg.predict(X_test)
18   Print(mean_squared_error(y_test,y1_predict))
19   Out[28]:
20   1.3233492754154803
21   plot_model(ridge1_reg)
```

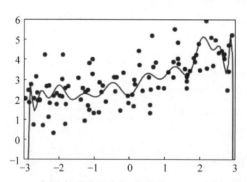

图 2.27　20 次幂多项式回归拟合曲线(无正则化)(见彩插)

如图 2.28 所示,可以看到 $a=0.0001$ 的岭回归均方误差 MSE 为 1.323,比没有正则化的要小很多,图中已经没有特别离谱的点。可见岭回归比没有正则化的多项式回归性能更好。

2. Lasso 回归

Lasso 回归全称是 Least Absolute Shrinkage and Selection Operator Regression,相应的损失函数为式(2-14)。

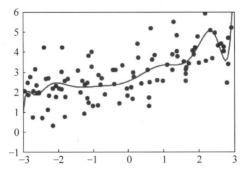

图 2.28 $a = 0.0001$ 岭回归的拟合曲线（见彩插）

$$\text{Loss} = L_0 + \frac{\lambda}{2n}\sum |w| \qquad (2\text{-}14)$$

将正则化项中的 L2 范数替换为 L1 范数，就是 Lasso 回归。Lasso 回归的特性使得它倾向于使一部分 w 变为 $\boldsymbol{0}$，所以可以作为特征选择用，系数为 $\boldsymbol{0}$ 的特征说明对表达模型几乎没用。但因此 Lasso 回归也有可能对一些特征存在误判，所以从准确度上来说岭回归要更加准确，但是当训练数据的特征特别多时使用岭回归将特别消耗计算资源，耗时较多。所以如果在特征较多的情况下，一般使用 Lasso 回归，Lasso 回归可以有效降低特征量，加快运算速度。

接下来对上面的数据使用 Lasso 回归。

代码清单 2-13：Lasso 回归

```
1   from sklearn.linear_model import Lasso
2   def LassoRegression(degree,alpha):
3       '''传入步骤对应的类组成 Lasso 回归'''
4       returnPipeline([("poly",PolynomialFeatures(degree = degree)),
                ("std_scaler",StandardScaler()),
                ("ridge_reg",Lasso(alpha = alpha))])
5   #使用 a = 0.01 的 Lasso 回归
6   lasso1_reg = LassoRegression(20,0.01)
7   lasso1_reg.fit(X_train,y_train)
8   y1_predict = lasso1_reg.predict(X_test)
9   Print(mean_squared_error(y_test,y1_predict))
10  Out[30]:
11  1.1496080843259968
12  plot_model(lasso1_reg)
```

如图 2.29 所示，可以看到在 Lasso 回归中 $a = 0.01$ 时，均方误差 MSE $= 1.1496$，回归曲线已经非常平缓了，这也正是 Lasso 回归的优势，在特征选择的作用下能很快地求解模型。

在实践中，在两个模型中一般首选岭回归。但如果特征很多，如果只有其中几个是重要的，那么选择 Lasso 回归可能更好。同样，如果想要一个容易解释的模型，Lasso 回归可以给出更容易理解的模型，因为它只选择了一部分输入特征。Scikit-learn 还提供了

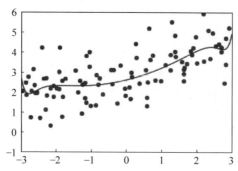

图 2.29　$a=0.01$ 时 Lasso 回归的拟合曲线(见彩插)

ElasticNet 类,结合了 Lasso 回归和岭回归的惩罚项。在实践中,这种结合的方式效果最好,不过代价是要调节两个参数:一个用于 L1 正则化,另一个用于 L2 正则化。

2.5.3　多项式回归

微课视频

　　多项式回归(Polynomial Regression)主要加入了特征的更高次项,相当于增加了模型的自由度,或者说增加了模型的复杂度,从而使模型可以更好、更灵活地拟合数据。多项式回归的最大优点就是可以通过增加 X 的高次项对实测点进行逼近,直至满意为止。事实上,多项式回归可以处理大部分非线性问题,它在回归分析中占有重要的地位,因为任一函数都可以分段后用多项式来逼近。因此,在通常的实际问题中,不论因变量与其他自变量的关系如何,总可以用多项式回归来进行分析。多项式回归仍然是参数的线性模型。

　　如果自变量只有一个,称为一元多项式回归;如果自变量有多个,称为多元多项式回归。在一元回归分析中,如果因变量 y 与自变量 X 的关系为非线性的,但是又找不到适当的函数曲线来拟合,则可以采用一元多项式回归。

　　一元 m 次多项式回归方程为 $y=b_0+b_1 X+b_2 X^2+\cdots+b_m X^m$。

　　二元二次多项式回归方程为 $y=b_0+b_1 X_1+b_2 X_2+b_3 X_1^2+b_4 X_2^2+b_5 X_1 X_2$。

　　下面代码实现多项式回归。

代码清单 2-14:多项式回归

```
1   import numpy as np
2   from scipy import stats
3   import matplotlib.pyplot as plt
4   from sklearn.preprocessing import PolynomialFeatures
5   from sklearn.linear_model import LinearRegression
6   from sklearn.metrics import mean_squared_error
7   #使用的数据是函数 y = x^2 + 2 加入随机误差生成的,取 100 个数据点
8   data = np.array([[ -2.95507616,  10.94533252],
         [ -0.44226119,   2.96705822],
         [ -2.13294087,   6.57336839],
         [ 1.84990823,    5.44244467],
```

```
       [ 0.35139795,   2.83533936],
       [ -1.77443098, 5.6800407 ],
       [ -1.8657203 ,  6.34470814],
       [ 1.61526823,   4.77833358],
       [ -2.38043687, 8.51887713],
       [ -1.40513866, 4.18262786]])
9    m = data.shape[0]                    # 样本大小
10   X = data[:, 0].reshape( -1, 1)        # 将 array 转换成矩阵
11   y = data[:, 1].reshape( -1, 1)
12   plt.plot(X, y, "b.")
13   plt.xlabel('X')
14   plt.ylabel('y')
15   plt.show()
```

将这些数据点使用 plot 方法展示出来,如图 2.30 所示。

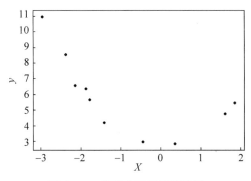

图 2.30　多项式回归训练数据

1. 直线方程拟合

下面先用直线方程拟合上面的数据点。

```
1    lin_reg = LinearRegression()
2    lin_reg.fit(X, y)
3    print(lin_reg.intercept_, lin_reg.coef_)
4    X_plot = np.linspace( -3, 3, 1000).reshape( -1, 1)
5    y_plot = np.dot(X_plot, lin_reg.coef_.T) + lin_reg.intercept_
6    plt.plot(X_plot, y_plot, 'r-')
7    plt.plot(X, y, 'b.')
8    plt.xlabel('X')
9    plt.ylabel('y')
```

如图 2.31 所示,采用线性回归拟合的模型,可以使用 mean_squared_error 函数来计算误差,均方误差 MSE 为 3.34。

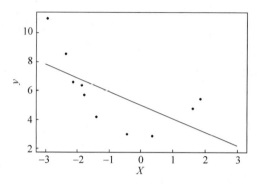

图 2.31 采用线性回归拟合的模型

```
1  h = np.dot(X.reshape( - 1, 1), lin_reg.coef_.T) + lin_reg.intercept_
2  print(mean_squared_error(h, y))
3  Out[31]:
4  3.3363076332788486
5  误差为: 3.336
```

2. 使用多项式方程

```
1   #拟合二次方程,这里使用 PolynomialFeatures 函数
2   poly_features = PolynomialFeatures(degree = 2, include_bias = False)
3   X_poly = poly_features.fit_transform(X)
4   print(X_poly)
5   #利用 X_poly 的数据作线性回归分析
6   lin_reg = LinearRegression()
7   lin_reg.fit(X_poly, y)
8   print(lin_reg.intercept_, lin_reg.coef_)
9   X_plot = np.linspace( - 3, 3, 1000).reshape( - 1, 1)
10  X_plot_poly = poly_features.fit_transform(X_plot)
11  y_plot = np.dot(X_plot_poly, lin_reg.coef_.T) + lin_reg.intercept_
12  plt.plot(X_plot, y_plot, 'r - ')
13  plt.plot(X, y, 'b.')
14  plt.show()
15  #均方误差 MSE
16  h = np.dot(X_poly, lin_reg.coef_.T) + lin_reg.intercept_
17  print(mean_squared_error(h, y))
18  Out[32]:
19  0.07128562789085333
```

如图 2.32 所示,采用二次多项式回归拟合数据,可以看出,模型更符合数据变化的规律,此时均方误差值下降到了 0.07。此外,还可以发现多项式回归与直线回归的差别是当输入训练数据 X 时,多项式回归还多了 X^2 这个新特征的值。

3. 持续降低训练误差与过拟合

在上面实现多项式回归的过程中,通过引入高阶项 X^2,均方误差从 3.34 下降到了

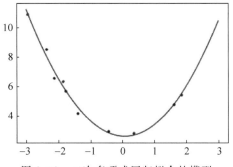

图 2.32 二次多项式回归拟合的模型

0.07，约减小为原来的 $\dfrac{1}{50}$。那么训练误差是否还有进一步下降的空间呢？答案是肯定的。通过继续增加更高阶的项，训练误差可以进一步降低。通过尝试，当最高阶项为 X^{11} 时，训练误差几乎等于 0 了，但出现了过拟合。下面是不同 degree 的情况。

```
1   # test different degree and return loss
2   def try_degree(degree, X, y):
3       poly_features_d = PolynomialFeatures(degree = degree, include_bias = False)
4       X_poly_d = poly_features_d.fit_transform(X)
5       lin_reg_d = LinearRegression()
6       lin_reg_d.fit(X_poly_d, y)
7       return {'X_poly': X_poly_d, 'intercept': lin_reg_d.intercept_,
                   'coef': lin_reg_d.coef_}
8   degree2loss_paras = []
9   for i in range(2, 20):
10      paras = try_degree(i, X, y)
11      h = np.dot(paras['X_poly'], paras['coef'].T) + paras['intercept']
        _loss = mean_squared_error(h, y)
12      degree2loss_paras.append({'d': i, 'loss': _loss, 'coef':
                                    paras['coef'], 'intercept':
                                    paras['intercept']})
13  min_index = np.argmin(np.array([i['loss'] for i
                        indegree2loss_paras]))
14  min_loss_para = degree2loss_paras[min_index]
15  print(min_loss_para)
16  X_plot = np.linspace( - 3, 1.9, 1000).reshape( - 1, 1)
17  poly_features_d = PolynomialFeatures(degree = min_loss_para['d'], include_bias = False)
18  X_plot_poly = poly_features_d.fit_transform(X_plot)
19  y_plot = np.dot(X_plot_poly, min_loss_para['coef'].T) +
    min_loss_para['intercept']
20  fig, ax = plt.subplots(1, 1)ax.plot(X_plot, y_plot, 'r - ',
                                    label = 'degree = 11')
21  ax.plot(X, y, 'b. ', label = 'X')
22  plt.xlabel('X')
```

```
23  plt.ylabel('y')
24  ax.legend(loc = 'best', frameon = False)
25  # 画出的函数图像如图 2.33 所示
```

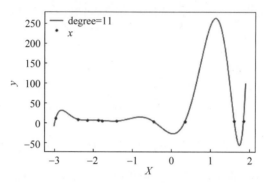

图 2.33　degree=11 时多项式回归拟合模型图像

可以看到当 degree=11 时多项式回归拟合的效果。此时函数图像穿过了每一个样本点,所有的训练样本都落在了拟合的曲线上,训练误差接近 0,是近乎完美的模型了。但是,这样的曲线与最开始数据(一个二次方程加上一些随机误差)的差异非常大。如果从相同数据再取一些样本点,使用该模型预测会出现非常大的误差。类似这种训练误差非常小,但是新数据点的测试误差非常大的情况,就出现了过拟合。当过拟合出现时,模型过于复杂,过多考虑了当前样本的特殊情况以及细节,模型的泛化能力反而下降。

2.5.4　线性分类模型

微课视频

线性模型也广泛应用于分类问题。首先来看二分类,线性分类模型可以利用式(2-15)进行分类预测。

$$y = w[0] \times x[0] + w[1] \times x[1] + \cdots + w[p] \times x[p] + b > 0 \qquad (2\text{-}15)$$

式(2-15)看起来与线性回归的公式非常相似,但没有返回特征的加权求和,而是为预测设置阈值为 0。如果函数值小于 0,就预测类别 -1;如果函数值大于 0,就预测类别 +1。对于所有用于分类的线性模型,这个预测规则都是通用的。同样,有很多种不同的方法来找出系数(w)和截距(b)。

对于回归的线性模型,输出 y 是特征线性函数,为直线、平面或超平面(对于更高维的数据集)。对于分类的线性模型,决策边界是输入的线性函数,换句话说,线性分类器是利用直线、平面或超平面来分开两个类别的分类器。

最常见的两种线性分类算法是 Logistic 回归(Logistic Regression)和线性支持向量机(Linear Support Vector machine,线性 SVM),前者在 linear_model. LogisticRegression 中实现,后者在 svm. LinearSVC(SVC 为支持向量分类器)中实现。虽然 LogisticRegression 的名字中含有回归(Regression),但它是一种分类算法,并不是回归算法,不应与 LinearRegression 混淆。

代码清单 2-15：线性分类

```
1   from sklearn.linear_model import LogisticRegression
2   from sklearn.svm import LinearSVC
3   ♯对于 LogisticRegression 和 LinearSVC,决定正则化强度的权衡参数叫作 C。C 值
4   ♯越大,对应的正则化越弱。在乳腺癌数据集上详细分析 LogisticRegression
5   from sklearn.datasets import load_breast_cancer
6   cancer = load_breast_cancer()
7   X_train, X_test, y_train, y_test = train_test_split(cancer.data, cancer.target, stratify
    = cancer.target, random_state = 42)
8   logreg = LogisticRegression().fit(X_train, y_train)
9   print("Training set score: {:.3f}".format(logreg.score(X_train, y_train)))
10  print("Test set score: {:.3f}".format(logreg.score(X_test, y_test)))
11  Out[44]:
12  Training set score: 0.955
13  Test set score: 0.958
14  ♯C = 1 的默认值给出了相当好的性能,在训练集和测试集上都达到 95% 的精度。但由于训
15  ♯练集和测试集的性能非常接近,所以模型很可能是欠拟合的。尝试增大 C 来拟合一个更
16  ♯灵活的模型
17  logreg100 = LogisticRegression(C = 100).fit(X_train, y_train)
18  print("Training set score: {:.3f}".format(logreg100.score(X_train, y_train)))
19  print("Test set score: {:.3f}".format(logreg100.score(X_test, y_test)))
20  Out[45]:
21  Training set score: 0.972
22  Test set score: 0.965
23  ♯使用 C = 100 可以得到更高的训练集精度,也得到了稍高的测试集精度,这也证实了欠拟
24  ♯合的存在,即更复杂的模型应该性能更好。还可以研究使用正则化更强的模型时会发生
25  ♯什么。设置 C = 0.01
26  logreg001 = LogisticRegression(C = 0.01).fit(X_train, y_train)
27  print("Training set score: {:.3f}".format(logreg001.score(X_train, y_train)))
28  print("Test set score: {:.3f}".format(logreg001.score(X_test, y_test)))
29  Out[46]:
30  Training set score: 0.934
31  Test set score: 0.930
```

当 $C = 0.01$ 时,训练集和测试集的精度都比采用默认参数时更小,出现欠拟合。用于二分类的线性模型与用于回归的线性模型有许多相似之处,与用于回归的线性模型一样,模型的主要差别在于正则化参数,这个参数会影响分类的精度。

优点、缺点和参数特点介绍如下。

线性模型的主要参数是正则化参数,在回归模型中叫作 alpha,在 LinearSVC 和 LogisticRegression 中叫作 C。alpha 值较大或 C 值较小,说明模型比较简单。特别是对于回归模型而言,调节这些参数非常重要。还需要确定的是用 L1 正则化还是 L2 正则化。如果假定只有几个特征是真正重要的,那么应该用 L1 正则化,否则应默认使用 L2 正则化。如果模型的可解释性很重要,使用 L1 也会有帮助。

线性模型的优点是训练速度非常快,预测速度也很快。这种模型可以推广到非常大的数据集,对稀疏数据也很有效。线性模型的另一个优点在于模型容易理解,它利用之前见过的用于回归和分类的公式,理解它是如何进行预测的相对比较容易。如果特征数量大于样本数量,线性模型的表现通常都很好。线性模型也常用于非常大的数据集。

2.6　逻辑回归

　　逻辑回归(Logistic Regression)模型是一个二分类模型,它选取不同的特征与权重来对样本进行概率分类,用一个log函数计算样本属于某一类的概率,即一个样本会有一定的概率属于一个类,会有一定的概率属于另一类,概率大的类即为样本所属类。逻辑回归常用于估计某种事物的可能性。

2.6.1　逻辑回归模型介绍

微课视频

　　逻辑回归是一个非常经典的算法,逻辑回归虽然被称为回归,但其实际上是分类模型,并常用于二分类。逻辑回归因其简单、可并行化、可解释强等优点深受工业界喜爱。逻辑回归与线性回归都是一种广义线性模型(Generalized Linear Model)。逻辑回归假设因变量 y 服从伯努利分布,而线性回归假设因变量 y 服从高斯分布。可以说,逻辑回归以线性回归为理论支持。但是逻辑回归通过 Sigmoid 函数引入了非线性因素,因此可以轻松处理 0/1 分类问题。因此逻辑回归与线性回归有很多相同之处。去除 Sigmoid 函数的话,逻辑回归算法就是一个线性回归。

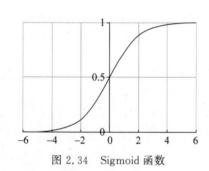

图 2.34　Sigmoid 函数

　　函数为 Sigmoid 函数,也称为逻辑函数(Logistic Function),如式(2-16)。其函数曲线如图 2.34 所示,当输入 z 远离 0,为负时,输出值接近 0;当输入为正时,输出值接近 1;当输入 z 为 0 时,输出值为 0.5。

$$g(z) = \frac{1}{1 + e^{-z}} \tag{2-16}$$

　　从图 2.34 可以看到 Sigmoid 函数是一个 S 形的曲线,其取值在 $[0, 1]$ 区间,在远离 0 的地方,函数值会很快接近 0 或者 1。它的这个特性对于解决二分类问题十分重要。逻辑回归的函数形式见式(2-17)。

$$h_{\boldsymbol{\theta}}(\boldsymbol{x}) = g(\boldsymbol{\theta}^{\mathrm{T}} \boldsymbol{x}), \quad g\left(z = \frac{1}{1 + e^z}\right) \tag{2-17}$$

所以:

$$h_{\boldsymbol{\theta}}(\boldsymbol{x}) = \frac{1}{1 + e^{-\boldsymbol{\theta}^{\mathrm{T}} \boldsymbol{x}}}$$

其中,$\boldsymbol{x}$ 是输入,$\boldsymbol{\theta}$ 为要求取的参数。一个机器学习的模型,实际上是把决策函数限定在某一组条件下,这组限定条件就决定了模型的假设空间。当然,还希望这组限定条件简单

而合理。而逻辑回归模型所做的假设是

$$P(y=1\mid \boldsymbol{x}\,;\,\boldsymbol{\theta})=g(\boldsymbol{\theta}^{\mathrm{T}}\boldsymbol{x})=\frac{1}{1+\mathrm{e}^{-\boldsymbol{\theta}^{\mathrm{T}}\boldsymbol{x}}}$$

这个函数的意思就是在给定 $\boldsymbol{x}$ 和 $\boldsymbol{\theta}$ 的条件下，$y=1$ 的概率。这里 $g(h)$ 就是上面提到的 Sigmoid 函数，与之相对应的决策函数为

$$y^{*}=1, \qquad \text{如果 } P(y=1\mid x)>0.5$$

选择 0.5 作为阈值是一般的做法，实际应用时根据特定的情况可以选择不同阈值，如果对正例的判别准确性要求高，则可以选择阈值大一些；如果对负例的要求高，则可以选择阈值小一些。

决策边界也称为决策面，是用于在 N 维空间将不同类别样本分开的平面或曲面。

决策边界其实就是一个方程，在逻辑回归中，决策边界由 $\boldsymbol{\theta}^{\mathrm{T}}\boldsymbol{x}=\boldsymbol{0}$ 定义。这里要注意理解假设函数和决策边界函数的区别与联系，决策边界是假设函数的属性，由假设函数的参数 $\boldsymbol{\theta}$ 决定。在逻辑回归中，假设函数 $h=g(z)$ 用于计算样本属于某类别的可能性；决策边界函数用于计算样本的类别；决策边界 $\boldsymbol{\theta}^{\mathrm{T}}\boldsymbol{x}=\boldsymbol{0}$ 是一个方程，用于标识出分类函数的分类边界。

在逻辑回归中，最常用的损失函数是交叉熵（Cross Entropy），如式(2-18)所示。在损失函数中，也可以加入 L1 和 L2 正则化，降低模型的复杂度，减少过拟合的风险。

$$J(\boldsymbol{\theta})=-\frac{1}{n}\left(\sum_{i=1}^{n}(y_i\ln p(x_i)+(1-y_i)\ln(1-p(x_i)))\right) \tag{2-18}$$

2.6.2 逻辑回归算法实现

下面代码揭示了逻辑回归的算法实现过程，采用逻辑回归将 Scikit-learn 中的 make_blobs 的数据分类，并显示分类效果。

代码清单 2-16：逻辑回归分类

```
1    from math import exp
2    import matplotlib.pyplot as plt
3    import numpy as np
4    from sklearn.datasets.samples_generator import make_blobs
5    #定义 Sigmoid 函数,式(2-16)中的输入数据 z 即为这里的 num,当 num 为数值时,返
6    #回 sigmoid 值; 否则,返回错误信息 ValueError
7    def sigmoid(num):
8        '''
9    :param num: 待计算的 x
10   :return: sigmoid 之后的数值
11       '''
12       if type(num) == int or type(num) == float:
13           return 1.0 / (1 + exp(-1 * num))
14       else:
```

```
15                raise ValueError # 'only int or float data can compute sigmoid'
16      # 定义一个类,初始化 init()方法中可以接受 list 或 array 数据类型。Sigmoid 方法
17      # 进行输入向量的整体 Sigmoid 计算,并返回计算结果
18      class logistic():
19          def __init__(self, x, y):
20              if type(x) == type(y) == list:
21                  self.x = np.array(x)
22                  self.y = np.array(y)
23              elif type(x) == type(y) == np.ndarray:
24                  self.x = x
25                  self.y = y
26              else:
27                  raise ValueError # 'input data error'
28          def sigmoid(self, x):
29              '''
30      :param x: 输入向量
31      :return: 对输入向量整体进行 sigmoid 计算后的向量结果
32              '''
33              s = np.frompyfunc(lambda x: sigmoid(x), 1, 1)
34              return s(x)
```

训练数据,采用正则化参数 punish,最小训练误差为 errors。当损失函数误差大于 errors 时,继续迭代训练数据;当损失函数误差小于 errors 值时,训练结束。每迭代一次,修改 theta 中的值,theta 即式(2-17)中的 θ 参数,相当于线性模型中的 W 参数。delta 可以理解为每次迭代产生的损失函数的误差。这里采用梯度下降方法求解参数 θ。

```
1    def train_with_punish(self, alpha, errors, punish = 0.0001):
2            '''
3            :param alpha: alpha 为学习速率
4            :param errors: 误差小于多少时停止迭代的阈值
5            :param punish: 正则化系数
6            :param times: 最大迭代次数
7            :return:
8            '''
9            self.punish = punish
10           dimension = self.x.shape[1]
11           self.theta = np.random.random(dimension)
12           compute_error = 100000000
13           times = 0
14           while compute_error > errors:
15               res = np.dot(self.x, self.theta)
16               delta = self.sigmoid(res) - self.y
17               self.theta = self.theta - alpha * np.dot(self.x.T, delta) - punish *
     self.theta
18   # 带惩罚的梯度下降方法
19               compute_error = np.sum(delta)
20               times += 1
```

```
21   # 预测方法 predict,x 为输入的新数据,通过决策函数计算后,若大于 0.5,返回类别 1,
22   # 否则返回类别 0
23      def predict(self, x):
24          '''
25          :param x: 输入新的未标注的向量
26          :return: 按照计算出的参数返回判定的类别
27          '''
28          x = np.array(x)
29          if self.sigmoid(np.dot(x, self.theta)) > 0.5:
30              return 1
31          else:
32              return 0
33   # 测试函数,采用 make_blobs 产生 200 个样本数据 x 和 y。y 中有 2 个类别标签,x 中
34   # 数据有 2 个特征。实例化 logistic 类的对象,并训练数据,画出逻辑回归模型图形
35   def test():
36      '''
37   用来进行测试和画图,展现效果
38      :return:
39      '''
40      x, y = make_blobs(n_samples = 200, centers = 2, n_features = 2, random_state = 0,
     center_box = (10, 20))
41      x1 = []
42      y1 = []
43      x2 = []
44      y2 = []
45      for i in range(len(y)):
46          if y[i] == 0:
47              x1.append(x[i][0])
48              y1.append(x[i][1])
49          elif y[i] == 1:
50              x2.append(x[i][0])
51              y2.append(x[i][1])
52   # 以上均为处理数据,生成出两类数据
53   p = logistic(x, y)
54   p.train_with_punish(alpha = 0.00001, errors = 0.005, punish = 0.01)
55   # 步长是 0.00001,最大允许误差是 0.005,惩罚系数是 0.01
56   x_test = np.arange(10, 20, 0.01)
57   y_test = (-1 * p.theta[0] / p.theta[1]) * x_test
58   plt.plot(x_test, y_test, c = 'g', label = 'logistic_line')
59   plt.scatter(x1, y1, c = 'r', label = 'positive')
60   plt.scatter(x2, y2, c = 'b', label = 'negative')
61   plt.legend(loc = 2)
62   plt.title('punish value = ' + p.punish.__str__())
63   plt.show()
64   if __name__ == '__main__':
65   test()
```

如图 2.35 所示,采用逻辑回归在 make_blobs 数据集上训练的分类模型,改变正则化参数的值,可以调整模型的性能。

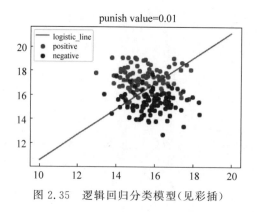

图2.35　逻辑回归分类模型(见彩插)

2.7　支持向量机

支持向量机(Support Vector Machine,SVM)是一个非常强大的机器学习模型,能够执行线性和非线性的分类、回归、异常值检测等,它是机器学习中最流行的模型之一。SVM特别适用于复杂的中小型数据集分类。

微课视频

2.7.1　支持向量

1. 线性可分

什么是线性可分? 如图2.36所示,在二维空间上,两类点被一条直线完全分开叫作线性可分。

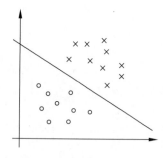

图2.36　数据集线性可分

线性可分严格的数学定义为:D_0 和 D_1 是 n 维空间中的两个点集,如果存在 n 维向量 $\boldsymbol{w}$ 和实数 b,使得所有属于 D_0 的点都有 $\boldsymbol{w}x_i + b > 0$,而对于所有属于 D_1 的点 $\boldsymbol{x}_j$ 则有 $\boldsymbol{w}x_j + b < 0$,则称 D_0 和 D_1 线性可分。

2. 最大间隔超平面

对于二维数据来说,用一条线就可以划定不同类之间的边界。这个边界确定之后,对于任何一个点,都能判断它所属的类别。但是,将两类点分割开来的线有无数条,这就带来一个问题,不同的分割线将为预测集带来不同的预测结果。在图2.36中,试想将图中的分割线旋转不同的角度,虽可以将两类数据分割开来,但是当在图中新加入一个点时,这个新点又该属于哪一类? 更一般地,数据从二维扩展到多维空间中时,若将 D_0 和 D_1 完全正确地划分开的 $\boldsymbol{w}x + b = 0$ 就成了一个超平面。为了使这个超平面更具鲁棒性,找到最佳超平面,两类样本被分割在该超平面的两侧,使得两侧距离超平面最近的样本点到超平面的距离最大化,以最大间隔把两类样本分开的超平面,也称之为最大间隔超平面,如图2.37所示,中间的分割线为最大间隔超平面。

3. 支持向量

如图 2.37 所示,SVM 尝试寻找一个最优的决策边界,这个决策边界称为最大间隔超平面,它能把两类数据分开,并使得两类数据中距离超平面距离最近的点最大化距离。样本中存在距离超平面最近的一些点,这些点叫作**支持向量**。支持向量的数量比样本数据少量很多,简单来说,**支持向量就是两类样本中,距离超平面最近的一些点。**

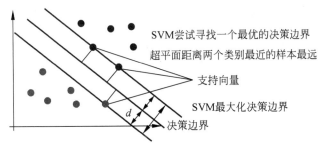

图 2.37　支持向量与最大间隔超平面(见彩插)

2.7.2　线性 SVM 分类

微课视频

下面代码是一个线性可分的案例,这里直接用的 Scikit-learn 中的 make_blobs 数据集,展示了 SVM 的最大间隔、支持向量等内容。

代码清单 2-17:SVM 支持向量

```
1   from sklearn.datasets.samples_generator import make_blobs
2   # 生成数据集
3   X,y = make_blobs(n_samples = 50,centers = 2,random_state = 0,cluster_std = 0.6)
4   # n_samples = 50 取 50 个点,centers = 2 将数据分为两个中心
5   plt.scatter(X[:,0],X[:,1],c = y,s = 50,cmap = 'autumn')
6   # 将图像展示出来
7   plt.show()
8   # 如图 2.38 所示
```

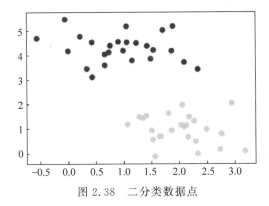

图 2.38　二分类数据点

```
1    xfit = np.linspace( -1, 3.5)
2    plt.scatter(X[:, 0], X[:, 1], c = y, s = 50, cmap = 'autumn')
3    plt.plot(xfit, xfit + 0.65, '-k')
4    plt.plot(xfit, 0.5 * xfit + 1.6, '-k')
5    plt.plot(xfit, -0.2 * xfit + 2.9, '-k')
6    plt.xlim( -1, 3.5)
7    plt.show()
```

如图 2.39 所示,能够分开图中的两类数据的分割线可以有多条,SVM 要找出能够把两类数据分开的最大间隔超平面。

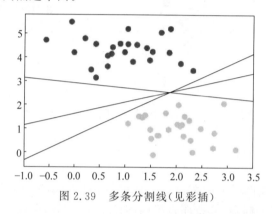

图 2.39　多条分割线(见彩插)

```
1    from sklearn.svm import SVC  # "Support vector classifier"
2    #支持向量机分类器
3    model = SVC(kernel = 'linear', C = 1E10)
4    model.fit(X, y)
5    #画出支持向量
6    def plot_svc_decision_function(model, ax = None, plot_support = True):
7    """Plot the decision function for a 2D SVC"""
8         if ax is None:
9             ax = plt.gca()
10        xlim = ax.get_xlim()
11        ylim = ax.get_ylim()
12        x = np.linspace(xlim[0], xlim[1], 30)
13        y = np.linspace(ylim[0], ylim[1], 30)
14        Y, X = np.meshgrid(y, x)
15        xy = np.vstack([X.ravel(), Y.ravel()]).T
16        P = model.decision_function(xy).reshape(X.shape)
17        ax.contour(X, Y, P, colors = 'k', levels = [ -1, 0, 1], alpha = 0.5, linestyles = 
['--', '-', '--'])
18        if plot_support:
19
20            ax.scatter(model.support_vectors_[:,0], model.support_vectors_[:, 1], s = 
300, linewidth = 1, facecolors = 'none')
21        ax.set_xlim(xlim)
22        ax.set_ylim(ylim)
```

```
23    plt.scatter(X[:, 0], X[:, 1], c = y, s = 50, cmap = 'autumn')
24    plot_svc_decision_function(model)
25    plt.show()
26    # 如图 2.40 所示
```

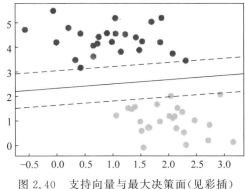

图 2.40　支持向量与最大决策面(见彩插)

在边界上的两个红点和一个黄点在决策边界上是支持向量,其值不为 0。这三个点的坐标可以由 model.support_vectors_ 得出。

```
1    Print(model.support_vectors_)
2    Out[45]:
3    array([[0.44359863, 3.11530945],
         [2.33812285, 3.43116792],
         [2.06156753, 1.96918596]])
```

SVM 分类器的关键在于:为了拟合,**只有支持向量的位置是重要的**;任何远离边距的点,都不会影响拟合。**边界之外的点无论有多少都不会对其造成影响**,下面来对比一下数据为 60 和 120 时的区别。

```
1    def plot_svm(N = 10, ax = None):
2        X, y = make_blobs(n_samples = 200, centers = 2,
                          random_state = 0, cluster_std = 0.60)
3        X = X[:N]
4        y = y[:N]
5        model = SVC(kernel = 'linear', C = 1E10)
6        model.fit(X, y)
7        ax = ax or plt.gca()
8        ax.scatter(X[:, 0], X[:, 1], c = y, s = 50, cmap = 'autumn')
9        ax.set_xlim(-1, 4)
10       ax.set_ylim(-1, 6)
11       plot_svc_decision_function(model, ax)
12   fig, ax = plt.subplots(1, 2, figsize = (16, 6))
13   fig.subplots_adjust(left = 0.0625, right = 0.95, wspace = 0.1)
14   for axi, N in zip(ax, [60, 120]):
```

```
15    #左侧的数据为60个样本点,右侧的数据为120个样本点
16    plot_svm(N, axi)
17    axi.set_title('N = {0}'.format(N))
18  plt.show()
```

由图 2.41 可以看出,两个图的样本密度不一样,但是它们的决策边界却是一样的。这就意味着样本多和样本少没什么差别,支持向量决定了分类器决策边界,这样只要边界上的点不变,就不会对决策边界造成影响。

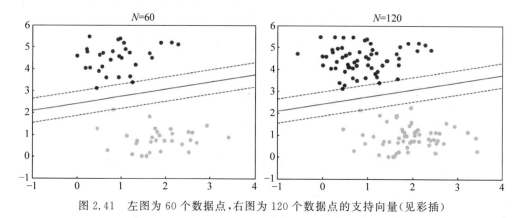

图 2.41　左图为 60 个数据点,右图为 120 个数据点的支持向量(见彩插)

2.7.3　核技巧

微课视频

1. 线性不可分

前面讨论的是样本完全线性可分或者大部分样本点线性可分。但可能会碰到的一种情况：样本点不是线性可分的,如图 2.42 所示,图中有圆点和三角形两类数据,采用线性模型,不能将两类数据分开。

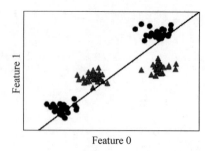

图 2.42　样本数据线性不可分(见彩插)

这种情况的解决方法就是：将二维线性不可分样本映射到高维空间中,让样本点在高维空间中线性可分,如图 2.43 所示。

对于在有限维度向量空间中线性不可分的样本,将其映射到更高维度的向量空间里,再通过间隔最大化的方式,学习得到 SVM 的分类模型,这就是非线性 SVM。映射到高

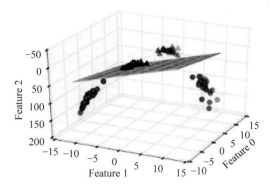

图 2.43 投影到高维空间中线性可分(见彩插)

维空间中的函数通常采用核函数。

接下来引入核函数来看看核函数的性能,引入一个线性不可分的数据集。

代码清单 2-18:核 SVM 分类

```
1    from sklearn.datasets.samples_generator import make_circles
2    X, y = make_circles(100, factor = .1, noise = .1)
3    clf = SVC(kernel = 'linear').fit(X, y)
4    plt.scatter(X[:, 0], X[:, 1], c = y, s = 50, cmap = 'autumn')
5    plot_svc_decision_function(clf, plot_support = False);
6    plt.show()
```

如图 2.44 所示,其中有两类数据,可以看出用线性分类的方式无论怎么画线都不可能分好。所以要使用核变换来分类。进行核变换之前,先看一看数据在高维空间下的映射,如图 2.45 所示,将二维空间线性不可分的数据采用核变换映射到三维空间,在三维空间,线性可分。

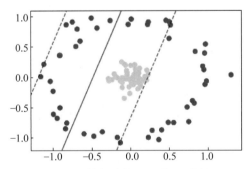

图 2.44 数据线性不可分(见彩插)

```
1    from mpl_toolkits import mplot3d
2    r = np.exp(- (X ** 2).sum(1))
3    def plot_3D(elev = 30, azim = 30, X = X, y = y):
4        ax = plt.subplot(projection = '3d')
5      ax.scatter3D(X[:, 0], X[:, 1], r, c = y, s = 50, cmap = 'autumn')
6        ax.view_init(elev = elev, azim = azim)
7        ax.set_xlabel('x')
```

```
8        ax.set_ylabel('y')
9        ax.set_zlabel('z')
10   plot_3D(elev = 45, azim = 45, X = X, y = y)
11   plt.show()
12   #如图 2.45 所示
```

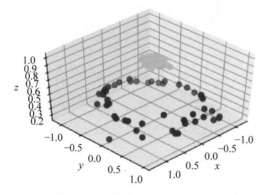

图 2.45　线性不可分数据映射到高维空间(见彩插)

2. 核变换

```
1    #引入径向基函数,进行核变换
2    clf = SVC(;kernel = 'rbf', C = 1E6)
3    #引入径向基函数
4    clf.fit(X, y)
5    plt.scatter(X[:, 0], X[:, 1], c = y, s = 50, cmap = 'autumn')
6    plot_svc_decision_function(clf)
7    plt.scatter(clf.support_vectors_[:, 0], clf.support_vectors_[:, 1],
8              s = 300, lw = 1, facecolors = 'none');
9    plt.show()
10   #效果如图 2.46 所示
```

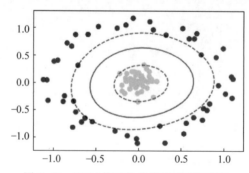

图 2.46　SVM 核函数分类模型(见彩插)

可以清楚地看出模型的分类效果。通过引入核函数,将线性不可分的两堆数据分割开来。若用 X 表示原来的样本数据点,用 $\phi(X)$ 表示 X 映射到高维特征空间的核函数。

分割超平面可以表示为 $f(X) = w\phi(X) + b$。除了径向基核函数,还有一些核函数也可以在 SVM 中进行核变换。

3. 常用核函数及选择

线性核函数:

$$k(\boldsymbol{x}_i, \boldsymbol{x}_j) = \boldsymbol{x}_i^{\mathrm{T}} \boldsymbol{x}_j \tag{2-19}$$

如果特征的数量很大,跟样本数量差不多,这时候选用逻辑回归或者是线性核函数的 SVM。

多项式核函数:

$$k(\boldsymbol{x}_i, \boldsymbol{x}_j) = (\boldsymbol{x}_i^{\mathrm{T}} \boldsymbol{x}_j)^d \tag{2-20}$$

多项式核函数可以实现将低维的输入空间映射到高维的特征空间,但是多项式核函数的参数多,当多项式的阶数比较高的时候,核矩阵的元素值将趋于无穷大或者无穷小,计算复杂度会大到无法计算。

高斯径向基核函数:

$$k(\boldsymbol{x}_i, \boldsymbol{x}_j) = \exp\left(-\frac{\| \boldsymbol{x}_i - \boldsymbol{x}_j \|}{2\delta^2}\right) \tag{2-21}$$

高斯径向基函数是一种局部性强的核函数,可以将一个样本映射到一个更高维的空间内。该核函数是应用最广的一个,无论样本多还是少都有比较好的性能,而且其相对于多项式核函数参数要少,因此大多数情况下在不知道用什么核函数的时候,优先使用高斯径向基核函数。如果特征的数量比较小,样本数量不算多也不算少,选用高斯径向基核函数较为合适。

2.7.4 SVM 回归

SVM 不仅支持分类,而且还支持回归。支持向量机回归与分类相似,关键在于从大量样本中选出对模型训练最有用的一部分支持向量。回归器和分类器的区别仅在于标签为连续值。

微课视频

代码清单 2-19:SVM 回归

```
1    from sklearn.datasets import load_boston
2    boston = load_boston()
3    print(boston.DESCR)
4    #数据分割
5    from sklearn.model_selection import train_test_split
6    x_train,x_test,y_train,y_test = train_test_split(boston.data,boston.target,random_
     state = 33,test_size = 0.25)
7    print(x_test.shape)
8    #标准化
9    from sklearn.preprocessing import StandardScaler
10   ss_x,ss_y = StandardScaler(),StandardScaler()
11   x_train = ss_x.fit_transform(x_train)
12   x_test = ss_x.transform(x_test)
13   y_train = ss_y.fit_transform(y_train.reshape([ - 1,1])).reshape( - 1)
```

```
14    y_test = ss_y.transform(y_test.reshape([-1,1])).reshape(-1)
15    print(y_train.shape)
16    #模型训练与评估
17    #支持向量机回归器
18    from sklearn.svm import SVR
19    #线性核函数
20    l_svr = SVR(kernel = 'linear')
21    l_svr.fit(x_train, y_train)
22    print(l_svr.score(x_test, y_test))
23    Out[46]:
24    0.651717097429608
25    #多项式核函数
26    n_svr = SVR(kernel = "poly")
27    n_svr.fit(x_train, y_train)
28    print(n_svr.score(x_test, y_test))
29    Out[47]:
30    0.40445405800289286
31    #高斯径向基核函数
32    r_svr = SVR(kernel = "rbf")
33    r_svr.fit(x_train, y_train)
34    print(r_svr.score(x_test, y_test))
35    Out[48]:
36    0.7564068912273935
```

在波士顿房价预测问题中,采用不同的核函数,R2 分数不同。使用线性核函数时,R2 分数为 0.65;使用多项式核函数时,R2 分数为 0.404;使用高斯径向基核函数,R2 分数为 0.76。

微课视频

2.7.5　Scikit-learn SVM 参数

SVM 模型有两个非常重要的参数 C 与 gamma。其中,C 是惩罚系数,即对误差的宽容度。C 越大,说明越不能容忍出现误差,容易过拟合。C 越小,容易欠拟合。C 过大或过小,泛化能力变差。gamma 选择 RBF 函数作为 kernel 后,该函数自带的一个参数,隐含地决定了数据映射到新的特征空间后的分布,gamma 越大,支持向量越少;gamma 值越小,支持向量越多。下面代码分别揭示调节 C 和 gamma 对结果的影响。

1. 调节参数 C

C 趋于无穷大时,意味着分类严格不能有错误。C 趋于很小时,意味着可以有更大的容忍度。在 make_blobs 数据集上显示参数对结果的影响。

代码清单 2-20:SVM 参数

```
1    X, y = make_blobs(n_samples = 100, centers = 2,
                     random_state = 0, cluster_std = 0.8)
2    #将离散度改为 0.8
3    plt.scatter(X[:, 0], X[:, 1], c = y, s = 50, cmap = 'autumn');
4    plt.show()
```

```
5    #如图 2.47 所示
6    #接下来比较 C 的大小对结果的影响
7    X, y = make_blobs(n_samples = 100, centers = 2, random_state = 0,
8    cluster_std = 0.8)
9    fig, ax = plt.subplots(1, 2, figsize = (16, 6))
10   fig.subplots_adjust(left = 0.0625, right = 0.95, wspace = 0.1)
11   for axi, C in zip(ax, [20, 0.2]):
12   #将 C 分别设定为 20 和 0.2,看其对结果的影响
13       model = SVC(kernel = 'linear', C = C).fit(X, y)
14       axi.scatter(X[:, 0], X[:, 1], c = y, s = 50, cmap = 'autumn')
15       plot_svc_decision_function(model, axi)
16       axi.scatter(model.support_vectors_[:, 0], model.support_vectors_[:, 1], s = 300,
lw = 1, facecolors = 'none');
17   axi.set_title('C = {0:.1f}'.format(C), size = 14)
18   plt.show()
```

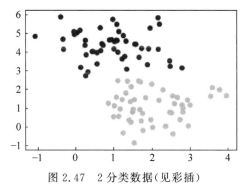

图 2.47 2 分类数据(见彩插)

如图 2.48 所示,参数 $C=20$ 和 $C=0.2$ 时 SVM 的分类效果。图(a)的 C 值比较大,要求比较严格,不能分错,隔离带中没有进入任何一个点;但是隔离带的距离比较小,泛化能力比较差。图(b)的 C 值比较小,要求相对来说松一些,隔离带较大,但是隔离带中进入了很多的黄点和红点。在实际应用中,需要考虑数据情况,选择适当的参数 C,也可以进行 K 折交叉验证来得出最合适的 C 值。

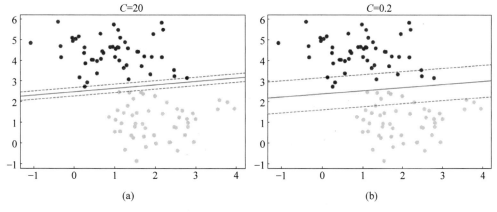

图 2.48 不同 C 参数的分类效果(见彩插)

2. 调节参数 gamma

```
1    X,y = make_blobs(n_samples = 100,centers = 2,random_state = 0, cluster_std = 1.1)
2    fig, ax = plt.subplots(1, 2, figsize = (16, 6))
3    fig.subplots_adjust(left = 0.0625, right = 0.95, wspace = 0.1)
4    for axi, gamma in zip(ax, [20, 0.1]):
5        # 比较 gamma 为 20 和 0.1 对结果的影响
6        model = SVC(kernel = 'rbf', gamma = gamma).fit(X, y)
7        axi.scatter(X[:, 0], X[:, 1], c = y, s = 50, cmap = 'autumn')
8        plot_svc_decision_function(model, axi)
9        axi.scatter(model.support_vectors_[:, 0], model.support_vectors_[:, 1], s = 300,
lw = 1, facecolors = 'none')
10       axi.set_title('gamma = {0:.1f}'.format(gamma), size = 14)
11   plt.show()
```

如图 2.49 所示,参数 gamma 取 5 和 0.1 时 SVC 的分类效果。左边的图 gamma=5,分类边界比较复杂,这也意味着泛化能力更弱;右边的图 gamma=0.1,分类比较精简,泛化能力较强。通常采用网格搜索(在第 5 章介绍),选择泛化能力较强的参数。

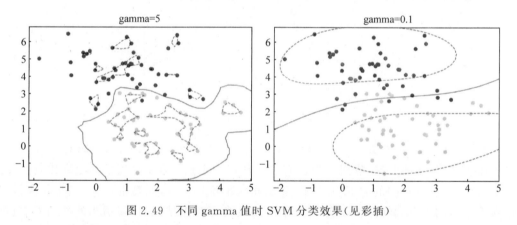

图 2.49　不同 gamma 值时 SVM 分类效果(见彩插)

优点、缺点和参数特点如下。

SVM 有严格的数学理论支持,可解释性强。它不依靠统计方法,从而简化了通常的分类和回归问题;能找出对任务至关重要的关键样本(即支持向量)。采用核函数之后,可以处理非线性分类和回归任务。最终决策函数只由少数的支持向量确定,计算的复杂性取决于支持向量的数目,而不是样本空间的维数,这在一定程度上避免了"维数灾难"。

SVM 训练时间长。模型预测时,预测时间与支持向量的个数成正比。当支持向量的数量较大时,预测计算复杂度较高。因此支持向量机适用于中、小规模样本的任务,无法适应百万甚至上亿样本的任务。SVM 的另一个缺点是,预处理时数据需要归一化,所以调参时需要非常小心。

影响 SVM 的重要因素是正则化参数、核的选择以及与核相关的参数。gamma 和 C 控制的都是模型复杂度,较大的值对应更为复杂的模型,这两个参数的设定通常是强烈相关的,应该同时调节。

2.8　集成学习方法

机器学习的每个算法都有不同的适用范围,例如有处理线性可分问题的,有处理线性不可分问题的,等等。对于机器学习问题中的一个复杂任务来说,人们常有这样的思考:能否将很多的机器学习算法组合在一起,这样计算出来的结果会不会比使用单一的算法性能更好? 在现实世界中,常常会因为"集体智慧"使得问题被很容易解决。这样的思路就是**集成学习**方法。集成学习方法是指组合多个模型,以获得更好的效果,这样可以使集成的模型具有更强的泛化能力,得到的预测结果也比最好的单个模型预测要好。

2.8.1　集成学习

监督学习算法的目标是学习出一个稳定的且在各个方面表现都较好的模型,但实际情况往往不会如此理想,有时只能得到多个有偏好的模型(弱监督模型,在某些方面表现得比较好)。集成学习就是组合这里的多个弱监督模型来得到一个更好更全面的强监督模型。集成学习潜在的思想是即便某一个弱分类器得到了错误的预测,其他的弱分类器也可以将错误纠正回来。

集成学习是将几种机器学习技术组合成一个预测模型的方法,以达到减小方差、偏差或改进预测的目的。集成学习在各个规模的数据集上都有很好的策略。

空数据集较大时:将数据集划分成多个小数据集,学习多个模型进行组合。

空数据集较小时:通过重抽样,创造数据的随机性方法得到多个数据集,分别训练多个模型再进行组合。

如图 2.50 所示,假设已经训练好了一些分类器,每个分类器的准确率约为 80%。分类器包括:一个逻辑回归分类器、一个 SVM 分类器、一个随机森林分类器、一个 K-近邻分类器……

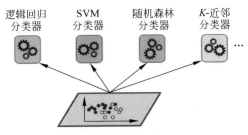

图 2.50　训练多种分类器

这时,要创建出一个更好的分类器,最简单的办法就是聚合每个分类器的预测,然后将得票最多的结果作为预测类别。集合方法可分为以下两类。

① **序列集成方法**:参与训练的基础学习器按照顺序生成(例如 AdaBoost)。序列集成方法的原理是利用基础学习器之间的依赖关系,通过对之前训练中错误标记的样本赋值较高的权重,提高整体的预测效果。

② **并行集成方法**：参与训练的基础学习器并行生成(例如 Random Forest)。并行集成方法的原理是利用基础学习器之间的独立性,通过平均可以显著降低错误。

集成学习法有如下特点。

(1)将多个分类方法聚集在一起,以提高分类的准确率。这些算法可以是不同的算法,也可以是相同的算法。

(2)集成学习法由训练数据构建一组基分类器,然后通过对每个基分类器的预测进行投票来行分类。

(3)严格来说,集成学习并不算是一种分类器,而是一种将分类器结合的方法。

(4)通常一个集成分类器的分类性能会好于单个分类器。

(5)如果把单个分类器比作一个决策者的话,集成学习的方法就相当于多个决策者共同进行一项决策。

当模型尽可能互相独立时,集成方法的效果最优。获得多种分类器的方法之一就是使用不同的算法进行训练。这会降低它们犯不同类型错误的机会,从而提升集成的准确率。

代码清单 2-21：集成方法分类器

```
1   from sklearn.preprocessing import StandardScaler
2   from sklearn.model_selection import train_test_split
3   from sklearn.datasets import make_moons
4   from sklearn.ensemble import RandomForestClassifier
5   from sklearn.ensemble import VotingClassifier
6   from sklearn.linear_model import LogisticRegression
7   from sklearn.svm import SVC
8   from sklearn.metrics import accuracy_score
9   X, y = make_moons(n_samples = 100, noise = 0.25, random_state = 3)
10  #X_train,X_test,y_train,y_test = train_test_split(X, y, stratify = y, random_state = 42)
11  X_train_,X_test_,y_train,y_test = train_test_split(X,
12  y, random_state = 42)
13  scaler = StandardScaler()
14  scaler.fit(X_train_)
15  X_train = scaler.transform(X_train_)
16  X_test = scaler.transform(X_test_)
17  log_clf = LogisticRegression()
18  rnd_clf = RandomForestClassifier()
19  svm_clf = SVC()
20  voting_clf = VotingClassifier(estimators = [('lr', log_clf), ('rf', rnd_clf),('svc',
    svm_clf)], voting = 'hard')
21  # voting_clf.fit(X_train, y_train)
    #每个分类器在测试集上的准确率
22  for clf in (log_clf, rnd_clf, svm_clf, voting_clf):
23      clf.fit(X_train, y_train)
24      y_pred = clf.predict(X_test)
25  print(clf.__class__.__name__, accuracy_score(y_test, y_pred))
26  Out[49]:
27  LogisticRegression 0.84
28  RandomForestClassifier 0.84
29  SVC 0.88
30  VotingClassifier 0.88
```

微课视频

如上代码分别创建了一个集成投票器、一个逻辑回归分类器、一个随机森林器和一个 SVM 分类器,投票分类器的精度为 88%,略胜于所有单个分类器。可见采用集成方法后,集成后的性能高于单个分类器性能。

2.8.2　Bagging 和 Pasting

前面提到,获得不同种类分类器的方法之一是使用不同的训练算法。此外,还有另一种方法是让每个模型使用的算法相同,但是在不同的训练数据随机子集上进行训练。采样时如果将样本放回,这种方法叫作 Bagging(Bootstrap Aggregating 的缩写,也叫自举汇聚法)。采样时样本不放回,这种方法称为 Pasting(粘贴)。换句话说,Bagging 和 Pasting 都允许训练实例在多个预测器中被多次采样,但是只有 Bagging 允许训练实例被同一个模型多次采样。

模型一旦训练完成,就可以通过集成方法简单地聚合所有预测器的预测,来对新实例作出预测。聚合函数通常采用统计法用于分类,或者平均法用于回归。每个预测器单独的偏差都高于在原始训练集上训练的偏差,但是聚合函数同时降低了偏差和方差。总体来说,最终结果是:与直接在原始训练集上训练的单个预测器相比,集成得到的偏差相近,但是方差更小。

在 Scikit-learn 的 Bagging 和 Pasting 中,Scikit-learn 提供了一个简单的 API,可用 BaggingClassifier 类进行 Bagging 和 Pasting(或使用 BaggingRegressor 用于回归)。以下代码训练了一个包含 500 个决策树分类器的集成,每次随机从训练集中采样 100 个训练实例进行训练,然后放回(这是一个 Bagging 的示例,如果你想使用 Pasting,只需要设置 bootstrap＝False 即可)。参数 n_jobs 用来指示 Scikit-learn 用多少 CPU 内核进行训练和预测(－1 表示让 Scikit-learn 使用所有可用内核)。

```
1    from sklearn.ensemble import BaggingClassifier
2    from sklearn.tree import DecisionTreeClassifier
3    bag_clf = BaggingClassifier(
4    DecisionTreeClassifier(),n_estimators = 500,
5    max_samples = 100, bootstrap = True, n_jobs = - 1)
6    bag_clf.fit(X_train, y_train)
7    y_pred = bag_clf.predict(X_test)
```

由于 Bagging 法给每个模型的训练子集引入的多样性更高,所以最后 Bagging 比 Pasting 的偏差略高,但这也意味着模型之间的关联度更低,所以集成的方差降低。总之,Bagging 生成的模型通常更好,这也就是为什么它更受欢迎。但是,如果有充足的时间和 CPU 资源,可以使用交叉验证来对 Bagging 和 Pasting 的结果进行评估,再作出最合适的选择。

2.8.3　随机森林

作为高性能、高度灵活的一种机器学习算法,随机森林(Random Forest,RF)拥有广泛的应用前景。随机森林集成的每棵树都是从训练集中抽取的样本(即 Bootstrap 样本)

构建的。另外,与使用所有特征不同,这里随机选择特征子集,从而进一步达到对树的随机化目的。因此,随机森林产生的偏差略有增加,但是由于对相关性较小的树计算平均值,方差减小了,导致模型的整体效果更好。

　　决策树的一个主要缺点在于容易对训练数据过拟合,随机森林是解决这个问题的一种方法。随机森林本质上是许多决策树的集合,其中每棵树都和其他树略有不同。随机森林背后的思想是,每棵树的预测可能都相对较好,但可能对部分数据过拟合。如果构造很多棵树,并且每棵树的预测都很好,但都以不同的方式过拟合,那么可以对这些树的结果取平均值来降低过拟合。这样既能减少过拟合又能保持树的预测能力。为了实现这一策略,需要构造许多棵决策树,每棵树都应该对目标值作出可以接受的预测,还应该与其他树不同。随机森林的名字指将随机性添加到树的构造过程中,以确保每棵树都各不相同。

　　随机森林中树的随机化方法有两种:一种是选择用于构造树的数据点,另一种是选择每次划分测试的特征。

　　下面的程序是将包含100棵树的随机森林应用在乳腺癌数据集上。

代码清单 2-22:随机森林

```
1    X_train, X_test, y_train, y_test = train_test_split(
2    cancer.data, cancer.target, random_state = 0)
3    forest = RandomForestClassifier(n_estimators = 100, random_state = 0)
4    forest.fit(X_train, y_train)
5    print("Accuracy on training set: {:.3f}".format(forest.score(X_train, y_train)))
6    print("Accuracy on test set: {:.3f}".format(forest.score(X_test, y_test)))
7    Out[50]:
8    Accuracy on training set: 1.000
9    Accuracy on test set: 0.972
```

　　在没有调节任何参数的情况下,随机森林的精度为97%,比线性模型或单棵决策树都要好。可以调节 max_features 参数,或者像单棵决策树那样进行预剪枝得到更好的效果。但是,随机森林的默认参数通常就可以给出很好的结果。

　　与决策树类似,随机森林也可以给出特征重要性,计算方法是将森林中所有树的特征重要性求和并取平均值。一般来说,随机森林给出的特征重要性要比单棵树给出的更为可靠,如图 2.51 所示。

```
1    plot_feature_importances_cancer(forest)
```

　　与单棵树相比,随机森林中有更多特征的重要性不为零。与单棵决策树类似,随机森林也给了使 worst radius(最大半径)特征很大的重要性,但从总体来看,它实际上选择 worst perimeter(最大周长)作为信息量最大的特征。由于构造随机森林过程具有随机性,算法需要考虑多种可能的解释,结果就是随机森林比单棵树更能从总体把握数据的特征。

　　优点、缺点和参数特点如下。

　　用于回归和分类的随机森林是目前应用最广泛的机器学习方法之一。这种方法非常

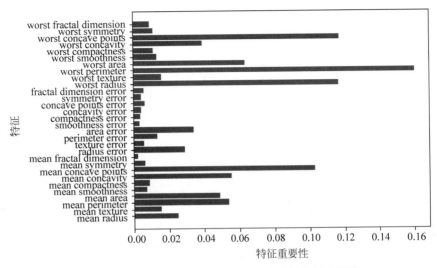

图 2.51 乳腺癌数据集得到的随机森林的特征重要性

强大,通常不需要反复调节参数就可以给出很好的结果,也不需要对数据进行缩放。本质上,随机森林拥有决策树的所有优点,同时弥补了决策树的一些缺陷。随机森林中树的深度往往比决策树还要大(因为用到了特征子集)。

随机森林中的树越多,它对随机状态选择的鲁棒性就越好。如果希望结果可以重现,固定 random_state 是很重要的。对于维度非常高的稀疏数据(比如文本数据),随机森林的表现往往不是很好。对于这种数据,使用线性模型可能更合适。即使是非常大的数据集,随机森林的表现通常也很好,训练过程很容易在功能强大的计算机的多 CPU 内核上并行。不过,随机森林需要更大的内存,训练和预测的速度也比线性模型要慢。

需要调节的重要参数有 n_estimators 和 max_features,可能还包括预剪枝选项(如 max_depth)。n_estimators 总是越大越好,对更多的树取平均可以降低过拟合,从而得到鲁棒性更好的集成,不过收益是递减的,而且树越多,需要的内存也越多,训练时间也越长。常用的经验法则就是"在时间或内存允许的情况下尽量多"。max_features 决定每棵树的随机性大小,较小的 max_features 可以降低过拟合。一般来说,好的经验就是使用默认值:对于分类,默认值是 max_features = sqrt(n_features);对于回归,默认值是 max_features=n_features。增大 max_features 或 max_leaf_nodes 有时也可以提高性能。它还可以大幅降低用于训练和预测的时间和空间要求。

2.8.4 提升法

提升法(Boosting,最初被称为假设提升)是指可以将几个弱学习器结合成一个强学习器的任意集成方法。大多数提升法的总体思路是循环训练预测器,每一次都对其前序做出一些改正。可用的提升法有很多,但目前最流行的方法是 AdaBoost(Adaptive Boosting 的缩写,自适应提升法)和梯度提升。AdaBoost 是使用新预测器对其前序进行纠正的办法之一,就是更多地关注前序拟合不足的训练实例,从而使新的预测器越来越专注于难缠的问题,这就是 AdaBoost 使用的技术。

微课视频

例如,要构建一个 AdaBoost 分类器,首先需要训练一个基础分类器(比如决策树),用它对训练集进行预测。然后对错误分类的训练实例增加其相对权重,接着,使用这个最新的权重对第二个分类器进行训练,然后再次对训练集进行预测,继续更新权重,并不断循环向前。下面的代码使用 Scikit-learn 的 AdaBoostClassifier 训练一个 AdaBoost 分类器,它基于 200 棵单层决策树(Decision Stump)。顾名思义,单层决策树就是 max_depth=1 的决策树,换言之,就是一个决策结点加两个叶子结点。这是 AdaBoostClassifier 默认使用的基础估算器。

```
1   from sklearn.ensemble import AdaBoostClassifier
2   ada_clf = AdaBoostClassifier(
3   DecisionTreeClassifier(max_depth=1), n_estimators=200,
4   algorithm="SAMME.R", learning_rate=0.5)
5   ada_clf.fit(X_train, y_train)
```

另一个非常受欢迎的提升法是梯度提升(Gradient Boosting)。与 AdaBoost 一样,梯度提升也是逐步在集成中添加预测器,每一个都对其前序做出改正。不同之处在于,它不是像 AdaBoost 那样在每个迭代中调整实例权重,而是让新的预测器针对前一个预测器的残差进行拟合。

梯度提升回归树是另一种集成方法,通过合并多棵决策树来构建一个更为强大的模型。虽然名字中含有"回归",但这个模型既可以用于回归,也可以用于分类。与随机森林方法不同,梯度提升采用连续的方式构造树,每棵树都试图纠正前一棵树的错误。在默认情况下,梯度提升回归树中没有随机化,而是用到了强预剪枝。梯度提升回归树通常使用深度很小(1 到 5 之间)的树,这样模型占用的内存更少,预测速度也更快。

梯度提升背后的主要思想是合并许多简单的模型(在这里叫作弱学习器),比如深度较小的树。每棵树只能对部分数据做出好的预测,因此,添加的树越来越多,可以不断迭代提高性能。

一个简单的回归示例,使用决策树作为基础预测器(梯度提升当然也适用于回归任务),这被称为梯度树提升或者梯度提升回归树(GBRT)。首先,在训练集(带噪声的二次训练集)上拟合一个 DecisionTreeRegressor。

```
1   from sklearn.tree import DecisionTreeRegressor
2   tree_reg1 = DecisionTreeRegressor(max_depth=2)
3   tree_reg1.fit(X, y)
4   #针对第一个预测器的残差训练第二个回归器
5   y2 = y - tree_reg1.predict(X)
6   tree_reg2 = DecisionTreeRegressor(max_depth=2)
7   tree_reg2.fit(X, y2)
8   #针对第二个预测器的残差训练第三个回归器
9   y3 = y2 - tree_reg2.predict(X)
10  tree_reg3 = DecisionTreeRegressor(max_depth=2)
11  tree_reg3.fit(X, y3)
12  #对新实例进行预测
13  y_pred = sum(tree.predict(X_new) for tree in (tree_reg1, tree_reg2, tree_reg3))
```

训练 GBRT 集成有个简单的方法，就是使用 Scikit-learn 的 GradientBoosting-Regressor 类。与 RandomForestRegressor 类似，它具有控制决策树生长的超参数（例如 max_depth、min_samples_leaf 等）以及控制集成训练的超参数（例如树的数量 n_estimators）。以下代码可创建上面的集成。

代码清单 2-23：梯度提升法

```
1   from sklearn.ensemble import GradientBoostingRegressor
2   gbrt = GradientBoostingRegressor(max_depth = 2, n_estimators = 3,
    learning_rate = 1.0)
3   gbrt.fit(X, y)
4   ♯超参数 learning_rate 对每棵树的贡献进行缩放。如果你将其设置为低值，比如 0.1，
5   ♯则需要更多的树来拟合训练集，但是预测的泛化效果通常更好
6   ♯下面是在乳腺癌数据集上应用 GradientBoostingClassifier 的示例.默认使用
7   ♯100 棵树,最大深度是 3,学习率为 0.1
8   from sklearn.ensemble import GradientBoostingClassifier
9   X_train, X_test, y_train, y_test = train_test_split(
10  cancer.data, cancer.target, random_state = 0)
11  gbrt = GradientBoostingClassifier(random_state = 0)
12  gbrt.fit(X_train, y_train)
13  print("Accuracy on training set: {:.3f}".format(gbrt.score(X_train, y_train)))
14  print("Accuracy on test set: {:.3f}".format(gbrt.score(X_test, y_test)))
15  Out[51]:
16  Accuracy on training set: 1.000
17  Accuracy on test set: 0.958
18  ♯由于训练集精度达到 100 ％,所以很可能存在过拟合.为了降低过拟合,可以限制最大深
19  ♯度来加强预剪枝,这里将 max_depth = 1
20  gbrt = GradientBoostingClassifier(random_state = 0, max_depth = 1)
21  gbrt.fit(X_train, y_train)
22  print("Accuracy on training set: {:.3f}".format(gbrt.score(X_train, y_train)))
23  print("Accuracy on test set: {:.3f}".format(gbrt.score(X_test, y_test)))
24  Out[52]:
25  Accuracy on training set: 0.991
26  Accuracy on test set: 0.972
27  ♯也可以降低学习率,将学习率设为 0.01
28  gbrt = GradientBoostingClassifier(random_state = 0, learning_rate = 0.01)
29  gbrt.fit(X_train, y_train)
30  print("Accuracy on training set: {:.3f}".format(gbrt.score(X_train, y_train)))
31  print("Accuracy on test set: {:.3f}".format(gbrt.score(X_test, y_test)))
32  Out[53]:
33  Accuracy on training set: 0.988
34  Accuracy on test set: 0.965
```

降低模型复杂度的两种方法都降低了训练集精度，这和预期相同。在这个例子中，减小树的最大深度显著提升了模型性能，而降低学习率仅稍稍提高了泛化性能。对于其他基于决策树的模型，也可以将特征重要性可视化，以便更好地理解模型。

```
1    gbrt = GradientBoostingClassifier(random_state = 0, max_depth = 1)
2    gbrt.fit(X_train, y_train)
3    plot_feature_importances_cancer(gbrt)
```

如图 2.52 所示,可以看到梯度提升树的特征重要性与随机森林的特征重要性有些类似,不过梯度提升完全忽略了某些特征。由于梯度提升和随机森林两种方法在类似的数据上表现都很好,因此一种常用的方法就是先尝试随机森林,因为它的鲁棒性很好。如果随机森林效果很好,但预测时间太长,或者机器学习模型精度小数点后第二位的提高也很重要,那么切换成梯度提升通常会有用。

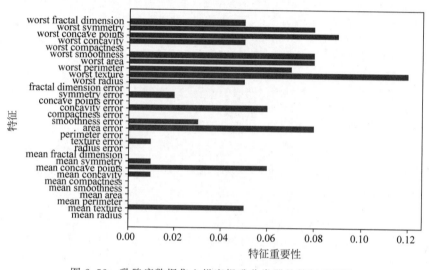

图 2.52 乳腺癌数据集上梯度提升分类器的特征重要性

优点、缺点和参数特点如下。

梯度提升决策树是监督学习中最强大也最常用的模型之一。与其他基于树的模型类似,这一算法不需要对数据进行缩放就可以表现得很好,而且也适用于二元特征与连续特征同时存在的数据集。

梯度提升决策树主要缺点是需要仔细调参,而且训练时间可能会比较长。与其他基于树的模型相同,它也通常不适用于高维稀疏数据。

梯度提升树模型的主要参数包括树的数量 n_estimators 和学习率 learning_rate,后者用于控制每棵树对前一棵树的错误的纠正强度。这两个参数高度相关,因为 learning_rate 越低,就需要更多的树来构建具有相似复杂度的模型。随机森林的 n_estimators 值总是越大越好,但梯度提升不同,增大 n_estimators 会导致模型更加复杂,进而可能导致过拟合。通常的做法是根据时间和内存的预算选择合适的 n_estimators,然后对不同的 learning_rate 进行遍历。另一个重要参数是 max_depth(或 max_leaf_nodes),用于降低每棵树的复杂度。梯度提升模型的 max_depth 通常都设置得很小,一般不超过 5。

2.9 人工神经网络

人工神经网络(Artificial Neural Network,ANN)从信息处理角度对人脑神经元网络进行抽象,建立某种简单模型,按不同的连接方式组成网络模型。在工程与学术界也常直接简称为神经网络。人工神经网络是一种运算模型,由大量的结点(或称神经元)之间相互连接构成。每个结点有一种特定的输出函数,称为激励函数(Activation Function)。每两个结点间的连接代表一个对于该连接信号的加权值,称为权重,这相当于神经网络的记忆。网络的输出则因网络的连接方式、权重值和激励函数的不同而不同。而网络自身通常都是对某种函数的逼近,也可能是对一种逻辑策略的表达。

最近十多年来,人工神经网络的研究工作不断深入,已经取得了很大的进展,其在模式识别、智能机器人、自动控制、预测估计等问题,以及生物、医学、经济等领域已成功地解决了许多现代计算机难以解决的实际问题,表现出了良好的智能特性。

人工神经网络也是深度学习的核心,其特征是通用、强大、可扩展,这样的特征使得它成为解决大型和高度复杂的机器学习任务的理想选择,比如将数以亿计的图片分类、支撑语音识别服务、为数以千万计的用户每天推荐最佳短视频、通过研究之前的数百万次的比赛并不断地和自己比赛、在围棋比赛中击败世界冠军。

2.9.1 从生物神经元到人工神经元

微课视频

在讨论神经元之前,先来看一下生物神经元,这是一种通常会出现在动物的大脑皮层中的非凡细胞,生物神经元由包含细胞核和大部分细胞复合成分的细胞体组成。如图2.53所示,生物神经元大致可以分为树突、突触、细胞体和轴突。

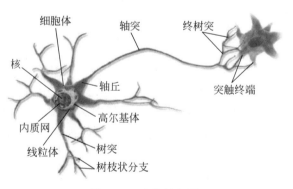

图 2.53 生物神经元

有许多分支延伸的部分称为树突。树突为神经元的输入通道,其功能是将其他神经元的动作电位传递至细胞体。其他神经元的动作电位借由位于树突分支上的多个突触传递至树突。一个非常长的延伸为轴突。在其极端附近,轴突分裂成许多被称为终树突的分支,在这些分支的尖端是称为突触终端(或简单的突触)的微小结构,它会连接到其他神经元的树突(或直接连接到细胞体)。生物神经元通过这些突触接受从其他细胞发来的很短的电脉冲,这种脉冲被称为信号。当一个神经元在一定的时间内收到足够多的信号,就会发出它自己的信号。

单个的生物神经元看起来非常简单,但是数以亿计的神经元组成了一个巨大的网络,每个神经元都会与数千个其他神经元连接。超级复杂的计算也可以通过这些简单的神经元来完成。人工神经网络是从生物神经元的原理得到启示而设计。

微课视频

2.9.2　感知器学习

这里只讨论一些相对简单的方法,即用于分类和回归的多层感知机(Multilayer Perceptron,MLP)。它可以作为研究更复杂的深度学习方法的起点。MLP 也称为前馈神经网络,有时也简称为神经网络。MLP 可以被视为广义的线性模型,执行多层处理后得到输出结果。线性回归的预测公式为

$$y = w[0] \times x[0] + w[1] \times x[1] + \cdots + w[p] \times x[p] + b \qquad (2\text{-}22)$$

式(2-22)为线性模型,其中,y 是输入特征 $x[0]$ 到 $x[p]$ 的加权求和,权重为学到的系数 $w[0]$ 到 $w[p]$。

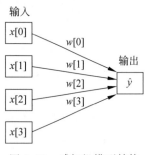
图 2.54　感知机模型结构

如图 2.54 所示为一个感知机模型结构,左边的每个结点代表一个输入特征,连线代表学到的系数,右边的结点代表输出,输出是输入的加权求和。

如果要训练一个感知机,应该怎么办呢? 从随机的权值开始,反复地应用这个感知机模型到每个训练样例,只要有误分类样例就修改感知机的权值。重复这个过程,直到感知机正确分类所有的样例。每一步根据感知机训练法则来修改权值,即修改与每个输入 x_i 对应的权值 w_i,修改法则见式(2-23)。

$$w_i \leftarrow w_i + \Delta w_i$$
$$\Delta w_i = \eta(t - o)x_i \qquad (2\text{-}23)$$

式(2-23)为感知机权重修改方法,其中,t 是当前训练样例的目标输出;o 是感知机的输出;η 是一个正的常数,称为学习速率。学习速率的作用是缓和每一步调整权的程度,它通常被设为一个小的数值(例如 0.1),而且有时会使其随着权调整次数的增加而衰减。感知机可以说是神经网络的基础,后续更为复杂的神经网络都离不开最简单的感知机的模型。

如图 2.55 所示为多层感知机结构,多层感知机(MLP),或者说是多层神经网络就是在输入层与输出层之间加了多个隐藏层,后续的循环神经网络、卷积神经网络等只不过是重新设计了每一层的类型。MLP 多次重复这个计算加权求和的过程:首先计算代表中间过程的隐单元(Hidden Unit),然后再计算这些隐单元的加权求和并得到最终结果。

这个模型需要学习更多的系数(也叫作权重):在每个输入与每个隐单元(隐单元组成了隐藏层)之间有一个系数,在每个隐单元与输出之间也有一个系数。从数学的角度看,计算一系列加权求和与只计算一个加权求和是完全相同的。

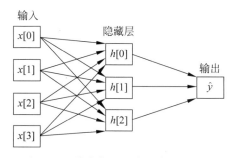

图 2.55 单隐藏层的多层感知机结构

为了让这个模型真正比线性模型更为强大,还需要一个技巧,就是在计算每个隐单元的加权求和之后,对结果再应用一个非线性函数——通常是校正非线性(Rectifying Nonlinearity,ReLU)或正切双曲线(Tangens Hyperbolicus,Tanh)。然后将这个函数的结果用于加权求和,计算得到输出 y。这两个函数的可视化效果如图 2.56 所示。ReLU 截断小于 0 的值,而 Tanh 在输入值较小时接近−1,在输入值较大时接近+1。有了这两种非线性函数,神经网络可以学习比线性模型复杂得多的函数。

代码清单 2-24:激活函数

```
1    line = np.linspace( − 3, 3, 100)
2    plt.plot(line, np.tanh(line), label = "tanh")
3    plt.plot(line, np.maximum(line, 0), label = "relu")
4    plt.legend(loc = "best")
5    plt.xlabel("x")
6    plt.ylabel("relu(x), tanh(x)")
```

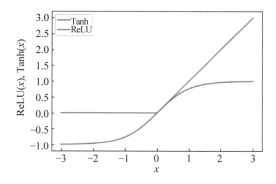

图 2.56 Tanh 激活函数与 ReLU 激活函数

对于图 2.55 所示的小型神经网络,计算回归问题的 y 的完整公式如下(使用 Tanh 非线性):

$$h[0] = \text{Tanh}(w[0,0] \times x[0] + w[1,0] \times x[1] + w[2,0] \times x[2] + w[3,0] \times x[3] + b[0])$$

$$h[1] = \text{Tanh}(w[0,0] \times x[0] + w[1,0] \times x[1] + w[2,0] \times x[2] +$$

$$w[3,0] \times x[3] + b[1])$$
$$h[2] = \mathrm{Tanh}(w[0,0] \times x[0] + w[1,0] \times x[1] + w[2,0] \times x[2] +$$
$$w[3,0] \times x[3] + b[2])$$
$$y = v[0] \times h[0] + v[1] \times h[1] + v[2] \times h[2] + b$$

其中,w 是输入 x 与隐藏层 h 之间的权重,v 是隐藏层 h 与输出 y 之间的权重。权重 w 和 v 是要从数据中学习得到的权重参数,x 是输入特征,y 是计算得到的输出,h 是计算的中间结果。

需要设置的一个重要参数是隐藏层中的结点个数,这个参数为超参数,对于非常小或非常简单的数据集,这个值可以小到 10;对于非常复杂的数据,这个值可以大到 10000。还可以添加多个隐藏层,如图 2.57 所示,为 2 个隐藏层的神经网络。

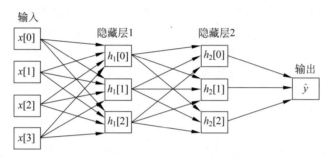

图 2.57　有两个隐藏层的神经网络

微课视频

2.9.3　神经网络的训练过程

神经网络是一种多层前馈神经网络,该网络的主要特点是信号前向传递,误差反向传播。主要包括输入层、隐藏层和输出层,每一层的神经元状态影响下一层神经元状态。

如图 2.58 所示为神经网络的学习过程,如果输出层通过损失函数计算得不到期望输出,则转入反向传播,将损失值传入优化器输入。优化器根据损失函数所计算的误差来调整网络权值 w 和 b,从而使神经网络预测的输出不断接近真实值,而学习到的知识体现为参数 w 和 b。

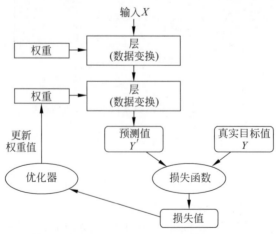

图 2.58　神经网络的学习过程

神经网络预测前首先要训练网络,通过训练得到参数 w 和 b,使得网络具有记忆和预测能力。神经网络的训练过程的主要步骤如下。

(1) 网络初始化。根据数据量大小(即输入输出序列(X,Y)规模)确定网络输入层结点数 N、隐藏层结点数 L、输出层结点数 M。初始化输入层、隐藏层和输出层神经元之间的连接权值 w_{ij}、w_{jk},初始化隐藏层阈值 a,输出层阈值 b。设定学习速率和神经元激励函数。

(2) 计算隐藏层输出。根据输入变量 X,输入层和隐藏层之间连接权值 w_{ij} 以及隐藏层阈值 a,计算隐藏层输出 H。

(3) 计算输出层输出。根据隐藏层输出 H,连接权值 w_{jk} 和阈值 b,计算神经网络预测输出。

(4) 计算误差。根据网络预测输出 0 和真实输出 Y,计算网络预测误差 e。

(5) 权值更新。根据网络预测误差 e 更新网络连接权值 w_{ij}、w_{jk}。

(6) 阈值更新。根据网络预测误差 e 更新网络结点阈值 a、b。

(7) 判断算法迭代是否结束,若没有结束,返回步骤(2)。

2.9.4 神经网络应用案例

1. Scikit-learn 实现手写数字识别

微课视频

采用机器学习的神经网络算法,训练一个神经网络模型,实现手写数字 $0\sim9$ 的识别,结果如图 2.59 所示。

代码清单 2-25:神经网络手写数字识别

```
1   #需要的第三方包
2   from sklearn import datasets
3   import matplotlib.pyplot as plt
4   from sklearn.model_selection import train_test_split
5   #用于划分训练集和测试集
6   from sklearn.neural_network import MLPClassifier
7   #多层感知机模型
8   #获取手写数字的数据集
9   digits = datasets.load_digits()
10  #得到手写数字的数据集
11  print(digits.data.shape)
12  #样本数和特征数
13  print(digits.target.shape)
14  #标签数
15  print(digits.images.shape)
16  #图片 8×8
17  Out[54]:
18  (1797, 64)
19  (1797,)
20  (1797, 8, 8)
21  #绘制手写数据集的图
```

```
22  def draw():
23      # 显示前面 36 个
24      for i in range(36):
25          plt.subplot(6,6,i+1) # 以 6 行 6 列进行显示,并从 1 开始(i=0)
26          plt.imshow(digits.images[i]) # 图片绘制
27          plt.show() # 图片显示
28          pass
29  draw()
```

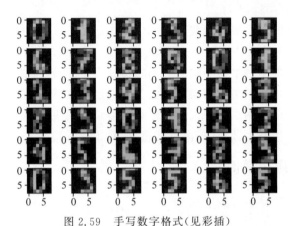

图 2.59　手写数字格式(见彩插)

```
1   # 定义数据、构建模型
2   x = digits.data
3   # 获取特征数据
4   y = digits.target
5   # 获取标签数据
6   x_train,x_test,y_train,y_test = train_test_split(x,y,test_size=0.2)
7   # 20 % 作为测试集
8   # 构建 MLP 模型
9   mlp = MLPClassifier(hidden_layer_sizes=(300,),activation='relu')
10  mlp.fit(x_train,y_train)
11  # 训练模型
12  y_predict = mlp.predict(x_test)
13  # 得到预测结果
14  print(y_predict)
15  # 预测结果
16  print(y_test)
17  # 真实结果
18  score = mlp.score(x_test,y_test)
19  print(score)
20  Out[55]:
21  0.9805555555555555
22  # 采用 MLP 神经网络得到的模型精度为 98 %
```

2. 将神经网络在乳腺癌数据集上分类

采用多层感知机模型应用于乳腺癌数据集,实现癌症良性与恶性肿瘤的分类。首先使用默认参数。

代码清单 2-26:神经网络分类

```
1   from sklearn.neural_network import MLPClassifier
2   from sklearn.model_selection import train_test_split
3   from sklearn.datasets import load_breast_cancer
4   import matplotlib.pyplot as plt
5   cancer = load_breast_cancer()
6   X_train, X_test, y_train, y_test = train_test_split(
7   cancer.data, cancer.target, random_state = 0)
8   mlp = MLPClassifier(random_state = 42)
9   mlp.fit(X_train, y_train)
10  print("Accuracy on training set: {:.2f}".format(mlp.score(X_train, y_train)))
11  print("Accuracy on test set: {:.2f}".format(mlp.score(X_test, y_test)))
12  Out[56]:
13  Accuracy on training set: 0.91
14  Accuracy on test set: 0.88
```

多层感知机 MLP 的精度相当好,但没有其他模型好,与较早的 SVC 例子相同,原因可能在于数据的缩放。神经网络也要求所有输入特征的变化范围相似,最理想的情况是均值为 0、方差为 1,为此,将数据进行缩放以满足这些要求。

```
1   #计算训练集中每个特征的平均值
2   mean_on_train = X_train.mean(axis = 0)
3   #计算训练集中每个特征的标准差
4   std_on_train = X_train.std(axis = 0)
5   #减去平均值,然后乘以标准差的倒数
6   #如此运算之后, mean = 0, std = 1
7   X_train_scaled = (X_train - mean_on_train) / std_on_train
8   #对测试集做相同的变换(使用训练集的平均值和标准差)
9   X_test_scaled = (X_test - mean_on_train) / std_on_train
10  mlp = MLPClassifier(random_state = 0)
11  mlp.fit(X_train_scaled, y_train)
12  print("Accuracy on training set: {:.3f}".format(
13  mlp.score(X_train_scaled, y_train)))
14  print("Accuracy on test set: {:.3f}".format(
15  mlp.score(X_test_scaled, y_test)))
16  Out[57]:
17  Accuracy on training set: 0.991
18  Accuracy on test set: 0.965
```

数据缩放之后的结果要好得多,在训练数据与测试数据得到的模型性能都有提高,而且也相当有竞争力。

再通过提高迭代次数而影响性能,将迭代次数设为 max_iter＝1000。

```
1    mlp = MLPClassifier(max_iter = 1000, random_state = 0)
2    mlp.fit(X_train_scaled, y_train)
3    print("Accuracy on training set: {:.3f}".format(
4    mlp.score(X_train_scaled, y_train)))
5    print("Accuracy on test set: {:.3f}".format(mlp.score(X_test_scaled, y_test)))
6    Out[58]:
7    Accuracy on training set: 0.993
8    Accuracy on test set: 0.972
```

增加迭代次数提高了训练集性能,也略微提高了泛化性能。模型的表现相当不错。由于训练性能和测试性能之间仍有一些差距,所以可以尝试降低模型复杂度来得到更好的泛化性能。这里选择增大 alpha 参数(alpha 参数可变化范围相当大,从 0.0001 到 1),以此向权重添加更强的正则化。

```
1    mlp = MLPClassifier(max_iter = 1000, alpha = 1, random_state = 0)
2    mlp.fit(X_train_scaled, y_train)
3    print("Accuracy on training set: {:.3f}".format(
4    mlp.score(X_train_scaled, y_train)))
5    print("Accuracy on test set: {:.3f}".format(mlp.score(X_test_scaled, y_test)))
6    Out[59]:
7    Accuracy on training set: 0.988
8    Accuracy on test set: 0.972
```

通过进行数据缩放和参数调整,训练集精度为 98.8%,测试集精度为 97.2%,得到了与目前最好的模型相同的性能。

优点、**缺点和参数特点如下**。

在机器学习的许多应用中,神经网络再次成为最先进的模型。它的主要优点之一是能够获取大量数据中包含的信息,并构建无比复杂的模型。给定足够的计算时间和数据,并且仔细调节参数,神经网络通常可以达到最好的性能。

神经网络的缺点,特别是功能强大的大型神经网络,通常需要很长的训练时间。它还需要仔细地预处理数据,这点与 SVM 类似,神经网络在"均匀"数据上的性能最好,其中"均匀"是指所有特征都具有相似的含义。

神经网络调参的常用方法是首先创建一个大到足以过拟合的网络,确保这个网络可以对任务进行学习,知道训练数据可以被学习之后,要么缩小网络,要么增大 alpha 参数来增强正则化,这样可以提高泛化性能。

2.10   分类器的不确定度估计

在实践中,不同类型的错误会在现实应用中导致截然不同的结果。在 Scikit-learn 库的接口中,有分类器能够给出预测的不确定度估计,它可以很好地分辨分类器所预测的一个测试点属于哪个类别,而且还可以输出它对这个预测的置信程度。Scikit-learn 中有两个函数可用于获取分类器的不确定度估计:decision_function(决策函数)和 predict_proba(预测概率)。decision_function 和 predict_proba 适合用二分类数据集,也适用于多分类问题。

构建一个 GradientBoostingClassifier 分类器(同时拥有 decision_function 和 predict_proba 两个方法),看一下这两个函数对一个模拟的二维数据集的作用。

代码清单 2-27:分类器的不确定度

```
1    from sklearn.ensemble import GradientBoostingClassifier
2    from sklearn.datasets import make_circles
3    X, y = make_circles(noise = 0.25, factor = 0.5, random_state = 1)
4    # 为了便于说明,将两个类别重命名为"blue"和"red"
5    y_named = np.array(["blue", "red"])[y]
6    # 可以对任一个数组调用 train_test_split
7    # 所有数组的划分方式都是一致的
8    X_train, X_test, y_train_named, y_test_named, y_train, y_test = train_test_split(X, y
_named, y, random_state = 0)
9    # 构建梯度提升模型
10   gbrt = GradientBoostingClassifier(random_state = 0)
11   gbrt.fit(X_train, y_train_named)
```

2.10.1　决策函数

二分类问题的不确定度可以使用 decision_function。

decision_function 返回值为(n_samples),为每一个样本都返回一个浮点数。对于类别 1 来说,这个值表示模型对该数据点属于"正"类的置信程度。正值表示对正类的偏好,负值表示对"反"类(其他类)的偏好。

微课视频

```
1    print("X_test.shape: {}".format(X_test.shape))
2    print("Decision function shape: {}".format(
3    gbrt.decision_function(X_test).shape))
4    Out[60]:
5    X_test.shape: (25, 2)
6    Decision function shape: (25,)
7    # 显示前6个数据的类别
8    Print(y_test[:6])
9    Out[61]:
10   [1 0 0 0 1 1]
11   # 对于类别1来说,这个值表示模型对该数据点属于"正"类的置信程度。正值表示对正
12   # 类的偏好,负值表示对"反"类(其他类)的偏好
13   # 显示 decision_function 的前几个元素
14   print("Decision
15   function:\n{}".format(gbrt.decision_function(X_test)[:6]))
16   Out[61]:
17   Decision function:
```

```
18  [ 4.13592629  − 1.7016989  − 3.95106099  − 3.62599351  4.28986668  3.66166106]
19  #也可以通过仅查看决策函数的正负号来再现预测值
20  print("Thresholded decision function:\n{}".format(
21  gbrt.decision_function(X_test) > 0))
22  Out[62]:
23  Thresholded decision function:
24  [ True False False False True True False True True True False True True False True False
    False False True True True True True False False]
```

微课视频

2.10.2　预测概率

predict_proba 的输出是每个类别的概率,通常比 decision_function 的输出更容易理解。对于二分类问题,它的形状始终是(n_samples,2)。

```
1  print("Shape of probabilities:
2  {}".format(gbrt.predict_proba(X_test).shape))
3  Out[63]:
4  Shape of probabilities: (25, 2)
5  #每行的第一个元素是第一个类别的估计概率,第二个元素是第二个类别的估计概率。由于
   # predict_proba 的输出是概率值,因此总是在 0 和 1 之间,两个类别的元素之和
   #始终为 1
   #显示 predict_proba 的前几个元素
6  print("Predicted probabilities:\n{}".format(
7  gbrt.predict_proba(X_test[:6])))
8  Out[113]:
9  Predicted probabilities:
10  [[0.01573626  0.98426374]
    [0.84575649  0.15424351]
    [0.98112869  0.01887131]
    [0.97406775  0.02593225]
    [0.01352142  0.98647858]
    [0.02504637  0.97495363]]
```

由于两个类别的概率之和为 1,因此只有一个类别的概率超过 50%。这个类别就是模型的预测结果。

可以看到,分类器对大部分点的置信程度相对较高。不确定度的大小实际上反映了数据依赖于模型和参数的不确定度。过拟合更强的模型可能会做出置信程度更高的预测,即使可能是错的。复杂度越低的模型通常对预测的不确定度越大。

2.11　本章小结

本章首先讨论了监督学习模型的一些基本概念:泛化、过拟合、欠拟合。泛化指学习一个能够在前所未见的新数据上表现良好的模型。欠拟合指一个模型无法获取训练数据中的所有规律,在训练数据和测试数据上性能都不好。过拟合指模型过分关注训练数据,

但对新数据的泛化性能不好。

然后讨论了一系列用于分类和回归的机器学习算法,这些算法包括 K 近邻、朴素贝叶斯、决策树、线性模型、逻辑回归、支持向量机、集成方法、神经网络等,并介绍了各个算法的优点和缺点,以及如何控制它们的模型复杂度。对于许多算法而言,设置正确的参数对提高模型性能至关重要。有些算法还对输入数据的表示方式很敏感,特别是特征的缩放,如 SVM 和神经网络。

面对新数据集,通常最好先从简单算法开始,比如线性模型、朴素贝叶斯或最近邻分类器,看能得到什么样的结果。对数据有了进一步了解之后,可以考虑用于构建更复杂模型的算法,比如随机森林、梯度提升决策树、SVM 或神经网络。

习题

1. 如果模型在训练数据上表现很好,但是应用到新的实例上的泛化结果却很糟糕,是什么原因? 能提出三种可能的解决方案吗?

2. 使用不同的超参数,如 kernel＝"linear"(具有 C 超参数的多种值)或 kernel＝"rbf"(C 超参数和 gamma 超参数的多种值),尝试一个支持向量机回归器。并思考最好的 SVR 预测器是如何工作的?

3. 为 MNIST 数据集构建一个分类器,并在测试集上达成超过 97％的精度。

4. 如果训练集里特征的数值大小迥异,哪些算法可能会受到影响? 受影响程度如何? 此时应该怎么做?

5. 什么是岭回归、线性回归、多项式回归、Lasso 回归、弹性网络?

6. 支持向量机的基本思想是什么?

7. 什么是支持向量?

8. 使用 SVM 时,对输入值进行缩放为什么重要?

9. 如果决策树对训练集过拟合,减少 max_depth 是否为一个好主意?

10. 说出 3 种流行的激活函数,可以画出它们的图形吗?

11. 在 MNIST 数据集上训练一个深度 MLP,看看预测准确度能不能超过 98％。

12. 请列出所有的 MLP 的超参数。如果 MLP 对于数据集过拟合了,如何调整这些超参数?

第 3 章

无监督学习与数据预处理

本章内容
◇　无监督学习的类型
◇　无监督学习的挑战
◇　数据预处理
◇　降维算法及其应用
◇　聚类算法及其应用

3.1　无监督学习

现实生活中常常会有这样的问题：缺乏足够的先验知识，因此难以人工标注类别或进行人工类别标注的成本太高。很自然地，我们希望计算机能代替我们完成这些工作，或至少提供一些帮助。根据类别未知（没有被标记）的训练样本解决机器学习中的各种问题，称为无监督学习。常见的应用背景包括：

（1）从庞大的样本集合中选出一些具有代表性的加以标注用于分类器的训练。

（2）先将所有样本自动分为不同的类别，再由人对这些类别进行标注。

（3）在无类别信息的情况下，寻找好的特征。

这一章将讨论机器学习算法中的无监督学习算法。无监督学习的学习算法只有输入数据，需要从这些数据中提取知识。

微课视频

3.1.1　无监督学习的类型

本章将研究两种类型的无监督学习：数据集变换与聚类。

数据集的无监督变换（Unsupervised Transformation）是创建数据新的表示的算法。

与数据的原始表示相比,新的表示可能更容易被人或其他机器学习算法所理解。无监督变换的一个常见应用是降维(Dimensionality Reduction),它接受包含许多特征的数据的高维表示,并找到表示该数据的一种新方法,从而用较少的特征就可以概括其重要特性;降维的一个常见应用是为了可视化将数据降为二维。

无监督变换的另一个应用是找到"构成"数据的各个组成部分。这方面的一个例子就是对文本文档集合提取主题。这里的任务是找到每个文档中讨论的未知主题,并学习每个文档中出现了哪些主题。这可以用于追踪社交媒体上的话题讨论,比如流行歌手等话题。

与之相反,聚类算法(Clustering Algorithm)将数据划分成不同的组,每组包含相似的项目。思考向社交媒体网站上传照片的例子。为了方便整理照片,网站可能想要将同一个人的照片分在一组。但网站并不知道每张照片是谁,也不知道照片集中出现了多少个人。明智的做法是提取所有的人脸,并将看起来相似的人脸分在一组。

3.1.2　无监督学习的挑战

微课视频

无监督学习的一个主要挑战就是评估算法是否学到了有用的东西。无监督学习算法一般用于不包含任何标签信息的数据,所以算法不知道正确的输出应该是什么。因此很难判断一个模型是否"表现很好"。例如,假设聚类算法已经将所有的侧脸照片和所有的正面照片进行了分组。这肯定是人脸照片集合的一种可能的划分方法,但这并不是我们想要的方法。然而,我们没有办法"告诉"算法我们要的是什么,通常来说,评估无监督算法结果的唯一方法就是人工检查。

因此,如果数据科学家想要更好地理解数据,那么无监督算法通常可用于探索,而不是作为大型自动化系统的一部分。无监督算法的另一个常见应用是作为监督算法的预处理步骤。学习数据的一种新表示,有时可以提高监督算法的精度,或者可以减少内存占用和时间开销。

在开始学习"真正的"无监督算法之前,先简要讨论几种简单又常用的预处理方法。虽然预处理和缩放通常与监督学习算法一起使用,但缩放方法并没有用到与"监督"有关的信息,所以它是无监督的。

3.2　数据预处理

据统计,数据预处理相关的工作时间占据了整个机器学习项目的70%以上。数据的质量直接决定了模型的预测和泛化能力的好坏。它涉及很多因素,包括准确性、完整性、一致性、时效性、可信性和解释性。而真实数据可能包含了大量的缺失值,可能包含大量的噪声,也可能因为人工录入错误导致存在异常点,这些都非常不利于算法模型的训练。数据清洗的结果是对各种脏数据进行对应方式的处理,得到标准的、干净的、连续的数据,供数据统计、数据挖掘等。

原始数据很少以能满足学习算法最佳性能所需要的理想形式出现。因此数据的预处理是任何机器学习应用中最关键的步骤之一。以鸢尾花数据集为例,可以把原始数据看成一系列的花朵图像,要从中提取有意义的特征。有意义的特征可能是颜色、色调、强度、高度、长度、宽度。许多机器学习算法也要求所选择特征的测量结果具有相同的单位,以获得最佳性能。通常可以通过把特征数据变换为[0,1]的取值范围或者均值为 0 和方差为 1 的标准正态分布来实现。

　　某些选定的特征可能高度相关,因此在某种程度上是多余的。在这种情况下,降维技术对于将特征压缩到低维子空间非常有价值。降低特征空间维数的优点是减少存储空间、提高算法运行的速度。在某些情况下,如果数据集包含大量无用的特征或噪声(即数据集具有较低的信噪比),那么降维也可以提高模型预测的性能。

　　为了确定机器学习算法不仅能在训练集上表现良好,对新数据也有很好的适应性,我们希望将数据集随机分成单独的训练集和测试集。用训练集来训练和优化机器学习模型,同时把测试集保留到最后,用以评估最终的模型。

　　数据预处理的主要步骤分为数据清洗、数据变换、数据集成、数据规约。下面将从这四个方面详细介绍具体的方法。在一个项目中,如果这几方面的数据处理做得都很不错,将对之后的建模具有极大的帮助,能快速达到一个不错的结果。

微课视频

3.2.1　数据清洗

　　数据清洗(Data Cleaning)的主要思想是通过填补缺失值,光滑噪声数据,平滑或删除离群点,并解决数据的不一致问题来"清洗"数据。如果用户认为数据是"脏乱"的,他们不太会相信基于这些数据的挖掘结果,即输出的结果是不可靠的。

1. 缺失值的处理

　　由于现实世界获取信息和数据的过程中,会存在各类的原因导致数据丢失和空缺。针对这些缺失值的处理方法,主要是基于变量的分布特性和变量的重要性(信息量和预测能力)采用不同的方法。主要分为以下几种。

　　(1) **删除变量**:若变量的缺失率较高(大于 80%)、覆盖率较低且重要性较低,可以直接将变量删除。

　　(2) **定值填充**:工程中常用 -9999 来替代缺失值。

　　(3) **统计量填充**:若缺失率较低(小于 95%)且重要性也较低,则根据数据分布的情况进行填充。若数据符合均匀分布,则用该变量的均值填补缺失;若数据存在倾斜分布的情况,则采用中位数进行填补。

　　(4) **插值法填充**:包括随机插值法、多重差补法、热平台插补法、拉格朗日插值法、牛顿插值法等。

　　(5) **模型填充**:使用回归、贝叶斯、随机森林、决策树等模型对缺失数据进行预测。

　　(6) **哑变量填充**:若变量是离散型,且不同值较少,可转换成哑变量。例如性别 SEX 变量,存在 male,female,NA 三个不同的值,可将该列转换成 IS_SEX_MALE, IS_SEX_FEMALE, IS_SEX_NA。若某个变量存在十几个不同的值,可根据每个值的频数,将频数较小的值归为一类 other,降低维度。此做法可最大化保留变量的信息。

　　总之,常用的做法是:先用 pandas.isnull.sum()检测出变量的缺失比例,考虑删除或者填充。若需要填充的变量是连续型，一般采用均值法和随机插值进行填充；若变量是离散型，通常采用中位数或哑变量进行填充。

注意：若对变量进行分箱离散化，一般会将缺失值单独作为一个箱子(离散变量的一个值)。

2. 离群点处理

存在异常值是数据分布的常态，处于特定分布区域或范围之外的数据通常被定义为异常或噪声。异常分为两种：①"伪异常"是由于特定的业务运营动作产生的，是正常反应业务的状态，而不是数据本身的异常；②"真异常"不是由于特定的业务运营动作产生的，而是数据本身分布异常，即离群点。主要有以下检测离群点的方法。

(1) 简单统计分析：根据箱线图、各分位点判断是否存在异常，例如 pandas 的 describe()函数可以快速发现异常值。

(2) 3σ 原则：若数据存在正态分布，偏离均值的 3σ 之外，通常定义范围在 $P(|x-u|>3\sigma)\leqslant0.003$ 内的点为离群点。

(3) 基于绝对离差中位数(MAD)：这是一种稳健对抗离群数据的距离值方法，采用计算各观测值与平均值的距离总和的方法，放大离群值的影响。

(4) 基于距离：通过定义对象之间的临近性度量，根据距离判断异常对象是否远离其他对象，缺点是计算复杂度较高，不适用于大数据集和存在不同密度区域的数据集。

(5) 基于密度：离群点的局部密度显著低于大部分近邻点，适用于非均匀的数据集。

(6) 基于聚类：利用聚类算法，丢弃远离其他簇的小簇。

总之，在数据处理阶段将离群点作为影响数据质量的异常点考虑，而不是作为通常所说的异常检测目标点，因而一般采用较为简单直观的方法，结合箱线图和 MAD 的统计方法判断变量的离群点。

具体的处理手段如下。

(1) 根据异常点的数量和影响，考虑是否将该条记录删除，这样信息损失多。

(2) 若对数据做了 log-scale 对数变换后消除了异常值，则此方法生效，且不损失信息。

(3) 使用平均值或中位数替代异常点，简单高效，信息的损失较少。

(4) 在训练树模型时，树模型对离群点的鲁棒性较高，无信息损失，不影响模型训练效果。

3. 噪声处理

噪声是变量的随机误差和方差，是观测点和真实点之间的误差，即 $obs=x\varepsilon$。通常的处理办法：对数据进行分箱操作，等频或等宽分箱，然后用每个箱的平均数、中位数或者边界值(对不同数据分布，处理方法不同)代替箱中所有的数，起到平滑数据的作用。另外一种做法是建立该变量和预测变量的回归模型，根据回归系数和预测变量，反解出自变量的近似值。

3.2.2 数据变换

数据变换包括对数据进行规范化、离散化、稀疏化处理,达到适用于挖掘的目的。

1. 规范化处理

数据中不同特征的量纲可能不一致,数值间的差别可能很大,不进行处理可能会影响到数据分析的结果,因此,需要对数据按照一定比例进行缩放,使之落在一个特定的区域,便于进行综合分析。特别是基于距离的挖掘方法:聚类、KNN、SVM 一定要进行规范化处理,如式(3-1)。

$$x_{\text{norm}}^{(i)} = \frac{x^{(i)} - x_{\min}}{x_{\max} - x_{\min}} \tag{3-1}$$

其中,$x^{(i)}$ 为某个特定样本,$x_{\min}$ 为特征列的最小值,$x_{\max}$ 为特征列的最大值。

通过最大、最小比例的调整实现归一化是一种常用的技术,这对有界区间值的问题很有用。标准化对于许多机器学习算法来说更为实用,特别是梯度下降等优化算法。因为许多线性模型(如第 2 章中的逻辑回归和支持向量机)把权重值初始化为 0 或接近 0 的随机值。使用标准化,可以把特征列的中心设在均值为 0 且标准差为 1 的位置,这样特征列呈正态分布,可以使学习权重更容易。此外,标准化保持了关于离群值的有用信息,使算法对离群值不敏感,这与最小、最大比例的调整刚好相反,它把数据调整到有限的值域。标准化的过程为:

$$x_{\text{std}}^{(i)} = \frac{x^{(i)} - \mu_x}{\sigma_x} \tag{3-2}$$

其中,μ_x 是某个特定特征列的样本均值,σ_x 为对应的标准差。而在时间序列数据中,对于数据量级相差较大的变量,通常进行 log 函数的变换(注:由于 Python 中,默认 log 函数底数为 e,如无特殊说明,本书 log 也默认底数为 e):

$$x_{\text{new}} = \log(x) \tag{3-3}$$

2. 离散化处理

数据离散化是指将连续的数据进行分段,使其变为一段段离散化的区间。分段的原则有基于等距离、等频率或优化的方法。数据离散化的原因主要有以下几点:

① 模型需要:比如决策树、朴素贝叶斯等算法,都是基于离散型的数据展开的。如果要使用该类算法,必须将离散型的数据进行分段。有效的离散化能减小算法的时间和空间开销,提高系统对样本的分类聚类能力和抗噪声能力。

② 离散化的特征相对于连续型特征更容易理解。

③ 可以有效地克服数据中隐藏的缺陷,使模型结果更加稳定。

(1) **等频法**:使得每个箱中的样本数量相等,例如总样本 $n=100$,分成 $k=5$ 个箱,则分箱原则是保证落入每个箱的样本量为 20。

(2) **等宽法**:使得属性的箱宽度相等,例如年龄变量(0~100),可分成 $[0,20)$、$[20,40)$、$[40,60)$、$[60,80)$、$[80,100]$五个等宽的箱。

（3）**聚类法**：根据聚类出来的簇，每个簇中的数据为一个箱，簇的数量模型给定。

3. 稀疏化处理

针对离散型目标称变量，无法进行有序的 LabelEncoder 时，通常考虑将变量进行 0/1 哑变量的稀疏化处理，例如动物类型变量中含有猫、狗、猪、羊四个不同值，将该变量转换成 is_猪、is_猫、is_狗、is_羊四个哑变量。若变量的不同值较多，则根据频数，将出现次数较少的值统一归为一类 rare。稀疏化处理既有利于模型快速收敛，又能提升模型的抗噪能力。

3.2.3　数据集成

微课视频

数据分析任务大多涉及数据集成。数据集成将多个数据源中的数据结合、存放在一个一致的数据存储，如数据仓库。这些源可能包括多个数据库、数据提供方或一般文件。

（1）实体识别问题：例如，数据分析者或计算机如何才能确信一个数据库中的 customer_id 和另一个数据库中的 cust_number 指的是同一实体？通常，数据库和数据仓库有元数据——关于数据的数据。这种元数据可以帮助避免模式集成中的错误。

（2）冗余问题：如果一个属性能由另一个表"导出"，如年薪，那么这个属性是冗余的。属性或维度命名的不一致也可能导致数据集中的冗余问题。用相关性检测冗余：数值型变量可计算相关系数矩阵，标称型变量可计算卡方检验。

（3）数据值的冲突和处理：不同数据源在统一合并时，保持规范化，去重。

3.2.4　数据规约

微课视频

数据规约技术可以用来得到数据集的规约表示，它小得多，但仍接近地保持原数据的完整性。这样在规约后的数据集上挖掘将更有效，并产生相同（或几乎相同）的分析结果。一般有如下策略。

1. 维度规约

用于数据分析的数据可能包含数以百计的属性，其中大部分属性与挖掘任务不相关，是冗余的。维度规约通过删除不相关的属性来减少数据量，并保证信息的损失最小。

属性子集选择：目标是找出最小属性集，使得数据类的概率分布尽可能地接近使用所有属性的原分布。在压缩的属性集上挖掘还有其他的优点：它减少了出现在发现模式上的属性的数目，使得模式更易于理解。

（1）逐步向前选择：该过程由空属性集开始，选择原属性集中最好的属性，并将它添加到该集合中。其后的每次迭代将原属性集剩下的属性中的最好的属性添加到该集合中。

（2）逐步向后删除：该过程由整个属性集开始。每步删除尚在属性集中的最坏属性。

（3）向前选择和向后删除的结合：向前选择和向后删除方法可以结合在一起，每步选择一个最好的属性,并在剩余属性中删除一个最坏的属性。

Python Scikit-learn 中的递归特征消除(Recursive Feature Elimination,RFE)算法,就是利用这样的思想进行特征子集筛选的,一般考虑建立 SVM 或回归模型。

单变量重要性:分析单变量和目标变量的相关性,删除预测能力较低的变量。这种方法不同于属性子集选择,通常从统计学和信息的角度去分析。

(1) Pearson(皮尔逊)相关系数和卡方检验,分析目标变量和单变量的相关性。

(2) 回归系数:训练线性回归或逻辑回归,提取每个变量的表决系数,进行重要性排序。

(3) 树模型的 Gini 指数:训练决策树模型,提取每个变量的重要度(即 Gini 指数)进行排序。

(4) Lasso 正则化:训练回归模型时,加入 L1 正则化参数,将特征向量稀疏化。

(5) IV 指标:风控模型中,通常求解每个变量的 IV 值来定义变量的重要度,一般将阈值设定在 0.02 以上。

以上提到的方法,没有讲解具体的理论知识和实现方法,需要自己去熟悉掌握。通常的做法是根据业务需求来定采用的方法;如果基于业务的用户或商品特征,需要较多的解释性,考虑采用统计上的一些方法,如变量的分布曲线、直方图等,再计算相关性指标,最后考虑一些模型方法;如果建模需要,则通常采用模型方法去筛选特征;如果用一些更为复杂的 GBDT、DNN 等模型,建议不做特征选择,而做特征交叉。

2. 维度变换

维度变换是将现有数据降低到更小的维度,尽量保证数据信息的完整性。下面介绍几种常用的有损失的维度变换方法,它们将大幅提高实践中建模的效率。

(1) 主成分分析(PCA)和因子分析(FA):PCA 通过空间映射的方式,将当前维度映射到更低的维度,使得每个变量在新空间的方差最大;FA 则是找到当前特征向量的公因子(维度更小),用公因子的线性组合来描述当前的特征向量。

(2) 奇异值分解(SVD):SVD 的降维导致可解释性较低,且计算量比 PCA 大,一般用在稀疏矩阵上降维,例如图片压缩、推荐系统。

(3) 聚类:将某一类具有相似性的特征聚到单个变量,从而大大降低维度。

(4) 线性组合:将多个变量做线性回归,根据每个变量的表决系数,赋予变量权重,可将该类变量根据权重组合成一个变量。

(5) 流行学习:流行学习中的一些复杂的非线性方法,可参考 sklearn 的 LLE Example。

3.3 降维

下面开始学习第一种类型的无监督学习问题——降维。有几个不同的原因使你可能想要做降维:一是数据压缩,数据压缩允许我们压缩数据,因而可以让算法使用更少的计算机内存或磁盘空间,提高算法学习速度;二是数据可视化,数据可视化会帮助机器学习工程师们更好地处理数据、设计算法。

微课视频

3.3.1 数据压缩

首先,需要讨论降维是什么。图 3.1 是利用收集得到的数据集中的两个特征绘制的。

假设已知两个特征:x_1 为长度,用厘米表示;x_2 是同一物体的长度,用英寸表示。

所以,这两个特征含有高度冗余的信息,也许不是两个分开的特征 x_1 和 x_2,而是两个基本长度度量的单位,我们想要做的是减少数据到一维,只保留一个测量长度的特征。

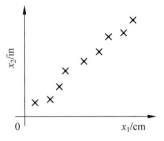

图 3.1 二维压缩到一维

将数据从二维降至一维:假使要采用两种不同的仪器来测量一些物体的尺寸,其中一个仪器测量结果的单位是英寸,另一个仪器测量的结果是厘米,希望将测量的结果作为机器学习的特征。现在的问题是,两种仪器对同一个物体测量的结果不完全相等(由于误差、精度等),而将两者都作为特征有些重复,因而,希望将这个二维的数据降至一维。

从这个例子可以看到,在工业上做特征搜集时经常产生这种高度冗余的数据集。如果有几百个或成千上万的特征,而需要的特征可能不会很多。有时可能有几个不同的工程团队,也许第一个工程团队给了二百个特征,第二个工程团队给了另外三百个特征,第三个工程团队给了五百个特征,合计一千多个特征都在一起,这样实际上会让跟踪那些需要的特征变得非常困难。

将数据从三维降至二维:如图 3.2 所示,将一个三维的特征向量降至一个二维的特征向量。过程是与上面类似的,将三维向量投射到一个二维的平面上,强迫使得所有的数据都在同一个平面上,降为二维的特征向量。

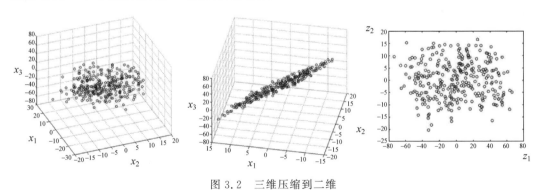

图 3.2 三维压缩到二维

这样的处理过程可以被用于把任何维度的数据降到任何想要的维度,例如将 1000 维的特征降至 100 维。

正如上面所看到的,这也将使得机器学习的算法运行更快。

3.3.2　数据可视化

在许多机器学习问题中,如果能将数据可视化,便能寻找到一个更好的解决方案。降维可以帮助实现数据可视化,如图 3.3 所示。

国家	GDP(万亿美元)	人均GDP(千美元)	人类发展指数	平均寿命	贫困指数(基尼百分比)	家庭平均收入(千美元)	...
加拿大	1.577	39.17	0.908	80.7	32.6	67.793	...
中国	5.878	7.54	0.687	73	46.9	10.22	...
印度	1.632	3.41	0.547	64.7	36.8	0.735	...
俄罗斯	1.48	19.84	0.755	65.5	39.9	0.72	...
新加坡	0.223	56.69	0.866	80	42.5	67.1	...
美国	14.527	46.86	0.91	78.3	40.8	84.3	...
...	...	...	...	...	...	...	

图 3.3　各国人口数据

假设有关于许多不同国家的数据,每一个特征向量都有 50 个特征(如 GDP、人均 GDP、平均寿命等)。如果要将这个 50 维的数据可视化是不可能的。使用降维的方法将其降至二维,便可以将其可视化了,如图 3.4 所示。

国家	z_1	z_2
加拿大	1.6	1.2
中国	1.7	0.3
印度	1.6	0.2
俄罗斯	1.4	0.5
新加坡	0.5	1.7
美国	2	1.5
...	...	...

图 3.4　压缩到二维

这样做的问题在于,降维的算法只负责减少维数,新产生的特征 z_1 和 z_2 的意义就必须由我们自己去发现了。可视化后的效果如图 3.5 所示。

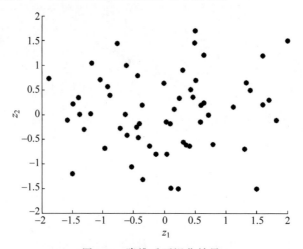

图 3.5　降维后可视化效果

3.3.3　降维的主要方法

在深入了解具体的降维算法之前,先来看看降维的两种主要方法:投影和流形学习。

1. 投影

在大多数现实世界的问题里,训练实例在所有维度上并不是均匀分布的。许多特征几乎是不变的,也有许多特征是高度相关联的(如前面讨论的 MNIST 数据集)。因此,高维空间的所有训练实例实际上(或近似于)受一个低得多的低维子空间影响。这听起来很抽象,下面来看一个例子。在图 3.6 中,你可以看到一个由圆圈表示的 3D 数据集。

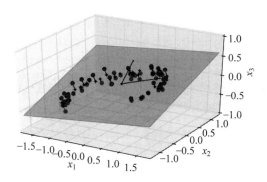

图 3.6　3D 数据集和 2D 子空间(见彩插)

注意看,所有的训练实例都紧挨着一个平面:这就是高维(3D)空间的低维(2D)子空间。现在,如果将每个训练实例垂直投影到这个子空间(如图 3.6 中实例到平面之间的短线所示),将得到如图 3.7 所示的新 2D 数据集,它已经将数据集维度从三维降到了二维。注意,图中的轴对应的是新特征 z_1 和 z_2(平面上投影的坐标)。

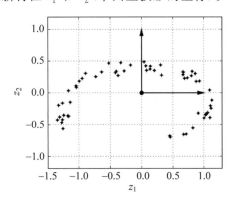

图 3.7　投影后产生的新 2D 数据集

不过投影并不总是降维的最佳方法。在许多情况下,子空间可能会弯曲或转动,比如图 3.8 所示的著名的瑞士卷数据集。

简单地进行平面投影(例如放弃 x_3)会直接将瑞士卷的不同层压扁在一起,如图 3.9(a)所示。但是你真正想要的是将整个瑞士卷展开铺平以后的 2D 数据集,如图 3.9(b)所示。

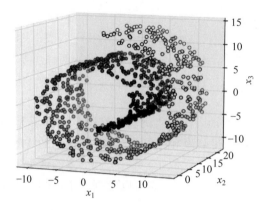

图 3.8　瑞士卷数据集(见彩插)

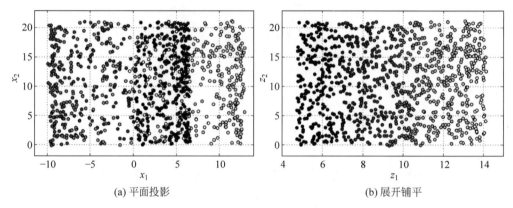

(a) 平面投影　　　　　　　　　　　　　　(b) 展开铺平

图 3.9　瑞士卷数据集处理后

2. 流形学习

瑞士卷就是一个二维流形的例子。简单地说,二维流形就是一个能够在更高维空间里面弯曲和扭转的二维形状。更概括地说,d 维流形就是 n(其中,$d<n$)维空间的一部分,局部类似于一个 d 维超平面。在瑞士卷的例子中,$d=2$,$n=3$:它局部类似于一个二维平面,但是在第三个维度上卷起。

许多降维算法是通过对训练实例进行流形建模来实现的,这被称为流形学习。它所依赖的流形假设(也称为流形假说)认为大多数现实世界的高维度数据集都可以用一个低维度的流形来重新表示。这个假设通常是凭经验观察得到的。

再次说到 MNIST 数据集:所有手写的数字图像都有一些相似之处。它们由相连的线条组成,边界都是白色的,或多或少是居中的,等等。如果随机生成图像,只有少到不能再少的一部分可能看起来像手写数字。也就是说,创建一个数字图像拥有的自由度要远远低于创建任意图像的自由度。而这些限制正倾向于将数据集挤压成更低维度的流形。

流形假设通常还伴随着一个隐含的假设:如果能用低维空间的流形表示,手头的任务(例如分类或者回归)将变得更简单。如图 3.10(a)和图 3.10(b)所示,瑞士卷被分为两类：3D空间中(图3.10(a))决策边界将会相当复杂,但是在展开的2D流形空间(图3.10(b)),决策边界是一条简单的直线。

但是,这个假设并不总是成立。如图3.10(c)和图3.10(d)所示,决策边界在$x_1=5$处,在原始的3D空间中,这个边界看起来非常简单(一个垂直的平面),但是在展开的流形中,决策边界看起来反而更为复杂(四条独立线段的集合)。

简而言之,在训练模型之前降低训练集的维度,肯定可以加快训练速度,但这并不总是会导致更好或更简单的解决方案,它取决于数据集。

希望现在你对于维度的诅咒有了很好地理解,也知道降维算法是怎么对付它的,特别是当流形假设成立的时候,应该怎么处理。本章剩余部分将逐一介绍几个最流行的算法。

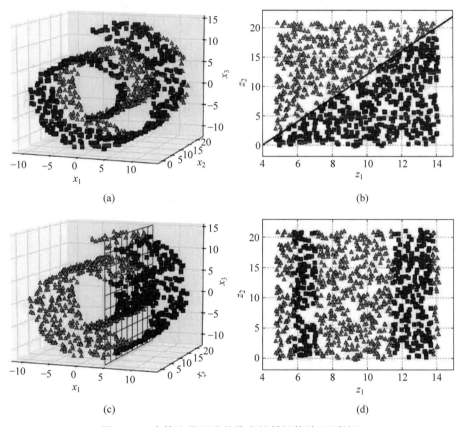

图3.10　决策边界不总是维度越低越简单(见彩插)

3.3.4　PCA

微课视频

主成分分析(Principal Component Analysis,PCA)：通俗理解,就是找出一个最主要的特征,然后进行分析。

主成分分析是一种分析、简化数据集的技术。主成分分析经常用于减少数据集的维度,同时保持数据集中对方差贡献最大的特征。这是通过保留低阶主成分、忽略高阶主成分做到的。这样低阶成分往往能够保留住数据的最重要方面。但是,这也不是一定的,要视具体应用而定。由于主成分分析依赖所给数据,所以数据的准确性对分析结果影响很大。

主成分分析由卡尔·皮尔逊于1901年发明,用于分析数据及建立数理模型。其方法主要是通过对协方差矩阵进行特征分解,以得出数据的主成分(即特征向量)与它们的权值(即特征值)。PCA是最简单的以特征量分析多元统计分布的方法。其结果可以理解为对原数据中的方差做出解释——哪一个方向上的数据值对方差的影响最大。换而言之,PCA提供了一种降低数据维度的有效办法;如果分析者在原数据中除掉最小的特征值所对应的成分,那么所得的低维度数据必定是最优的(这样降低维度必定是失去信息最少的方法)。主成分分析在分析复杂数据时尤为有用,比如人脸识别。

如果一个多元数据集能够在一个高维数据空间坐标系中被显示出来,那么PCA就能够提供一幅低维度的图像,这幅图像即为在信息最多的点上原对象的一个"投影"。这样就可以利用少量的主成分使得数据的维度降低。

PCA的主要步骤包括:

- 去除平均值。
- 计算协方差矩阵。
- 计算协方差矩阵的特征值和特征向量。
- 将特征值排序。
- 保留前 N 个最大的特征值对应的特征向量。
- 将数据转换到上面得到的 N 个特征向量构建的新空间中(实现特征压缩)。

3.3.5 利用 PCA 实现半导体制造数据降维

微课视频

半导体是在一些极为先进的工厂中制造出来的。设备的生命周期有限,并且花费巨大。虽然通过早期测试和频繁测试已发现部分有瑕疵的产品,但仍有一些存在瑕疵的产品通过了测试。如果通过机器学习技术用于发现瑕疵产品,那么它就会为制造商节省大量的资金。具体来讲,Secom公司的半导体数据集拥有590个特征。看看能否对这些特征进行降维处理。对于数据的缺失值的问题,将缺失值NaN(Not a Number缩写),全部用平均值来替代(如果用0来处理就太差了)。

代码清单 3-1:半导体制造数据降维

```
1    #收集数据:提供文本文件,文件名:secom.data
2    [3030.93  2564  2187.7333  1411.1265  1.3602  100  97.6133  0.1242  1.5005  0.0162
3    -0.0034  0.9455  202.4396  0  7.9558  414.871  10.0433  0.968  192.3963  12.519  1.4026
4    -5419  2916.5  -4043.75  751  0.8955  1.773  3.049  64.2333  2.0222  0.1632  3.5191
5    83.3971  9.5126  50.617  64.2588  49.383  66.3141  86.9555  117.5132  61.29  4.515  70
6    352.7173  10.1841  130.3691  723.3092  1.3072  141.2282  1  624.3145  218.3174  0  4.592]
7    '''将 NaN 替换成平均值函数'''
8    def replaceNanWithMean():
9        datMat = loadDataSet('./secom.data', '')
10       numFeat = shape(datMat)[1]
11       for i in range(numFeat):
```

```
12        # 对 value 不为 NaN 的求均值
13        # .A 返回矩阵基于的数组
14        meanVal = mean(datMat[nonzero(~isnan(datMat[:, i].A))[0], i])
15        # 将 value 为 NaN 的值赋值为均值
16        datMat[nonzero(isnan(datMat[:, i].A))[0],i] = meanVal
17    return datMat
```

对数据进行数据预处理之后，再运行程序，看看中间结果如何，分析数据代码如下。

```
1    '''分析数据'''
2    def analyse_data(dataMat):
3        meanVals = mean(dataMat, axis = 0)
4        meanRemoved = dataMat - meanVals
5        covMat = cov(meanRemoved, rowvar = 0)
6        eigvals, eigVects = linalg.eig(mat(covMat))
7        eigValInd = argsort(eigvals)
8        topNfeat = 20
9        eigValInd = eigValInd[ : -(topNfeat + 1) : -1]
10       cov_all_score = float(sum(eigvals))
11       sum_cov_score = 0
12       for i in range(0, len(eigValInd)):
13           line_cov_score = float(eigvals[eigValInd[i]])
14           sum_cov_score += line_cov_score
15       print('主成分:%s, 方差占比:%s%%, 累积方差占比:%s%%' % (format(i + 1,
     '2.0f'), format(line_cov_score/cov_all_score * 100, '4.2f'), format(sum_cov_score/cov_
     all_score * 100, '4.1f')))
16    # 去均值化的特征值结果显示
17    [ 5.34151979e + 07  2.17466719e + 07  8.24837662e + 06  2.07388086e + 06
18      1.31540439e + 06  4.67693557e + 05  2.90863555e + 05  2.83668601e + 05
19      2.37155830e + 05  2.08513836e + 05  1.96098849e + 05  1.86856549e + 05
20      1.52422354e + 05  1.13215032e + 05  1.08493848e + 05  1.02849533e + 05
21      1.00166164e + 05  8.33473762e + 04  8.15850591e + 04  7.76560524e + 04
22      ...
23      0.00000000e + 00  0.00000000e + 00  0.00000000e + 00  0.00000000e + 00
24      0.00000000e + 00  0.00000000e + 00  0.00000000e + 00  0.00000000e + 00
25      0.00000000e + 00  0.00000000e + 00  0.00000000e + 00  0.00000000e + 00
26      0.00000000e + 00  0.00000000e + 00  0.00000000e + 00  0.00000000e + 00
27      0.00000000e + 00  0.00000000e + 00  0.00000000e + 00  0.00000000e + 00
28      0.00000000e + 00  0.00000000e + 00  0.00000000e + 00  0.00000000e + 00
29      0.00000000e + 00  0.00000000e + 00  0.00000000e + 00  0.00000000e + 00
30      0.00000000e + 00  0.00000000e + 00  0.00000000e + 00  0.00000000e + 00
31      0.00000000e + 00  0.00000000e + 00  0.00000000e + 00  0.00000000e + 00
32    ]
```

```
33  #数据分析结果主成分:1,方差占比:59.25%,累积方差占比:59.3%
34  主成分:2,方差占比:24.12%,累积方差占比:83.4%
35  主成分:3,方差占比:9.15%,累积方差占比:92.5%
36  主成分:4,方差占比:2.30%,累积方差占比:94.8%
37  主成分:5,方差占比:1.46%,累积方差占比:96.3%
38  主成分:6,方差占比:0.52%,累积方差占比:96.8%
39  主成分:7,方差占比:0.32%,累积方差占比:97.1%
40  主成分:8,方差占比:0.31%,累积方差占比:97.4%
41  主成分:9,方差占比:0.26%,累积方差占比:97.7%
42  主成分:10,方差占比:0.23%,累积方差占比:97.9%
43  主成分:11,方差占比:0.22%,累积方差占比:98.2%
44  主成分:12,方差占比:0.21%,累积方差占比:98.4%
45  主成分:13,方差占比:0.17%,累积方差占比:98.5%
46  主成分:14,方差占比:0.13%,累积方差占比:98.7%
47  主成分:15,方差占比:0.12%,累积方差占比:98.8%
48  主成分:16,方差占比:0.11%,累积方差占比:98.9%
49  主成分:17,方差占比:0.11%,累积方差占比:99.0%
50  主成分:18,方差占比:0.09%,累积方差占比:99.1%
51  主成分:19,方差占比:0.09%,累积方差占比:99.2%
52  主成分:20,方差占比:0.09%,累积方差占比:99.3%
```

发现其中有超过20%的特征值都是0。这就意味着这些特征都是其他特征的副本,也就是说,它们可以通过其他特征来表示,而本身并没有提供额外的信息。最前面值的数量级大于 10^5,实际上它之后的值都变得非常小。这就相当于告诉我们只有部分重要特征,重要特征的数目也很快就会下降。最后,注意到有一些绝对值较小的负值,它们主要源自数值误差,应该四舍五入成0。

根据实验结果绘制半导体数据中前 7 个主成分所占的方差百分比如表 3.1 所示。

表 3.1　前 7 个主成分所占的方差百分比

主成分	方差百分比/%	累积方差百分比/%	主成分	方差百分比/%	累积方差百分比/%
1	59.25	59.3	5	1.46	96.3
2	24.12	83.4	6	0.52	96.8
3	9.15	92.5	7	0.32	97.1
4	2.30	94.8			

3.4　聚类

聚类是一种机器学习技术,它涉及数据点的分组。给定一组数据点,可以使用聚类算法将每个数据点划分至一个特定的组。理论上,同一组中的数据点应该具有相似的属性和/或特征,而不同组中的数据点应该具有高度不同的属性和/或特征。聚类是一种无监督学习的方法,是许多领域中常用的统计数据分析技术。

　　在数据科学中,可以使用聚类分析从数据中获得一些有价值的见解。本节将研究 5 种流行的聚类算法以及它们的优缺点。

　　聚类算法可以解决一些非常重要的商业应用,比如市场分割:在数据库中存储了许多客户的信息,希望将他们分至不同的客户群,这样可以对不同类型的客户分别销售产品或者分别提供更适合的服务。再比如社交网络分析:事实上有许多研究人员正在研究这样一些内容,他们关注一群人,关注社交网络,或者是其他的一些信息,比如经常跟哪些人联系,而这些人又经常给哪些人发邮件,由此找到关系密切的人群。因此,这可能需要另一个聚类算法,用它发现社交网络中关系密切的朋友。使用聚类算法可以更好地组织计算机集群,或者更好地管理数据中心。因为如果知道数据中心中,哪些计算机经常协同工作,那么可以重新分配资源、重新布局网络,由此优化数据中心、优化数据通信。

　　最后,实际上还可以研究如何利用聚类算法了解星系的形成,然后用这个知识,了解一些天文学上的细节问题。

3.4.1　*K*-Means 聚类

　　K-Means 聚类(K 均值聚类)算法可能是大家最熟悉的聚类算法。它出现在很多介绍性的数据科学和机器学习课程中。在代码中很容易理解和实现,如图 3.11 所示。

微课视频

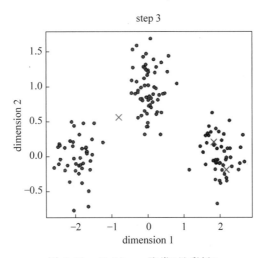

图 3.11　*K*-Means 聚类(见彩插)

　　K-Means 聚类的一般步骤如下。

　　(1) 首先,选择一些类/组并随机地初始化它们各自的中心点。若想知道要使用的类的数量,最好快速地查看一下数据,并尝试识别任何不同的分组。中心点是与每个数据点向量相同长度的向量,在图 3.11 中是"×"。

　　(2) 每个数据点通过计算点和每个组中心之间的距离进行分类,然后将这个点分类为最接近它的组。

　　(3) 基于这些分类点,通过取组中所有向量的均值来重新计算组中心。

（4）对每组迭代重复这些步骤。你还可以选择随机初始化组中心几次，然后选择那些看起来对它提供了最好结果的来运行，如图 3.12 所示。

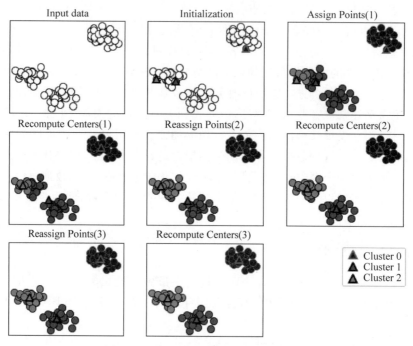

图 3.12　K 均值聚类算法步骤（见彩插）

图 3.12 中，簇中心用三角形表示，而数据点用圆形表示。颜色表示簇成员。指定要寻找三个簇，所以通过声明三个随机数据点为簇中心来将算法初始化（见图 3.12 中 Initialization，初始化）。然后开始迭代算法。首先，每个数据点被分配给距离最近的簇中心（见图 3.12 中 Assign Points(1)，分配数据点(1)）。接下来，将簇中心修改为所分配点的平均值（见图 3.12 中 Recompute Centers(1)，重新计算中心(1)）。然后将这一过程再重复两次。在第三次迭代之后，为簇中心分配的数据点保持不变，因此算法结束。

给定新的数据点，K 均值聚类会将其分配给最近的簇中心。下一个例子（图 3.13）展示了图 3.12 学到的簇中心的边界。

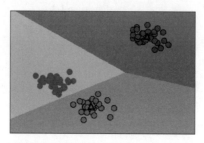

图 3.13　K 均值聚类算法找到的簇中心和簇边界（见彩插）

K-Means 聚类算法的优势在于它的速度非常快，因为所做的只是计算点和群中心之间的距离，它有一个线性复杂度 $O(n)$。

另一方面,K-Means 聚类也有几个缺点。首先,你必须选择有多少组/类。这并不是不重要的事,理想情况下,希望它能帮助解决这些问题,因为它的关键在于从数据中获得一些启示。K-Means 聚类也从随机选择的聚类中心开始,因此在不同的算法运行中可能产生不同的聚类结果。因此,结果可能是不可重复的,并且缺乏一致性。而其他聚类方法的聚类结果更加一致。

K-Medians 是另一种与 K-Means 有关的聚类算法,除了使用均值的中间值来重新计算组中心点以外,这种方法对离群值的敏感度较低(因为使用中值),但对于较大的数据集来说,它要慢得多,因为在计算中值向量时,每次迭代都需要进行排序。

3.4.2 均值偏移聚类

均值偏移(Mean Shift)聚类算法是一种基于滑动窗口(Sliding-Window)的算法,它试图找到密集的数据点。而且,它还是一种基于中心的算法,它的目标是定位每组群/类的中心点,通过更新中心点的候选点来实现滑动窗口中的点的平均值。这些候选窗口在后期处理阶段被过滤,以消除几乎重复的部分,形成最后一组中心点及其对应的组,如图 3.14 所示。

微课视频

points: 151

图 3.14 基于滑动窗口的均值偏移聚类(见彩插)

均值偏移聚类的一般步骤如下。

(1) 考虑使用二维空间中的一组点(就像上面的例子)。从一个以点 C(随机选择)为中心的圆形滑窗开始,内核半径为 r。均值偏移是一种爬山算法(Hill Climbing Algorithm),它需要在每个步骤中反复地将这个内核移动到一个更高的密度区域,直到收敛。

(2) 在每次迭代中,滑动窗口会移向密度较高的区域,将中心点移动到窗口内的点的平均值(因此得名)。滑动窗口中的密度与它内部的点的数量成比例。自然地,通过移向窗口中点的平均值,它将逐渐向更高的点密度方向移动。

(3) 继续根据均值移动滑动窗口,直到没有方向移动可以容纳内核中的更多点。如图 3.14 所示,一直移动这个圆,直到密度(也就是窗口中的点数)不再增加。

(4) 步骤(1)到(3)的过程是用许多滑动窗口完成的,直到所有的点都位于一个窗口内。当多个滑动窗口重叠的时候,包含最多点的窗口会被保留。然后,数据点根据它们所在的滑动窗口聚类。

与 K-Means 聚类相比,均值偏移聚类不需要选择聚类的数量,因为它会自动地发现这一点。这是一个巨大的优势。聚类中心收敛于最大密度点的事实也是非常可取的,因为它可以被非常直观地理解并适合于一种自然数据驱动。缺点是选择窗口大小/半径 r 是非常关键的,所以不能疏忽。

3.4.3 DBSCAN

DBSCAN(Density-Based Spatial Clustering of Applications with Noise)是一个比较有代表性的基于密度的聚类算法,类似于均值偏移聚类算法,但它有几个显著的优点。下面展示了利用 DBSCAN 实现笑脸数据集的聚类,如图 3.15 所示。

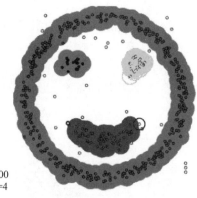

epsilon=1.00
minPoints=4

图 3.15 DBSCAN 实现笑脸聚类(见彩插)

DBSCAN 聚类的一般步骤如下。

(1) DBSCAN 以一个从未访问过的任意起始数据点开始。这个点的邻域是用距离 ε (所有在 ε 距离内的点都是邻点)来提取的。

(2) 如果在这个邻域中有足够数量的点(根据 minPoints),那么聚类过程就开始了,并且当前的数据点成为新聚类中的第一个点。否则,该点将被标记为噪声(稍后这个噪声点可能会成为聚类的一部分)。在这两种情况下,这一点都被标记为"访问(Visited)"。

(3) 对于新聚类中的第一个点,其 ε 距离附近的点也会成为同一聚类的一部分。这一过程使在 ε 邻近的所有点都属于同一个聚类,然后将此过程重复应用到所有刚刚添加到聚类组的新点。

(4) 步骤(2)和步骤(3)的过程将重复,直到聚类中的所有点都被确定,就是说在聚类附近的所有点都已被访问和标记。

(5) 一旦完成了当前的聚类,就会检索并处理一个新的未访问点,这将导致进一步的聚类或噪声的发现。这个过程不断地重复,直到所有的点被标记为已被访问。因为在所有的点都被访问过之后,每个点都被标记为属于一个聚类或者是噪声。

DBSCAN 比其他聚类算法有一些优势。首先,它不需要一个预设定的聚类数量。它还将异常值识别为噪声,而不像均值偏移聚类算法,即使数据点非常不同,后者也会将它们放入一个聚类中。此外,它还能很好地找到任意大小和任意形状的聚类。

DBSCAN 的主要缺点是,当聚类具有不同的密度时,它的性能不像其他聚类算法那样好。这是因为当密度变化时,距离阈值 ε 和识别邻近点的 minPoints 的设置会随着聚类的不同而变化。这种缺点也会出现在非常高维的数据中,因为距离阈值 ε 会变得难以估计。

微课视频

3.4.4　高斯混合模型的期望最大化(EM)聚类

K-Means 聚类的一个主要缺点是它对聚类中心的平均值的使用很简单、幼稚。可以通过图 3.16 来了解为什么这不是最好的方法。图 3.16(a)看起来很明显有两个圆形的聚类,不同的半径以相同的平均值为中心。此时 K-Means 聚类无法处理,因为聚类的均值非常接近。在聚类不是循环的情况下,K-Means 聚类也会失败,这也是使用均值作为聚类中心的结果,如图 3.16(b)所示。

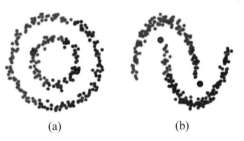

(a)　　　　　　　　(b)

图 3.16　K-Means 聚类两个失败案例(见彩插)

高斯混合模型(GMM)比 K-Means 更具灵活性。使用高斯混合模型,可以假设数据点是高斯分布的;比起说它们是循环的,这是一个不那么严格的假设。这样,就有两个参数来描述聚类的形状:平均值和标准差。以二维的例子为例,这意味着聚类可以采用任何形式的椭圆形状(因为在 x 和 y 方向上都有标准差)。因此,每个高斯分布可归属于一个单独的聚类。

为了找到每个聚类的高斯分布的参数(例如平均值和标准差),将使用一种叫作期望最大化(EM)的优化算法。如图 3.17 所示,就可以看到高斯混合模型是被拟合到聚类上的。然后,可以继续进行期望的过程——使用高斯混合模型实现最大化聚类。

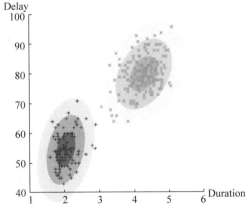

图 3.17　使用高斯混合模型的期望最大化聚类(见彩插)

高斯混合模型的期望最大化(EM)聚类的一般步骤如下。

(1)首先选择聚类的数量(如 K-Means),然后随机初始化每个聚类的高斯分布参数。通过快速查看数据,可以尝试为初始参数提供良好的猜测。注意,在图 3.17 中可以看到,这并不是必要的,虽然高斯混合模型开始时的表现非常不好,但是很快就被优化了。

(2)给定每个聚类的高斯分布,计算每个数据点属于特定聚类的概率。一个点离高斯混合模型中心越近,它就越有可能属于那个聚类。这应该是很直观的,因为有一个高斯分布,假设大部分的数据都离聚类中心很近。

(3)基于这些概率,为高斯分布计算一组新的参数,这样就能最大限度地利用聚类中的数据点。使用数据点位置的加权和来计算这些新参数,权重是属于该特定聚类的数据点的概率。为了解释这一点,可以看一下图 3.17,特别是黄色的聚类作为例子。分布在第一次迭代中是随机的,但是可以看到大多数的黄色点都在这个分布的右边。当计算一个由概率加权的和,即使在中心附近有一些点,它们中的大部分都在右边,因此,自然分布的均值更接近于这些点。还可以看到,大多数点都是"从右上角到左下角"分布的。因此,标准差的变化是为了创造一个更符合这些点的椭圆,从而使概率的总和最大化。

(4)步骤(2)和(3)被迭代、重复,直到收敛。分布不会在迭代这个过程中变化很多。

使用高斯混合模型有两个关键的优势。首先,高斯混合模型在聚类协方差方面比 K-Means 聚类要灵活得多;根据标准差参数,聚类可以采用任何椭圆形状,而不是局限于圆形。K-Means 聚类实际上是高斯混合模型的一个特例,每个聚类在所有维度上的协方差都接近 0。其次,根据高斯混合模型的使用概率,每个数据点可以有多个聚类。因此,如果一个数据点位于两个重叠的聚类的中间,通过说 $x\%$ 属于 1 类,而 $y\%$ 属于 2 类,可以简单地定义它的类。

3.4.5 层次聚类

层次聚类算法实际上分为两类:自上而下或自下而上。自下而上的算法在一开始就将每个数据点视为一个单一的聚类,然后依次合并(或聚集)类,直到所有类合并成一个包含所有数据点的单一聚类。因此,自下而上的层次聚类称为合成聚类或 HAC。聚类的层次结构用一棵树(或树状图)表示。树的根是收集所有样本的唯一聚类,而叶子是只有一个样本的聚类,如图 3.18 所示。

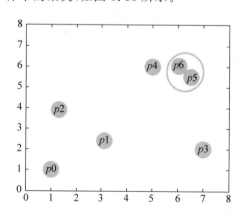
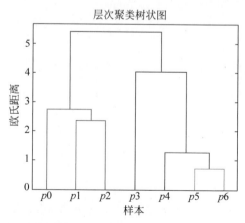

图 3.18　层次聚类(见彩插)

层次聚类的一般步骤如下。

(1) 首先将每个数据点作为一个单独的聚类进行处理。如果数据集有 X 个数据点，那么就有了 X 个聚类。然后选择一个度量两个聚类之间距离的距离度量。作为一个示例，将使用平均连接（Average Linkage）聚类，它定义了两个聚类之间的距离，即第一个聚类中的数据点和第二个聚类中的数据点之间的平均距离。

(2) 在每次迭代中，将两个聚类合并为一个。将两个聚类合并为具有最小平均连接的组。比如根据选择的距离度量，这两个聚类之间的距离最小，因此是最相似的，应该组合在一起。

(3) 重复步骤(2)直到到达树的根。只有一个包含所有数据点的聚类。通过这种方式，可以选择最终需要多少个聚类，只需选择何时停止合并聚类，也就是停止建造这棵树的时候。

层次聚类算法不要求指定聚类的数量，甚至可以选择哪个聚类看起来最好。此外，该算法对距离度量的选择不敏感；它们的工作方式都很好，而对于其他聚类算法，距离度量的选择是至关重要的。层次聚类方法的一个特别好的用例是，当底层数据具有层次结构时，可以恢复层次结构；而其他的聚类算法无法做到这一点。层次聚类的优点是以低效率为代价的，因为它具有 $O(n^3)$ 的时间复杂度，与 K-Means 聚类和高斯混合模型的线性复杂度不同。

下面给出 K-Means 聚类的实现代码，并对比不同簇的效果。最后再利用 100 个分量的 K-Means、PCA 和 NMF 进行图像重建的对比。

代码清单 3-2：K-Means

```
1   from sklearn.datasets import make_blobs
2   from sklearn.cluster import KMeans
3   # 生成模拟的二维数据
4   X, y = make_blobs(random_state = 1)
5   # 构建聚类模型
6   kmeans = KMeans(n_clusters = 3)
7   kmeans.fit(X)
8
9   # 在 kmeans.labels_ 属性中找到这些标签
10  print("Cluster memberships:\n{}".format(kmeans.labels_))
11
12  # 对训练集运行 predict 会返回与 labels_ 相同的结果
13  print(kmeans.predict(X))
14
15  # 用三角形表示
16  mglearn.discrete_scatter(X[:, 0], X[:, 1], kmeans.labels_, markers = 'o')
17  mglearn.discrete_scatter(
18  kmeans.cluster_centers_[:, 0], kmeans.cluster_centers_[:, 1], [0, 1, 2], markers = '^',
19  markeredgewidth = 2)
20  # 使用更多或更少的簇中心
21  fig, axes = plt.subplots(1, 2, figsize = (10, 5))
22  # 使用 2 个簇中心：
```

```
23  kmeans = KMeans(n_clusters = 2)
24  kmeans.fit(X)
25  assignments = kmeans.labels_
    mglearn.discrete_scatter(X[:, 0], X[:, 1], assignments, ax = axes[0])
26  # 使用5个簇中心
27  kmeans = KMeans(n_clusters = 5)
28  kmeans.fit(X)
29  assignments = kmeans.labels_
30  mglearn.discrete_scatter(X[:, 0], X[:, 1], assignments, ax = axes[1])
31
32  # 使用2个簇和5个簇的K均值算法找到簇分配
33  X_varied, y_varied = make_blobs(n_samples = 200,
34  cluster_std = [1.0, 2.5, 0.5], random_state = 170)
35  y_pred = KMeans(n_clusters = 3, random_state = 0).fit_predict(X_varied)
36  mglearn.discrete_scatter(X_varied[:, 0], X_varied[:, 1], y_pred)
37  plt.legend(["cluster 0", "cluster 1", "cluster 2"], loc = 'best')
38  plt.xlabel("Feature 0")
39  plt.ylabel("Feature 1")
40
41  # 生成一些随机分组数据
42  X, y = make_blobs(random_state = 170, n_samples = 600)
43  rng = np.random.RandomState(74)
44  # 变换数据使其拉长
45  transformation = rng.normal(size = (2, 2))
46  X = np.dot(X, transformation)
47  # 将数据聚类成3个簇
48  kmeans = KMeans(n_clusters = 3)
49  kmeans.fit(X)
50  y_pred = kmeans.predict(X)
51  # 画出簇分配和簇中心
52  plt.scatter(X[:, 0], X[:, 1], c = y_pred, cmap = mglearn.cm3)
53  plt.scatter(kmeans.cluster_centers_[:, 0], kmeans.cluster_centers_[:, 1], marker =
    '^', c = [0, 1, 2], s = 100, linewidth = 2, cmap = mglearn.cm3)
54  plt.xlabel("Feature 0")
55  plt.ylabel("Feature 1")
56
57  # 生成模拟的 two_moons 数据(这次的噪声较小)
58  from sklearn.datasets import make_moons
59  X, y = make_moons(n_samples = 200, noise = 0.05, random_state = 0)
60  # 将数据聚类成2个簇
61  kmeans = KMeans(n_clusters = 2)
62  kmeans.fit(X)
63  y_pred = kmeans.predict(X)
64  # 画出簇分配和簇中心
65  plt.scatter(X[:, 0], X[:, 1], c = y_pred, cmap = mglearn.cm2, s = 60)
66  plt.scatter(kmeans.cluster_centers_[:, 0], kmeans.cluster_centers_[:, 1],
    marker = '^', c = [mglearn.cm2(0), mglearn.cm2(1)], s = 100, linewidth = 2)
67  plt.xlabel("Feature 0")
```

```
68   plt.ylabel("Feature 1")
69   # 并排比较 PCA、NMF 和 K 均值
70   X_train, X_test, y_train, y_test = train_test_split( X_people, y_people, stratify = y_people,
     random_state = 0)
71   nmf = NMF(n_components = 100, random_state = 0)
72   nmf.fit(X_train)
73   pca = PCA(n_components = 100, random_state = 0)
74   pca.fit(X_train)
75   kmeans = KMeans(n_clusters = 100, random_state = 0)
76   kmeans.fit(X_train)
77   X_reconstructed_pca = pca.inverse_transform(pca.transform(X_test))
78   X_reconstructed_kmeans = kmeans.cluster_centers_[kmeans.predict(X_test)]
79   X_reconstructed_nmf = np.dot(nmf.transform(X_test), nmf.components_)
80
81   fig, axes = plt.subplots(3, 5, figsize = (8, 8),
82   subplot_kw = {'xticks': (), 'yticks': ()})
83   fig.suptitle("Extracted Components")
84   for ax, comp_kmeans, comp_pca, comp_nmf in zip(
85   axes.T, kmeans.cluster_centers_, pca.components_, nmf.components_):
86   ax[0].imshow(comp_kmeans.reshape(image_shape))
87   ax[1].imshow(comp_pca.reshape(image_shape), cmap = 'viridis')
88   ax[2].imshow(comp_nmf.reshape(image_shape))
89   axes[0, 0].set_ylabel("kmeans")
90   axes[1, 0].set_ylabel("pca")
91   axes[2, 0].set_ylabel("nmf")
92   fig, axes = plt.subplots(4, 5, subplot_kw = {'xticks': (), 'yticks': ()},
93   figsize = (8, 8))
94   fig.suptitle("Reconstructions")
95   for ax, orig, rec_kmeans, rec_pca, rec_nmf in zip(
96   axes.T, X_test, X_reconstructed_kmeans, X_reconstructed_pca, X_reconstructed_nmf):
97   ax[0].imshow(orig.reshape(image_shape))
98   ax[1].imshow(rec_kmeans.reshape(image_shape))
99   ax[2].imshow(rec_pca.reshape(image_shape))
100  ax[3].imshow(rec_nmf.reshape(image_shape))
101  axes[0, 0].set_ylabel("original")
102  axes[1, 0].set_ylabel("kmeans")
103  axes[2, 0].set_ylabel("pca")
104  axes[3, 0].set_ylabel("nmf")
105
106  # 对比 K 均值的簇中心与 PCA 和 NMF 找到的分量
107  X, y = make_moons(n_samples = 200, noise = 0.05, random_state = 0)
108  kmeans = KMeans(n_clusters = 10, random_state = 0)
109  kmeans.fit(X)
110  y_pred = kmeans.predict(X)
111  plt.scatter(X[:, 0], X[:, 1], c = y_pred, s = 60, cmap = 'Paired')
112  plt.scatter(kmeans.cluster_centers_[:, 0], kmeans.cluster_centers_[:, 1], s = 60,
113  marker = '^', c = range(kmeans.n_clusters), linewidth = 2, cmap = 'Paired')
```

```
114  plt.xlabel("Feature 0")
115  plt.ylabel("Feature 1")
116  print("Cluster memberships:\n{}".format(y_pred))
117
118  # 利用 kmeans 的 transform 方法
119  distance_features = kmeans.transform(X)
120  print("Distance feature shape: {}".format(distance_features.shape))
121  print("Distance features:\n{}".format(distance_features))
```

3.5 本章小结

本章的内容主要讨论了无监督学习的数据预处理技术以及两个最重要的无监督学习应用:降维和聚类。

降维是为了数据压缩或者数据可视化,具体的实现方法有投影和流形学习,最重要的降维算法是主成分分析(PCA)。本章详细讨论了 PCA 实现的思想和实现的步骤,并利用 PCA 算法进行了一个案例:半导体制造数据降维。

聚类的应用与评估是一个非常定性的过程,通常在数据分析的探索阶段很有帮助。学习了 5 种聚类算法: K-Means 聚类、高斯混合模型的期望最大化(EM)聚类、DBSCAN、均值偏移聚类和层次聚类。这 5 种算法都可以控制聚类的粒度(Granularity)。 K 均值允许指定想要的簇的数量,而 DBSCAN 允许用 ε 参数定义接近程度,从而间接影响簇的大小。5 种方法都可以用于大型的现实世界数据集,都相对容易理解,也都可以聚类成多个簇。

5 种聚类算法的优点稍有不同。 K 均值可以用簇的平均值来表示簇;它还可以被看作一种分解方法,每个数据点都由其簇中心表示;DBSCAN 可以检测到没有分配任何簇的"噪声点",还可以帮助自动判断簇的数量,与其他方法不同,它允许簇具有复杂的形状。DBSCAN 有时会生成大小差别很大的簇,这可能是它的优点,也可能是缺点;层次聚类可以提供数据的可能划分的整个层次结构,可以通过树状图轻松查看。

习题

1. 降低数据集维度的主要动机是什么? 主要弊端有哪些?

2. 什么是维度的诅咒?

3. 一旦数据集被降维,是否还有可能逆转? 如果有,需要怎么做? 如果没有,请说明原因。

4. PCA 可以用来给高度非线性数据集降维吗?

5. 假设在一个 1000 维数据集上执行 PCA,方差解释比设为 95%。产生的结果数据集维度是多少?

6. 如何在数据集上评估降维算法的性能?

7. 聚类算法有哪些?

8. 分别说明 K-Means、DBSCAN、层次聚类的优缺点。

第 **4** 章

特征工程

本章内容

◇　特征理解

◇　特征增强

◇　特征构建

◇　特征选择

◇　特征转换

◇　特征学习

机器学习问题,始于构建特征。

特征质量的好坏,直接影响到最终的模型结果。

构建特征是一个很大的工程,总体来讲包括特征理解、特征增强、特征构建、特征选择、特征转换、特征学习这 6 部分。本章将结合这 6 部分的具体内容来讨论特征工程的相关问题。

4.1　特征理解

微课视频

本节用到了两个数据集,分别是 Salary_Ranges_by_Job_Classification 和 GlobalLandTemperaturesByCity。

在拿到数据的时候,第一步需要做的是理解它,一般可以从下面几个角度入手。

1) 区分结构化数据与非结构化数据

如一些以表格形式进行存储的数据,都是结构化数据;而非结构化数据就是一堆数据,类似于文本、报文、日志等。

2) 区分定量数据和定性数据

定量数据：指的是一些数值,用于衡量某件东西的数量;定性数据:指的是一些类别,用于描述某件东西的性质。

其实区分了定量和定性数据之后,还可以继续细分下去,分为定类(Nominal)、定序(Ordinal)、定距(Interval)、定比(Ratio)数据,下面分别对这4类数据进行举例说明,加深大家对它们的理解。

(1) 定类(Nominal)也就是分类,比如:血型(A/B/O/AB型)、性别(男/女)、货币(人民币/美元/日元),而且值得注意的是这些分类之间没有大小可比性。一般画图只能看到分布占比,如图4.1所示,常可以用条形图、饼图来表示。

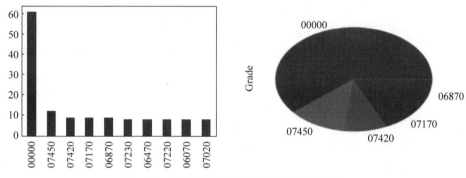

图 4.1　定类数据的条形图和饼图(见彩插)

(2) 定序(Ordinal)相比于定类,多了一个"可排序"的属性,也就是说虽然它们是类别变量,但是它们的变量值之间是存在大小之分的。比如:期末绩点(A/B/C/D/E/F)、问卷答案(非常满意/满意/一般/不满意)。可视化方面和定类一样,不过就是多了一个箱体图(因为定序变量可以有中位数),如图4.2所示。

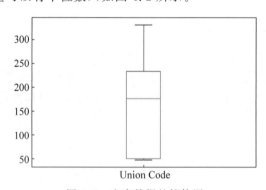

图 4.2　定序数据的箱体图

(3) 定距(Interval),就是变量值之间可以做加、减法计算,也就是可以引入均值、方差之类的名词了,而且能够画的图也多了,包括直方图,如图4.3所示。

(4) 定比(Ratio)相比于定距更加严格,不仅有定距的所有属性,同时,有一个"绝对零点"的概念,可以做加、减、乘、除运算,比如某个商品的价格是另一个的2倍。值得注意的是,温度一般不归入定比,而是定距,因为没有说20度是10度的两倍这种说法。定比

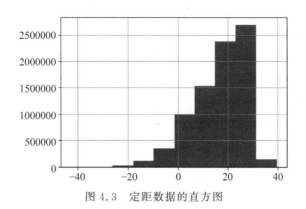

图 4.3　定距数据的直方图

数据的散点图如图 4.4 所示。

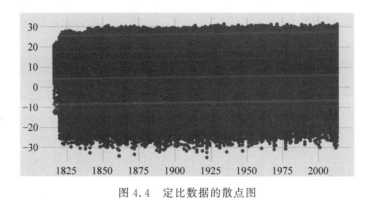

图 4.4　定比数据的散点图

最后通过图 4.5,把上面的内容总结一下：

等级	属性	案例	描述性统计	可视化
定类	离散、无序	血型(A/B/O/AB型)、性别(男/女)、货币(人民币/美元/日元)	频率/占比/众数	条形图、饼图
定序	有序比较	期末绩点(A/B/C/D/E/F)、问卷答案(非常满意/满意/一般/不满意)	频率/众数/中位数/百分位数	条形图、饼图、箱体图
定距	数值存在大小之分	温度	频率/众数/中位数/均值/标准差	条形图、饼图、箱体图、直方图
定比	连续,存在绝对零点	收入、重量	均值/标准差	条形图、饼图、箱体图、直方图、散点图

图 4.5　不同数据的可视化

代码清单 4-1：不同数据的可视化

```
1    # 常见简易画图
2    # 绘制条形图
3    salary_ranges['Grade'].value_counts().sort_values(ascending = False).head(10).plot
     (kind = 'bar')
4    # 绘制饼图
5    salary_ranges['Grade'].value_counts().sort_values(ascending = False).head(5).plot
     (kind = 'pie')
6    # 绘制箱体图
7    salary_ranges['Union Code'].value_counts().sort_values(ascending = False).head(5).
     plot(kind = 'box')
8    # 绘制直方图
9    climate['AverageTemperature'].hist()
10   # 为每个世纪(Century)绘制平均温度的直方图
11   climate_sub_china['AverageTemperature'].hist(by = climate_sub_china['Century'], sharex =
     True, sharey = True, figsize = (10,10), bins = 20)
12   # 绘制散点图
13   x = climate_sub_china['year']
14   y = climate_sub_china['AverageTemperature']
15   fig, ax = plt.subplots(figsize = (10,5))
16   ax.scatter(x, y)
17   plt.show()
18   # 检查缺失情况
19   # 移除缺失值
20   climate.dropna(axis = 0, inplace = True)
21   # 检查缺失个数
22   climate.isnull().sum()
23   # 变量类别转换
24   # 日期转换, 将 dt 转换为日期, 取年份, 注意 map 的用法
25   climate['dt'] = pd.to_datetime(climate['dt'])
26   climate['year'] = climate['dt'].map(lambda value: value.year)
27   # 只看中国
28   climate_sub_china = climate.loc[climate['Country'] == 'China']
29   climate_sub_china['Century'] = climate_sub_china['year'].map(lambda x: int(x/100 + 1))
30   climate_sub_china.head()
```

4.2　特征增强

　　这一步其实就是数据清洗了,虽然上一步中也涉及部分清洗工作(比如清除空值、日期转换等),但却是分散的,这节重点讲述数据清洗的一些技巧和实践代码,供大家在实际项目中使用。

4.2.1　EDA

微课视频

　　首先,进行 EDA(Exploratory Data Analysis),思路如下。
　　(1) 看看目标占比情况(针对二分类问题,也就是 0 和 1 的占比情况),直接利用

value_counts()就可以解决,看看样本是否失衡。

(2)看看有没有空值,直接统计 isnull().sum()的个数,不过需要注意的是,可能统计出来没有缺失,并不是因为真的没有缺失,而是缺失被人用某个特殊值填充了,一般会用 −9、blank、unknown、0 之类的,需要注意识别,后面需要对缺失进行合理填充。

怎么识别缺失值呢?一般可以通过 data.describe()获取基本的描述性统计,根据均值、标准差、极大极小值等指标,结合变量含义来判断,如图 4.6 所示。

	times_pregment	plasma_glucose_concentration	diastolic_blood_pressure	triceps_thickness	serum_insulin	bmi	pedigree_function	age
count	768.000000	768.000000	768.000000	768.000000	768.000000	768.000000	768.000000	768.000000
mean	3.845052	120.894531	69.105469	20.536458	79.799479	31.992578	0.471876	33.240885
std	3.369578	31.972618	19.355807	15.952218	115.244002	7.884160	0.331329	11.760232
min	0.000000	0.000000	0.000000	0.000000	0.000000	0.000000	0.078000	21.000000
25%	1.000000	99.000000	62.000000	0.000000	0.000000	27.300000	0.243750	24.000000
50%	3.000000	117.000000	72.000000	23.000000	30.500000	32.000000	0.372500	29.000000
75%	6.000000	140.250000	80.000000	32.000000	127.250000	36.600000	0.626250	41.000000
max	17.000000	199.000000	122.000000	99.000000	846.000000	67.100000	2.420000	81.000000

图 4.6 缺失值判断

(3)看不同类别之间的特征值分布情况,可通过画直方图(数值型变量)和计算变量值占比分布(类别变量)来观察。

(4)观察不同变量之间的相关性情况,可以通过绘制相关矩阵的热力图来观察大体情况。

4.2.2 处理数据缺失

微课视频

接着处理数据缺失问题,思路如下:

在实际应用中,由于各种原因而缺少样本的一个或多个数值的现象并不少见。可能在数据收集的过程中出现了错误、某些测量不适当、某个字段在调查时为空白。常见的缺失是数据表中的空白或占位符,如 NaN,它表示该位置不是一个数值,或者是 NULL(在关系数据库中常用的未知值指示符)。

遗憾的是,大多数的计算工具都无法处理这些缺失,但如果简单地忽略它们甚至可能会产生不可预知的结果。因此,在对数据进行进一步分析之前,必须先处理好缺失数值。本节将介绍几种处理缺失数值的实用技术,包括删除或用其他样本或特征填充。

代码清单 4-2:检查数据缺失情况

```
1    import pandas as pd
2    from io import StringIO
3    import sys
4    csv_data = \
5    '''A,B,C,D
6    1.0,2.0,3.0,4.0
7    5.0,6.0,,8.0
8    10.0,11.0,12.0,'''
```

```
9    #如果你使用的是 Python 2.7,
10   #你需要转换为 unicode
11   if (sys.version_info < (3, 0)):
12       csv_data = unicode(csv_data)
13   df = pd.read_csv(StringIO(csv_data))
14   df
15
16   Out:
17          A      B      C      D
18   0    1.0    2.0    3.0    4.0
19   1    5.0    6.0    NaN    8.0
20   2    10.0   11.0   12.0   NaN
```

前面的代码调用 read_csv 函数把 CSV 格式的数据读入 pandas 数据帧(DataFrame),结果发现有两个失踪的表单元被 NaN 所取代。前面代码示例中的 StringIO 函数只用于说明。从 csv_data 读入数据到 pandas 的数据帧就像用硬盘上的普通 CSV 文件一样方便。

对比较大的数据帧,手工查找丢失的数值可能很烦琐。在这种情况下,可以调用 isnull 方法返回包含布尔值的数据帧,指示一个表单元是包含了数字型的数值(False)还是数据缺失(True)。

调用 sum 方法,可以得到每列缺失数值的统计,如下所示:

```
1    df.isnull().sum()
2
3    Out:
4    A    0
5    B    0
6    C    1
7    D    1
8    dtype: int64
```

这样就可以统计表中每列缺失数值的情况。4.2.3节将介绍处理这些缺失数据的策略。

尽管 Scikit-learn 是为 NumPy 阵列开发的,有时可以用 pandas 的 DataFrame 来更方便地预处理数据。在为 Scikit-learn 评估器提供数据之前,随时可以通过 values 属性来存取 DataFrame 底层 NumPy 阵列中的数据。

```
1    df.values
2
3    Out:
4    array([[ 1.,   2.,   3.,   4.],
5           [ 5.,   6.,   nan,  8.],
6           [ 10.,  11.,  12.,  nan]])
```

(1) 删除含有缺失值的行。

处理缺失数据最简单的方法是从数据集中彻底删除相应的特征(列)或样本(行),调用 dropna 方法可以很容易地删除缺失的数据行。

```
1    df.dropna(axis = 0)
2
3    Out:
4          A      B      C      D
5    0    1.0    2.0    3.0    4.0
```

类似地,也可以通过设置 axis 参数为 1 来删除其中至少一行包含 NaN 的列。

```
1    df.dropna(axis = 1)
2
3    Out:
4          A      B
5    0    1.0    2.0
6    1    5.0    6.0
7    2    10.0   11.0
```

dropna 方法还支持一些其他的参数,有时候也可以派上用场。

```
1    df.dropna(how = 'all')
2    df.dropna(thresh = 4)
3    df.dropna(subset = ['C'])
```

读者可自行运行结果检查区别。

虽然删除缺失数据似乎很方便,但也有一定的缺点。例如,可能最终会因为删除太多样本而使分析变得不可靠。也可能因为删除了太多特征列使分类器无法获得有价值的信息。

(2)通常,删除样本或整列特征不可行,因为这会损失太多有价值的数据。

在这种情况下,可以用不同的插值技术,根据其他的训练样本来估计缺失数据。最常见的插值技术是均值插补,只需用整个特征列的平均值替换缺失数据。一个方便的实现方式是调用 Scikit-learn 的 Imputer,如下面的代码所示。

```
1    df.values
2
3    Out:
4    array([[ 1.,   2.,   3.,   4. ],
5           [ 5.,   6.,  nan,   8. ],
6           [ 10.,  11.,  12.,  nan]])
7
8    from sklearn.preprocessing import Imputer
9    imr = Imputer(missing_values = 'NaN', strategy = 'mean', axis = 0)
10   imr = imr.fit(df.values)
11   imputed_data = imr.transform(df.values)
12   imputed_data
13
14   Out:
15   array([[ 1. ,   2. ,   3. ,   4. ],
16          [ 5. ,   6. ,   7.5,   8. ],
17          [ 10. ,  11. ,  12. ,   6. ]])
```

这里用相应的平均值替换 NaN,特征列分别计算。如果把参数 axis 的值从 0 换成 1,就可以计算行均值。strategy 的其他参数包括 median 或者 most_frequent,后者用最频繁的值来替代缺失数据。这对填补分类的特征值非常有价值,例如存储如红、绿、蓝颜色编码的特征列。

4.2.3 标准化和归一化

最后,进行标准化和归一化,思路如下。

经过上面的处理,模型的精度可以达到 0.73177,还可以继续优化吗?答案是肯定的。可以先看看所有特征的分布(特征少的时候可以这样看),如图 4.7 所示。

```
1    pima_imputed_mean.hist(figsize = (15,15))
```

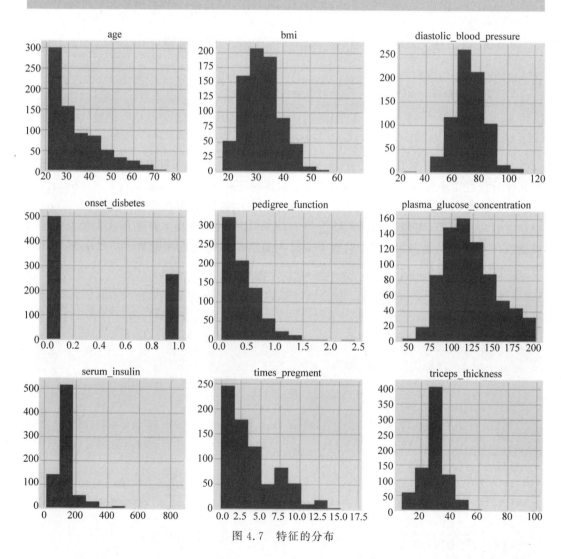

图 4.7 特征的分布

从图 4.7 中可以看出一个问题,那就是每个特征之间的量纲都是不一样的,这对于 KNN 这种基于距离的模型来说是"致命"的错误,因此需要进行标准化和归一化处理。

重点关注 3 种方法。

1) Z 分数标准化

Z 分数标准化是最为常用的标准化技术,利用了统计学中的 Z 分数思想,也就是将数据转换为均值为 0、标准差为 1 的分布。

2) min-max 标准化

min-max 标准化和 Z 分数标准化类似,其公式为$(X-X_{\min})/(X_{\max}-X_{\min})$。

3) 行归一化

行归一化针对的是每一行数据,不同于上面的两种方法(针对列),对行进行处理是为了保证每行的向量长度一样(也就是单位范围 unit norm),有 L1、L2 范数。

下面附上 3 种方案的代码清单。

代码清单 4-3:标准化和归一化

```
1   # Z 分数标准化(单一特征)
2   from sklearn.preprocessing import StandardScaler
3   # 实例化方法
4   scaler = StandardScaler()
5   glucose_z_score_StandardScaler = scaler.fit_transform(pima[['
    plasma_glucose_concentration']].fillna(-9))
6   # 可以看看转换之后的均值和标准差是否分别为 0 和 1
7   glucose_z_score_standardScaler.mean(), glucose_z_score_standardScaler.std()
8   # Z 分数标准化(全部特征)
9   from sklearn.preprocessing import StandardScaler
10  # 实例化方法
11  scaler = StandardScaler()
12  pima_imputed_mean_scaled = pd.DataFrame(scaler.fit_transform(pima_imputed_mean),
    columns = pima_columns)
13  # 看下标准化之后的分布
14  pima_imputed_mean_scaled.hist(figsize = (15,15), sharex = True)
15  # 在 Pipeline 中使用
16  model = Pipeline([
17   ('imputer', Imputer()),
18   ('standardize',StandardScaler())
19  ])
20
21  # min - max 标准化
22  from sklearn.preprocessing import MinMaxScaler
23  # 实例化方法
24  min_max = MinMaxScaler()
25  # 使用 min - max 标准化
26  pima_min_maxed = pd.DataFrame(min_max.fit_transform(pima.fillna(-9)),columns =
    pima_columns)
27
28  # 行归一化
```

```
29    from sklearn. preprocessing import Normalizer
30    # 实例化方法
31    normalize = Normalizer()
32    # 使用行归一化
33    pima_normalized = pd.DataFrame(normalize.fit_transform(pima.fillna( - 9)),columns =
pima_columns)
34    # 查看矩阵的平均范数(1)
35    np. sqrt((pima_normalized ** 2). sum(axis = 1)). mean()
```

4.3 特征构建

如果对变量进行处理之后,效果仍不是非常理想,就需要进行特征构建了,也就是衍生新变量。

而在这之前,需要了解数据集,可以通过 data. info 和 data. describe 来查看,同时结合数据等级(定类、定序、定距、定比)来理解变量。

4.3.1 特征构建的基础操作

微课视频

本节使用一个自定义数据集,如图 4.8 所示。

	boolean	city	ordinal_column	quantitative_column
0	y	tokyo	somewhat like	1.0
1	n	None	like	11.0
2	None	london	somewhat like	−0.5
3	n	seattle	like	10.0
4	n	san francisco	somewhat like	NaN
5	y	tokyo	dislike	20.0

图 4.8   自定义数据集

首先需要对分类变量进行填充操作,类别变量一般用众数或者特殊值来填充。回顾之前的内容,还是采取 Pipeline 的方式来进行,因此可以事先基于 TransformerMixin 基类来对填充的方法进行封装,然后直接在 Pipeline 中进行调用。

又或者利用 Scikit-learn 的 Imputer 类来实现填充,而这个类有一个 Strategy 的方法自然就被继承过来用了,包含的有 mean、median、most_frequent 可供选择。

代码清单 4-4:对分类变量进行填充

```
1    # 本次案例使用的数据集
2    import pandas as pd
3    X = pd.DataFrame({'city':['tokyo', None, 'london', 'seattle', 'san francisco', 'tokyo'],
'boolean':['y', 'n', None, 'n', 'n', 'y'], 'ordinal_column':['somewhatlike', 'like', 'somewhat like',
'like', 'somewhatlike', 'dislike'], 'quantitative_column':[1, 11, - .5, 10, None, 20]})
4    X
5    # 填充分类变量(基于 TransformerMixin 的自定义填充器,用众数填充)
```

```
6    from sklearn.base import TransformerMixin
7    class CustomCategoryzImputer(TransformerMixin):
8    def __init__(self,cols = None):
9        self.cols = cols
10   def transform(self,df):
11       X = df.copy()
12       for col in self.cols:
13           X[col].fillna(X[col].value_counts().index[0],inplace = True)
14       return X
15   def fit(self, * _):
16       return self
17   # 调用自定义的填充器
18   cci = CustomCategoryzImputer(cols = ['city','boolean'])
19   cci.fit_transform(X)
```

基于 TransformerMixin 的填充器如图 4.9 所示。

	boolean	city	ordinal_column	quantitative_column
0	y	tokyo	somewhat like	1.0
1	n	tokyo	like	11.0
2	n	london	somewhat like	-0.5
3	n	seattle	like	10.0
4	n	san francisco	somewhat like	NaN
5	y	tokyo	dislike	20.0

图 4.9 基于 TransformerMixin 的填充器

```
1    # 填充分类变量(基于 Imputer 的自定义填充器,用众数填充)
2    from sklearn.preprocessing import Imputer
3    class CustomQuantitativeImputer(TransformerMixin):
4        def __init__(self,cols = None,strategy = 'mean'):
5            self.cols = cols
6            self.strategy = strategy
7        def transform(self,df):
8            X = df.copy()
9            impute = Imputer(strategy = self.strategy)
10           for col in self.cols:
11               X[col] = impute.fit_transform(X[[col]])
12           return X
13       def fit(self, * _):
14           return self
15
16   # 调用自定义的填充器
17   cqi = CustomQuantitativeImputer(cols = ['quantitative_column'],strategy = 'mean')
18   cqi.fit_transform(X)
```

基于 Imputer 的填充器如图 4.10 所示。

	boolean	city	ordinal_column	quantitative_column
0	y	tokyo	somewhat like	1.0
1	n	None	like	11.0
2	None	london	somewhat like	−0.5
3	n	seattle	like	10.0
4	n	san francisco	somewhat like	8.3
5	y	tokyo	dislike	20.0

图 4.10　基于 Imputer 的填充器

```
1    # 对上面的两种填充进行流水线封装
2    # 全部填充
3    from sklearn.pipeline import Pipeline
4
5    imputer = Pipeline([('quant',cqi), ('category',cci)])
6    imputer.fit_transform(X)
```

完成了分类变量的填充工作,接下来就需要对分类变量进行编码了(因为大多数的机器学习算法都是无法直接对类别变量进行计算的),一般有独热编码、标签编码和分箱处理。

1) 独热编码

独热编码主要是针对定类变量的,也就是不同变量值之间是没有顺序大小关系的,一般可以使用 Scikit-learn 里面的 OneHotEncoding 来实现,但这里还是使用自定义的方法来加深理解。

2) 标签编码

标签编码是针对定序变量的,也就是有顺序大小的类别变量,就好像案例中的变量 ordinal_column 的值(dislike、somewhat like 和 like 可以分别用 0、1 和 2 来表示),同样地可以写一个自定义的标签编码器。

3) 分箱处理

将数值变量分箱操作。

以上的内容是对类别变量的一些简单处理操作,也是比较常用的几种,接下来就对数值变量进行一些简单处理方法的讲解。

有的时候,虽然变量值是连续的,但是只有转换成类别才有解释的可能,比如年龄,需要分成年龄段,这里可以使用 pandas 的 cut 函数来实现。

```
1    # 类别变量的编码(独热编码)
2    class CustomDummifier(TransformerMixin):
3        def__init__(self,cols = None):
4            self.cols = cols
```

```
5        def transform(self,X):
6            return pd.get_dummies(X,columns = self.cols)
7        def fit(self, * _):
8            return self
9
10   # 调用自定义的填充器
11   cd = CustomDummifier(cols = ['
12   boolean','city'])
13   cd.fit_transform(X)
```

独热编码如图 4.11 所示。

	ordinal_column	quantitative_column	boolean_n	boolean_y	city_london	city_san francisco	city_seattle	city_tokyo
0	somewhat like	1.0	0	1	0	0	0	1
1	like	11.0	1	0	0	0	0	0
2	somewhat like	−0.5	0	0	1	0	0	0
3	like	10.0	1	0	0	0	1	0
4	somewhat like	NaN	1	0	0	1	0	0
5	dislike	20.0	0	1	0	0	0	1

图 4.11　独热编码

```
1    # 类别变量的编码(标签编码)
2    class CustomEncoder(TransformerMixin):
3        def __init__(self, col, ordering = None):
4            self.ordering = ordering
5            self.col = col
6        def transform(self, df):
7            X = df.copy()
8            X[self.col] = X[self.col].map(lambda x: self.ordering.index(x))
9            return X
10       def fit(self, * _):
11           return self
12
13   # 调用自定义的填充器
14   ce = CustomEncoder(col = '
15   ordinal_column', ordering = ['
16   dislike','somewhat like'
17   ,'like'])
18   ce.fit_transform(X)
```

标签编码如图 4.12 所示。

```
1    # 数值变量处理——cut 函数
2    class CustomCutter(TransformerMixin):
3        def __init__(self, col, bins, labels = False):
4            self.labels = labels
```

```
5            self.bins = bins
6            self.col = col
7        def transform(self, df):
8            X = df.copy()
9            X[self.col] = pd.cut(X[self.col], bins = self.bins, labels = self.labels)
10           return X
11       def fit(self, * _):
12           return self
13
14  # 调用自定义的填充器
15  cc = CustomCutter(col = 'quantitative_column', bins = 3)
16  cc.fit_transform(X)
```

	boolean	city	ordinal_column	quantitative_column
0	y	tokyo	1	1.0
1	n	None	2	11.0
2	None	london	1	−0.5
3	n	seattle	2	10.0
4	n	san francisco	1	NaN
5	y	tokyo	0	20.0

图 4.12　标签编码

数值变量分箱如图 4.13 所示。

	boolean	city	ordinal_column	quantitative_column
0	y	tokyo	somewhat like	0.0
1	n	None	like	1.0
2	None	london	somewhat like	0.0
3	n	seattle	like	1.0
4	n	san francisco	somewhat like	NaN
5	y	tokyo	dislike	2.0

图 4.13　数值变量分箱

综上所述,可以对上面自定义的方法一并在 Pipeline 中进行调用,Pipeline 的顺序如下。

(1) 用 Imputer 填充缺失值;

(2) 独热编码 city 和 boolean;

(3) 标签编码 ordinal_column;

(4) 分箱处理 quantitative_column。

```
1  from sklearn.pipeline import Pipeline
2  # 流水线封装
```

```
 3    pipe = Pipeline([('
 4    imputer',imputer),('
 5    dummify',cd), ('
 6    encode',ce), ('cut',cc)])
 7    # 训练流水线
 8    pipe.fit(X)
 9    # 转换流水线
10    pipe.transform(X)
```

微课视频

4.3.2 特征构建的数值变量扩展

本节使用一个新的数据集——人体胸部加速度数据集。

人体胸部加速度数据集,标签 activity 的数值为 $1\sim7$。

1- 在计算机前工作
2- 站立、走路和上下楼梯
3- 站立
4- 走路
5- 上下楼梯
6- 与人边走边聊
7- 站立着说话

人体胸部加速度数据集如图 4.14 所示。

index	x	y	z	activity
0	0.0	1502	2215	2153	1
1	1.0	1667	2072	2047	1
2	2.0	1611	1957	1906	1
3	3.0	1601	1939	1831	1
4	4.0	1643	1965	1879	1

图 4.14 人体胸部加速度数据集

下面介绍一种多项式生成新特征的办法,调用 PolynomialFeatures 来实现,如图 4.15 所示。

	x0	x1	x2	x0^2	x0 x1	x0 x2	x1^2	x1 x2	x2^2
0	1502.0	2215.0	2153.0	2256004.0	3326930.0	3233806.0	4906225.0	4768895.0	4635409.0
1	1667.0	2072.0	2047.0	2778889.0	3454024.0	3412349.0	4293184.0	4241384.0	4190209.0
2	1611.0	1957.0	1906.0	2595321.0	3152727.0	3070566.0	3829849.0	3730042.0	3632836.0
3	1601.0	1939.0	1831.0	2563201.0	3104339.0	2931431.0	3759721.0	3550309.0	3352561.0
4	1643.0	1965.0	1879.0	2699449.0	3228495.0	3087197.0	3861225.0	3692235.0	3530641.0

图 4.15 多项式生成新特征

生成新特征以后,还可以查看衍生新变量后的相关性情况,颜色越深则相关性越大,如图 4.16 所示。

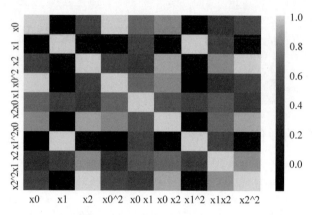

图 4.16　特征相关性热力图

代码清单 4-5：特征的数值变量扩展

```
1   # 人体胸部加速度数据集
2   df = pd.read_csv('./data/activity_recognizer/1.csv', header = None)
3   df.columns = ['
4   index','
5   x','
6   y','
7   z','activity']
8   df.head()
9
10  # 多项式生成新特征的办法,调用 PolynomialFeatures 来实现
11  # 扩展数值特征
12  from sklearn.preprocessing import PolynomialFeatures
13  x = df[['
14  x','
15  y','
16  z']]
17  y = df['activity']
18  poly = PolynomialFeatures(degree = 2, include_bias = False, interaction_only = False)
19  x_poly = poly.fit_transform(x)
20  pd.DataFrame(x_poly, columns = poly.get_feature_names()).head()
21
22  # 查看热力图(颜色越深代表相关性越强)
23  % matplotlib inline
24  import seaborn as sns
25  sns.heatmap(pd.DataFrame(x_poly, columns = poly.get_feature_names()).corr())
26
27  # 在流水线中的实现代码
28  # 导入相关库
29  from sklearn.neighbors import KNeighborsClassifier
```

```
30    from sklearn.model_selection import GridSearchCV
31    from sklearn.pipeline import Pipeline
32    knn = KNeighborsClassifier()
33    # 在流水线中使用
34    pipe_params = {'
35    poly_features__degree':[1,2,3],
36              'poly_features__interaction_only':[True,False],
37              'classify__n_neighbors':[3,4,5,6]}
38    # 实例化流水线
39    pipe = Pipeline([('
40    poly_features',poly),
41              ('classify',knn)])
42    # 网格搜索
43    grid = GridSearchCV(pipe, pipe_params)
44    grid.fit(x,y)
45    print(grid.best_score_, grid.best_params_)
46    0.721189408065 {'classify__n_neighbors': 5, 'poly_features__degree': 2, 'poly_features__
      interaction_only': True}
```

4.3.3　文本变量处理

微课视频

文本处理一般在 NLP(自然语言处理)领域应用最为广泛,一般都是需要把文本进行向量化,最为常见的方法有词袋法(Bag of Words)、CountVectorizer、TF-IDF。

1) 词袋法

词袋法分成 3 个步骤,分别是分词(Tokenizing)、计数(Counting)、归一化(Normalizing)。

2) CountVectorizer

将文本转换为矩阵,每列代表一个词语,每行代表一个文档,所以一般出来的矩阵会是非常稀疏的,在 sklearn. feature_extraction. text 中调用 CountVectorizer 即可使用。

3) TF-IDF

TF-IDF 向量化器由两个部分组成,分别为代表词频的 TF,以及代表逆文档频率的 IDF,这个 TF-IDF 是一个用于信息检索和聚类的词加权方法,在 sklearn. feature_extraction. text 中调用 TfidfVectorizer 即可。

TF: Term Frequency,词频,也就是单词在文档中出现的频率。

IDF: Inverse Document Frequency,逆文档频率,用于衡量单词的重要度,如果单词在多份文档中出现,就会被降低权重。

4.4　特征选择

有了这么多种创建新特征的方法,你可能会想要增大数据的维度,使其远大于原始特征的数量。但是,添加更多特征会使所用模型变得更加复杂,从而增大过拟合的可能性。在添加新特征或处理一般的高维数据集时,最好将特征的数量减少到只包含最有用的那些特征,并删除其余特征。这样会得到泛化能力更好、更简单的模型。但如何判断每个特征的作用有多大呢？有 3 种基本的策略：单变量统计(Univariate Statistics)、基于模型的选择(Model-based Selection)和迭代选择(Iterative Selection)。下面将详细讨论这 3 种策略。所有这些方法都是监督方法,即它们需要目标值来拟合模型。也就是说,需要将数据划分为训练集和测试集,并只在训练集上拟合特征选择。

4.4.1 单变量特征选择

微课视频

在单变量统计中,计算每个特征和目标值之间的关系是否存在统计显著性,然后选择具有最高置信度的特征。对于分类问题,这也被称为方差分析(Analysis of Variance, ANOVA)。这些测试的一个关键性质就是它们是单变量的(Univariate),即它们只单独考虑每个特征。因此,如果一个特征只有在与另一个特征合并时才具有信息量,那么这个特征将被舍弃。单变量测试的计算速度通常很快,并且不需要构建模型。另一方面,它们完全独立于你可能想要在特征选择之后应用的模型。

想要在 Scikit-learn 中使用单变量特征选择,你需要选择一项测试——对分类问题通常是 f_classif(默认值),对回归问题通常是 f_regression——然后基于测试中确定的 p 值来选择一种舍弃特征的方法。所有舍弃参数的方法都使用阈值来舍弃所有 p 值过大的特征(意味着它们不可能与目标值相关)。计算阈值的方法各有不同,最简单的是 SelectKBest 和 SelectPercentile,前者选择固定数量的 K 个特征,后者选择固定百分比的特征。将分类的特征选择应用于癌症数据集。为了使任务更难一点,将向数据中添加一些没有信息量的噪声特征。期望特征选择能够识别没有信息量的特征并删除它们。

代码清单 4-6：删除噪声特征

```
1   from sklearn.datasets import load_breast_cancer
2   from sklearn.feature_selection import SelectPercentile
3   from sklearn.model_selection import train_test_split
4   cancer = load_breast_cancer()
5   # 获得确定性的随机数
6   rng = np.random.RandomState(42)
7   noise = rng.normal(size = (len(cancer.data), 50))
8   # 向数据中添加噪声特征
9   # 前 30 个特征来自数据集,后 50 个是噪声
10  X_w_noise = np.hstack([cancer.data, noise])
11  X_train, X_test, y_train, y_test = train_test_split( X_w_noise, cancer.target, random_
    state = 0, test_size = .5)
12  # 使用 f_classif(默认值)和 SelectPercentile 来选择 50％的特征
13  select = SelectPercentile(percentile = 50)
14  select.fit(X_train, y_train)
15  # 对训练集进行变换
16  X_train_selected = select.transform(X_train)
17  print("X_train.shape: {}".format(X_train.shape))
18  print("X_train_selected.shape: {}".format(X_train_selected.shape))
19
20  Out:
```

```
21   X_train.shape: (284, 80)
22   X_train_selected.shape: (284, 40)
```

特征的数量从 80 减少到 40(原始特征数量的 50%)。可以用 get_ support 方法来查看哪些特征被选中,它会返回所选特征的布尔遮罩(Mask),其可视化如图 4.17)所示。

```
1    mask = select.get_support()
2    print(mask)
3    # 将遮罩可视化——黑色为 True,白色为 False
4    plt.matshow(mask.reshape(1, -1), cmap = 'gray_r')
5    plt.xlabel("Sample index")
6
7    Out:
8    [ True  True  True  True  True  True  True  True  True False  True False
9      True  True  True  True  True  True False False  True  True  True  True
10     True  True  True  True  True  True False False False  True False  True
11    False False  True False False False False  True False False  True False
12    False  True False  True False False False False False False  True False
13     True False False False False  True False  True False False False
14     True  True False  True False False False False]
```

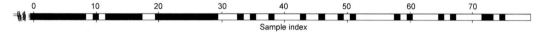

图 4.17　SelectPercentile 选择的特征

可以从遮罩的可视化中看出,大多数所选择的特征都是原始特征,并且大多数噪声特征都已被删除。但原始特征的还原并不完美。下面比较 Logistic 回归在所有特征上的性能与仅使用所选特征的性能。

```
1    from sklearn.linear_model import LogisticRegression
2    # 对测试数据进行变换
3    X_test_selected = select.transform(X_test)
4    lr = LogisticRegression()
5    lr.fit(X_train, y_train)
6    print("Score with all features: {:.3f}".format(lr.score(X_test, y_test)))
7    lr.fit(X_train_selected, y_train)
8    print("Score with only selected features:
9            {:.3f}".format( lr.score(X_test_selected, y_test)))
10
11   Out:
12   Score with all features: 0.930
13   Score with only selected features: 0.940
```

在这个例子中,删除噪声特征可以提高性能,即使丢失了某些原始特征。这是一个非常简单的假想示例,真实数据上的结果要更加复杂。不过,如果特征量太大以至于无法构建模型,或者怀疑许多特征完全没有信息量,那么单变量特征选择还是非常有用的。

微课视频

4.4.2 模型特征选择

基于模型的特征选择,使用一个监督机器学习模型来判断每个特征的重要性,并且仅保留最重要的特征。用于特征选择的监督模型不需要与用于最终监督建模的模型相同。特征选择模型需要为每个特征提供某种重要性度量,以便用这个度量对特征进行排序。决策树和基于决策树的模型提供了 feature_importances_ 属性,可以直接标注每个特征的重要性。线性模型系数的绝对值也可以用于表示特征重要性。正如在第 3 章所见,L1 惩罚的线性模型学到的是稀疏系数,它只用到了特征的一个很小的子集。这可以被视为模型本身的一种特征选择形式,但也可以用作另一个模型选择特征的预处理步骤。与单变量选择不同,基于模型的选择同时考虑所有特征,因此可以获取交互项(如果模型能够获取它们的话)。要想使用基于模型的特征选择,需要使用 SelectFromModel 变换器。

代码清单 4-7:基于模型的特征选择

```
1    from sklearn.feature_selection import SelectFromModel
2    from sklearn.ensemble import RandomForestClassifier
3    select = SelectFromModel(
4    RandomForestClassifier(n_estimators = 100, random_state = 42),
5    threshold = "median")
```

SelectFromModel 类选出重要性度量(由监督模型提供)大于给定阈值的所有特征。为了得到可以与单变量特征选择进行对比的结果,使用中位数作为阈值,这样就可以选择一半特征。用包含 100 棵树的随机森林分类器来计算特征重要性。这是一个相当复杂的模型,也比单变量测试要强大得多。下面来实际拟合模型。

```
1    select.fit(X_train, y_train)
2    X_train_l1 = select.transform(X_train)
3    print("X_train.shape: {}".format(X_train.shape))
4    print("X_train_l1.shape: {}".format(X_train_l1.shape))
5
6    Out:
7    X_train.shape: (284, 80)
8    X_train_l1.shape: (284, 40)
```

可以再次查看选中的特征,如图 4.18 所示。

```
1    mask = select.get_support()
2    # 将遮罩可视化—黑色为 True,白色为 False
3    plt.matshow(mask.reshape(1, -1), cmap = 'gray_r')
4    plt.xlabel("Sample index")
```

图 4.18 使用 RandomForestClassifier 的 SelectFromModel 选择的特征

这次,除了两个原始特征,其他原始特征都被选中。由于指定选择 40 个特征,所以也选择了一些噪声特征。下面看一下性能。

```
1    X_test_l1 = select.transform(X_test)
2    score = LogisticRegression().fit(X_train_l1, y_train).score(X_test_l1, y_test)
3    print("Test score: {:.3f}".format(score))
```

由于利用了更好的特征选择,性能也得到了提高。

4.4.3　迭代特征选择

在单变量测试中,没有使用模型,而在基于模型的选择中,使用了单个模型来选择特征。在迭代特征选择中,将会构建一系列模型,每个模型都使用不同数量的特征。有两种基本方法:开始时没有特征,然后逐个添加特征,直到满足某个终止条件;或者从所有特征开始,然后逐个删除特征,直到满足某个终止条件。由于构建了一系列模型,所以这些方法的计算成本要比前面讨论过的方法更高。一种特殊的方法是递归特征消除(Recursive Feature Elimination,RFE),它从所有特征开始构建模型,并根据模型舍弃最不重要的特征,然后使用除被舍弃特征之外的所有特征来构建一个新模型,如此继续,直到仅剩下预设数量的特征。为了让这种方法能够运行,用于选择的模型需要提供某种确定特征重要性的方法,正如基于模型的选择所做的那样。下面使用之前用过的同一个随机森林模型。

代码清单 4-8:迭代特征选择

```
1    # 使用随机森林分类器
2    from sklearn.feature_selection import RFE
3    select = RFE(RandomForestClassifier(n_estimators = 100,
4    random_state = 42), n_features_to_select = 40)
5    select.fit(X_train, y_train)
6    # 将选中的特征可视化:
7    mask = select.get_support()
8    plt.matshow(mask.reshape(1, -1), cmap = 'gray_r')
9    plt.xlabel("Sample index")
```

使用随机森林分类器模型的递归特征消除选择的特征结果,如图 4.19 所示。

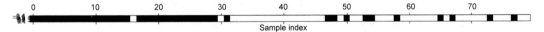

图 4.19　使用随机森林分类器模型的递归特征消除选择的特征结果

与单变量选择和基于模型的选择相比,迭代特征选择的结果更好,但仍然漏掉了一个特征。运行上述代码需要的时间也比基于模型的选择长得多,因为对一个随机森林模型训练了 40 次,每运行一次删除一个特征。

```
1    # 测试 RFE 特征选择时 Logistic 回归模型的精度
2    X_train_rfe = select.transform(X_train)
3    X_test_rfe = select.transform(X_test)
4    score = LogisticRegression().fit(X_train_rfe, y_train).score(X_test_rfe, y_test)
5    print("Test score: {:.3f}".format(score))
6
7    Out:
8    Test score: 0.951
```

还可以利用在 RFE 内使用的模型来进行预测。这仅使用被选中的特征集:

```
1    print("Test score: {:.3f}".format(select.score(X_test, y_test)))
2
3    Out:
4    Test score: 0.951
```

这里,在 RFE 内部使用的随机森林的性能,与在所选特征上训练一个 Logistic 回归模型得到的性能相同。换句话说,只要选择了正确的特征,线性模型的表现就与随机森林一样好。

如果你不确定何时选择使用哪些特征作为机器学习算法的输入,那么自动化特征选择可能特别有用。它还有助于减少所需的特征数量,加快预测速度,或允许可解释性更强的模型。在大多数现实情况下,使用特征选择不太可能大幅提升性能,但它仍是特征工程工具箱中一个非常有价值的工具。

4.5 特征转换

经过了上面几个环节的"洗礼",来到特征转换的环节,也就是使用源数据集的隐藏结构来创建新的列,常用的办法有两种: PCA 和 LDA。

4.5.1 PCA

微课视频

PCA,即主成分分析(Principal Components Analysis),是比较常见的数据压缩的办法,即将多个相关特征的数据集投影到相关特征较少的坐标系上。也就是说,转换后的特征,在解释性上就走不通了,因为你无法解释这个新变量到底具有什么业务逻辑了。PCA 的原理在第 3 章已经讲得十分透彻了。这里主要是复现一下 PCA 在 sklearn 上的调用方法,既可以继续熟悉 Pipeline 的使用,又可以理解 PCA 的使用方法,如图 4.20 所示。

一般而言,对特征进行归一化处理后会对机器学习算法的效果有比较明显的帮助,但为什么在书本的例子却是相反呢?

给出的解释是: 在对数据进行缩放后,列与列之间的协方差会更加一致,而且每个主成分解释的方差会变得分散,而不是集中在某一个主成分上。所以,在实际操作的时候,都要对缩放的和未缩放的数据进行性能测试才是最稳妥的方案。

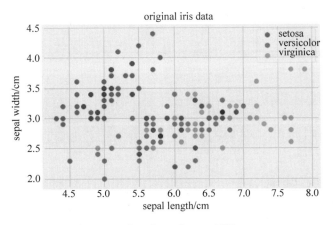

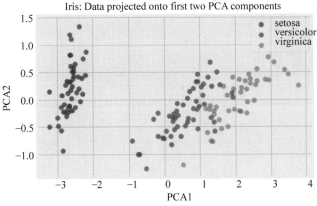

图 4.20　PCA 在 sklearn 上的调用和效果展示(见彩插)

4.5.2　LDA

LDA,即线性判别分析(Linear Discriminant Analysis),它是一个有监督的算法(PCA 是无监督的),一般是用于分类流水线的预处理步骤。与 PCA 类似,LDA 也是提取出一个新的坐标轴,将原始的高维数据投影到低维空间去,而区别在于 LDA 不会去专注数据之间的方差大小,而是直接优化低维空间,以获得最佳的类别可分性,如图 4.21 所示。

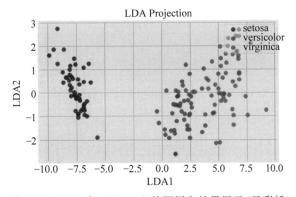

图 4.21　LDA 在 sklearn 上的调用和效果展示(见彩插)

代码清单 4-9：PCA 和 LDA 在 sklearn 上的实现

```
1    # 导入相关库
2    from sklearn.datasets import load_iris
3    import matplotlib.pyplot as plt
4    % matplotlib inline
5    from sklearn.decomposition import PCA
6    # 导入数据集
7    iris = load_iris()
8    iris_x, iris_y = iris.data, iris.target
9    # 实例化方法
10   pca = PCA(n_components = 2)
11   # 训练方法
12   pca.fit(iris_x)
13   pca.transform(iris_x)[:5,]
14   # 自定义一个可视化的方法
15   label_dict = {i:k for i,k in enumerate(iris.target_names)}
16   def plot(x,y,title,x_label,y_label):
17       ax = plt.subplot(111)
18       for label,marker,color in zip( range(3),('
19   ^'
20   ,'s','
21   o'),('
22   blue','red','green')):
23           plt.scatter(x = x[:,0].real[y == label],
24                   y = x[:,1].real[y == label],
25                   color = color,
26                   alpha = 0.5,
27                   label = label_dict[label])
28       plt.xlabel(x_label)
29       plt.ylabel(y_label)
30       leg = plt.legend(loc = 'upper right', fancybox = True)
31       leg.get_frame().set_alpha(0.5)
32       plt.title(title)
33   # 可视化
34   plot(iris_x, iris_y,"original iris data","sepal length(cm)","sepal width(cm)")
35   plt.show()
36    plot (pca. transform ( iris _ x),  iris _ y," Iris: Data projected onto first two PCA
     components","PCA1","PCA2")
37
38   # LDA 的使用
39   # 导入相关库
40   from sklearn.discriminant_analysis import LinearDiscriminantAnalysis
41   # 实例化 LDA 模块
42   lda = LinearDiscriminantAnalysis(n_components = 2)
43   # 训练数据
44   x_lda_iris = lda.fit_transform(iris_x, iris_y)
45   # 可视化
46   plot(x_lda_iris, iris_y, "LDA Projection", "LDA1", "LDA2")
```

4.6 特征学习

最后,讨论特征学习,特征学习算法是非参数方法,也就是不依赖数据结构而构建出来的新算法。

4.6.1 数据的参数假设

微课视频

参数假设指的是算法对数据形状的基本假设。比如第 3 章的 PCA,假设:原始数据的形状可以被(特征值)分解,并且可以用单个线性变换(矩阵计算)表示。

而特征学习算法就是要去除这个"假设"来解决问题,因为这个算法不会依赖数据的形状,而是依赖于随机学习(Stochastic Learning)。随机学习指的是这些算法并不是每次输出相同的结果,而是一次次按轮(Epoch)去检查数据点以找到要提取的最佳特征,并且可以拟合出一个最优的解决方法。在特征学习领域,有两种方法是比较常用的,也是下面要讲解的内容:受限玻尔兹曼机(RBM)和词嵌入。

4.6.2 受限玻尔兹曼机(RBM)

微课视频

RBM 是一种简单的深度学习架构,是一组无监督的特征学习算法,它根据数据的概率模型学习一定数量的新特征,往往在使用 RBM 之后用线性模型(线性回归、逻辑回归、感知机等)的效果极佳。概念上,RBM 是一个浅层(2 层)的神经网络,属于深度信念网络(Deep Belief Network,DBN)算法的一种。它也是一种无监督算法,可以学习到的特征数量只受限于计算能力,它可能学习到比原始少或者多的特征,具体要学习的特征数量取决于要解决的问题。

"受限"的说法是因为它只允许层与层之间的连接(层间连接),而不允许同一层内的结点连接(层内连接)。

在这里需要理解一下重建(Reconstruction)。这个操作,使得在不涉及更深层网络的情况下,可见层(输入层)和隐藏层之间可以存在数次的前向和反向传播。

在重建阶段,RBM 会反转网络,可见层变成了隐藏层,隐藏层变成了可见层,用相同的权重将激活变量反向传递到可见层,但是偏差不一样,然后用前向传导的激活变量重建原始输入向量。RBM 就是用这种方法来进行"自我评估"的,通过将激活信息进行反向传导并获取原始输入的近似值,该网络可以调整权重,让近似值更加接近原始输入。在训练开始时,由于权重是随机初始化的(一般做法),近似值与真实值的差异可能会极大,接下来就会通过反向传播的方法来调整权重,最小化原始输入与近似值的距离。一直重复这个过程,直到近似值尽可能接近原始输入(这个过程发生的次数叫迭代次数)。

下面实践内容是 RBM 在机器学习管道中的应用,使用 MNIST 数据集,这个数据集就是一堆数字的像素点数据,然后用来识别数字。

代码清单 4-10：RBM 在 MNIST 数据集上的应用

```
1    # RBM 的使用
2    # 使用 MNIST 数据集
3    # 导入相关库
4    import numpy as np
5    import matplotlib.pyplot as plt
6    % matplotlib inline
7    from sklearn.linear_model import LogisticRegression
8    from sklearn.neural_network import BernoulliRBM
9    from sklearn.pipeline import Pipeline
10   # 导入数据集
11   images = np.genfromtxt('
12   ./data/mnist_train.csv', delimiter = '
13   ,'
14   )
15   print(images.shape)
16   # 划分数据
17   images_x, images_y = images[:,
18   1:], images[:,
19   0]
20   # 缩放特征到 0 - 1
21   images_x = images_x/255.
22   # 用 RBM 学习新特征
23   rbm = BernoulliRBM(random_state = 0)
24   lr = LogisticRegression()
25   # 设置流水线的参数范围
26   params = {'
27   clf__C':[1e-1, 1e0, 1e1],
28          'rbm__n_components':[100,?200]
29      }
30   # 创建流水线
31   pipeline = Pipeline([('
32   rbm', rbm),
33                       ('clf', lr)])
34   # 实例化网格搜索类
35   grid = GridSearchCV(pipeline, params)
36   # 拟合数据
37   grid.fit(images_x, images_y)
38   # 返回最佳参数
39   grid.best_params_, grid.best_score_
```

4.6.3 词嵌入

微课视频

词嵌入在 NLP 领域应用极为广泛，它可以将字符串(单词或短语)投影到 n 维特征集中，以便理解上下文和措辞的细节。可以使用 sklearn 中的 CountVectorizer 和 TfidfVectorizer 来将这些字符串转为向量，但这只是一些单词特征的集合而已，为了理解这些特征，要更加关注 gensim。常用的词嵌入方法有两种：Word2vec 和 GloVe。

Word2vec：Google 发明的一种基于深度学习的算法。Word2vec 也是一个浅层的神经网络，含有输入层、隐藏层和输出层，其中输入层和输出层的结点个数一样。GloVe：来自斯坦福大学的算法，通过一系列矩阵统计进行学习。词嵌入的应用很多，比如信息检索，当输入关键词时，搜索引擎可以回忆并准确返回和关键词匹配的文章或者新闻。

4.7 本章小结

本章讨论了如何处理不同的数据类型（特别是分类变量）。强调了使用适合机器学习算法的数据表示方式的重要性，例如独热编码过的分类变量。还讨论了通过特征工程生成新特征的重要性，以及利用专家知识从数据中创建导出特征的可能性。特别是线性模型，可能会从分箱、添加多项式和交互项而生成的新特征中大大受益。对于更加复杂的非线性模型（比如随机森林和 SVM），在不需要显式扩展特征空间的前提下就可以学习更加复杂的任务。在实践中，使用合适的特征（以及特征与方法之间的匹配）通常是使机器学习方法表现良好的最重要的因素。

习题

1. 开发特征时如何做数据探索？怎样选择有用的特征？
2. 如何发现数据中的异常值？
3. 缺失值如何处理？
4. 对于数值类型数据，怎样处理？为什么要做归一化？归一化有哪些方法？离散化有哪些方法？离散化和归一化有哪些优缺点？
5. 类别型数据，比如游戏品类、地域、设备，是如何处理的？
6. 序号编码、独热编码、二进制编码都是什么？适合怎样的类别型数据？
7. 时间类型数据的处理方法是什么？
8. 文本数据如何处理？
9. 计算特征之间的相关性方法有哪些？有什么优缺点？

第 **5** 章

模型评估与优化

本章内容

◇ 算法链与管道

◇ 交叉验证

◇ 模型评价指标

◇ 处理类的不平衡问题

◇ 网格搜索优化模型

5.1 算法链与管道

大多数机器学习应用不仅需要应用单个算法,而且还需要将许多不同的处理步骤和机器学习模型链接在一起,这就是算法链。管道(Pipeline)指的是简化构建变换和模型链的过程。本节将介绍如何使用 Pipeline 类来简化构建变换和模型链的过程,以帮助快速构建模型。

5.1.1 用管道方法简化工作流

微课视频

管道可以理解为一个容器,然后把需要进行的操作都封装在这个管道里面进行操作,比如数据标准化、特征降维、主成分分析、模型预测等。为了便于理解,下面举一个实例来讲解。

1. 数据导入与预处理

本次导入威斯康星乳腺癌(Breast Cancer Wisconsin)二分类数据集,它包括 569 个样本。首列为主键 id,第 2 列为类别值(M=恶性肿瘤,B=良性肿瘤),第 3~32 列为 30 个根据细胞核的数字化图像计算出的实数特征值。

代码清单 5-1：算法链与管道

1）导入数据集

导入威斯康星乳腺癌数据集，输出前 5 条记录，如图 5.1 所示。

```
1   In[1]:
2   import pandas as pd
3   bcdf = pd.read_csv('wdbc.csv', header = None)
4   bcdf.head()
5   Out[1]:
```

	id	diagnosis	radius_mean	texture_mean	perimeter_mean	area_mean	smoothness_mean	compactness_mean	concavity_mean	concave points_mean	...
0	842302	M	17.99	10.38	122.80	1001.0	0.11840	0.27760	0.3001	0.14710	...
1	842517	M	20.57	17.77	132.90	1326.0	0.08474	0.07864	0.0869	0.07017	...
2	84300903	M	19.69	21.25	130.00	1203.0	0.10960	0.15990	0.1974	0.12790	...
3	84348301	M	11.42	20.38	77.58	386.1	0.14250	0.28390	0.2414	0.10520	...
4	84358402	M	20.29	14.34	135.10	1297.0	0.10030	0.13280	0.1980	0.10430	...

5 rows × 33 columns

图 5.1 数据集前 5 条记录

2）移除次要特征

首先移除 id 以及 Unnamed：32 这两个不需要的列，然后利用 map 映射函数将目标值（M,B）转为（1,0）。最后移除 diagnosis 列，移除之前将其保存到 y。移除次要特征之后的结果如图 5.2 所示。

```
1   In[2]:
2   bcdf.drop(['id','Unnamed: 32'], axis = 1, inplace = True)
3   bcdf['diagnosis'] = bcdf['diagnosis'].map({'M':1, 'B':0})
4   ♯ 将目标转为 0-1 变量
5   X = bcdf
6   y = bcdf.diagnosis
7   bcdf.drop('diagnosis', axis = 1, inplace = True)
8   bcdf.head()
9   Out[2]:
```

	radius_mean	texture_mean	perimeter_mean	area_mean	smoothness_mean	compactness_mean	concavity_mean	concave points_mean	symmetry_mean	fractal_dim
0	17.99	10.38	122.80	1001.0	0.11840	0.27760	0.3001	0.14710	0.2419	
1	20.57	17.77	132.90	1326.0	0.08474	0.07864	0.0869	0.07017	0.1812	
2	19.69	21.25	130.00	1203.0	0.10960	0.15990	0.1974	0.12790	0.2069	
3	11.42	20.38	77.58	386.1	0.14250	0.28390	0.2414	0.10520	0.2597	
4	20.29	14.34	135.10	1297.0	0.10030	0.13280	0.1980	0.10430	0.1809	

5 rows × 30 columns

图 5.2 移除次要特征后的前 5 条记录

3）划分训练及验证集

代码如下。

```
1    In[3]:
2    from sklearn.model_selection import train_test_split
3    X_train, X_test, y_train, y_test = train_test_split(X, y,
                                        test_size = 0.20, random_state = 1)
```

2. 使用管道创建工作流

很多机器学习算法要求特征取值范围要相同,因此需要对特征做标准化处理。此外,为了获取更好的分类效果,还应将原始的30维特征压缩至更少维度,这就需要用主成分分析(PCA)来完成,降维之后就可以利用各种模型进行回归预测了。

Pipeline对象接收元组构成的列表作为输入,每个元组第一个值作为变量名,元组第二个元素是sklearn中的transformer或estimator。管道中间每一步由sklearn中的transformer构成,最后一步是一个estimator。

本次数据集中,管道包含两个中间步骤:StandardScaler和PCA,两者都属于transformer,而Logistic回归分类器属于estimator。

本案例中,当管道Pipeline执行fit方法时,实际上是分以下几步完成的。

(1) StandardScaler执行fit和transform方法;

(2) 将转换后的数据输入PCA;

(3) PCA同样执行fit和transform方法;

(4) 最后将数据输入LogisticRegression,训练一个LR模型。

对于管道来说,中间有多少个transformer都是可以的,这样就极大地简化了原本复杂的操作。管道的具体工作流程如图5.3所示。

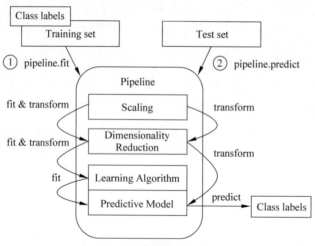

图5.3 管道的工作流程

Pipeline 类的 Pipeline 函数可以把多个"处理数据的结点"按顺序打包在一起,数据将前一结点处理之后的结果,转到下一结点继续处理。当训练样本数据送进 Pipeline 进行处理时,它会逐个调用结点的 fit 和 transform 方法,最终用最后一个结点的 fit 方法来拟合数据。使用过程中要注意的是,管道执行 fit 方法,而 transformer 要执行 fit_transform。

本案例 Pipeline 的代码实现如下。

```
1  In[4]:
2  from sklearn.preprocessing import StandardScaler
3  ♯ 用于数据标准化
4  from sklearn.decomposition import PCA          ♯ 用于特征降维
5  from sklearn.linear_model import LogisticRegression
6  ♯ 用于模型预测
7  from sklearn.pipeline import Pipeline
8  pipeline = Pipeline([('scl', StandardScaler()),
                        ('pca', PCA(n_components = 2)),
                        ('clf', LogisticRegression(random_state = 1))])
9  pipeline.fit(X_train, y_train)
10 print('Accuracy: %.3f' % pipeline.score(X_test, y_test))
11 y_pred = pipeline.predict(X_test)
12 Out[4]:
13 Accuracy: 0.959
```

5.1.2 通用的管道接口

Pipeline 类不但可用于预处理和分类,实际上还可以将任意数量的估计器连接在一起。例如,可以构建一个包含特征提取、特征选择、缩放和分类的管道,总共 4 个步骤。当然,最后一步可以用回归或聚类代替分类。

微课视频

对于管道中估计器的唯一要求就是,除了最后一步之外的所有步骤都需要具有 transform 方法,这样它们可以生成新的数据表示,以供下一个步骤使用。在调用 Pipeline.fit 的过程中,管道内部依次对每个步骤调用 fit 和 transform 方法,其输入是前一个步骤中 transform 方法的输出。对于管道中的最后一步,则仅调用 fit。

1. 用 make_pipeline 创建管道

利用传统语法创建管道较为麻烦,Pipeline 类提供了一个很方便的函数 make_pipeline,可以创建管道并根据每个步骤所属的类为其自动命名。如果多个步骤属于同一类,则会自动附加一个数字。

```
1  In[5]:
2  from sklearn.pipeline import make_pipeline
3  from sklearn.preprocessing import StandardScaler
4  from sklearn.decomposition import PCA
5  ♯ 创建管道
6  pipe = make_pipeline(StandardScaler(), PCA(n_components = 2),
                        StandardScaler())
```

```
7    print(pipe.steps)
8    Out[5]:
9    [('standardscaler-1', StandardScaler(copy = True, with_mean = True, with_std = True)),
('pca', PCA(copy = True, iterated_power = 'auto', n_components = 2, random_state = None,
  svd_solver = 'auto', tol - 0.0, whiten = False)), ('standardscaler-2', StandardScaler
(copy = True, with_mean = True, with_std = True))]
```

可以清楚地看到,管道中的两个 StandardScaler 同属一个类,所以被自动命名为 standardscaler-1 和 standardscaler-2。

2. 访问步骤属性

Pipeline 类对象的步骤属性是由元组组成的步骤列表;如果想访问管道中某一步骤的属性,比如访问上述 PCA 提取的成分,最简单的方法是通过 named_steps 属性,它是一个字典,将步骤名称映射为估计器。

```
1    In[6]:
2    # 访问步骤属性
3    pipe.fit(bcdf)
4    components = pipe.named_steps["pca"].components_
5    # 从 PCA 步骤中提取两个主成分
6    print(components.shape)
7    Out[6]:
8    (2, 30)
```

3. 访问网格搜索管道中的属性

使用管道主要是为了进行网格搜索。较为常见的任务是在网格搜索内访问管道的某些步骤。

下面举一个例子,假如要对威斯康星乳腺癌数据集上的 LogisticRegression 分类器进行网格搜索。

```
1    In[7]:
2    from sklearn.preprocessing import StandardScaler
3    # 进行数据标准化
4    from sklearn.model_selection import GridSearchCV
5    # 网格搜索
6    from sklearn.linear_model import LogisticRegression
7    # 逻辑回归模型预测
8    # 构建管道
9    pipe = make_pipeline(StandardScaler(), LogisticRegression())
10   # 对参数 C 在 0.01 至 100 之间进行搜索
11   param_grid = {"logisticregression__C":[0.01, 0.1, 1, 10, 100]}
12   # 在数据集上对网格搜索进行拟合
13   grid = GridSearchCV(pipe, param_grid, cv = 5)
```

```
14   grid.fit(X_train, y_train)
15   # 输出最优估计器
16   print(grid.best_estimator_)
17   Out[7]:
18   Pipeline(memory = None, steps = [('standardscaler', StandardScaler(copy = True,
     with_mean = True, with_std = True)), ('logisticregression',
     LogisticRegression(C = 0.1, class_weight = None, dual = False,
     fit_intercept = True, intercept_scaling = 1, max_iter = 100,
     multi_class = 'ovr', n_jobs = 1, penalty = 'l2', random_state = None,
     solver = 'liblinear', tol = 0.0001, verbose = 0, warm_start = False))])
```

从输出结果可以明显地看出，best_estimator_本质上是一个管道，它包含两个步骤：StandardScaler 和 LogisticRegression。

接下来可以使用管道的 named_steps 属性来访问 LogisticRegression 步骤。

```
1    In[8]:
2    # 访问网格搜索管道中的属性
3    print(grid.best_estimator_.named_steps["logisticregression"])
4    Out[8]:
5    LogisticRegression(C = 10)
6    # 获取 LogisticRegression 实例后，就可以访问与每个输入特征相关的系数了
7    In[9]:
8    # 访问输入特征相关的系数
9    print(grid.best_estimator_.named_steps["logisticregression"].coef_)
10   Out[9]:
11   [[ 0.45085695    0.72799547    0.43505106    0.51008668    - 0.06872988    - 0.35212576
12     0.90828396    0.5220248     0.09572507    - 0.4305921    1.14523641    - 0.32090688
13     0.80349786    0.86030233    0.03973987    - 0.56846732   0.20359127    0.0297218
14    - 0.44116833   - 0.78750782   0.80001334    1.30721131    0.70507777    0.81499364
15     1.01491881    0.22565912    1.15632453    0.71258993    1.05754829    0.06141073]]
```

5.2 交叉验证

交叉验证（Cross-Validation）主要用于防止模型过于复杂而引起的过拟合，是一种评价数据集泛化能力的统计方法。其基本思想是将原始数据划分为训练集（Train_Set）和测试集（Test_Set）。训练集用来对模型进行训练，测试集用来测试训练得到的模型，以此作为模型的评价指标。

交叉验证比单次划分训练集和测试集的方法更加稳定，在交叉验证中，数据被多次划分，并且需要训练多个模型。最常用的交叉验证是 K 折交叉验证（K-Fold Cross-Validation）以及分层 K 折交叉验证（Stratified K-Fold Cross Validation）。

微课视频

5.2.1　K 折交叉验证

1. K 折交叉验证的原理

K 折交叉验证(K-Fold Cross-Validation)将数据集等比例划分成 K 份,每份叫作折 (Fold)。以其中的一份作为测试集,其他的 $K-1$ 份数据作为训练集,这样就完成了一次验证。因此,K 折交叉验证只有实验 K 次才算完整地完成,也就是说 K 折交叉验证实际是把验证重复做了 K 次,每次验证都是从 K 份选取一份不同的部分作为测试集(从而保证 K 份的数据都分别做过测试集),剩下的 $K-1$ 份当作训练集,最后取 K 次准确率的平均值作为最终模型的评价指标。

K 折交叉验证可以有效避免过拟合和欠拟合状态的发生,K 值的选择可以根据实际情况调节。

图 5.4 展示了 $K=5$ 时 K 折交叉验证的完整过程。

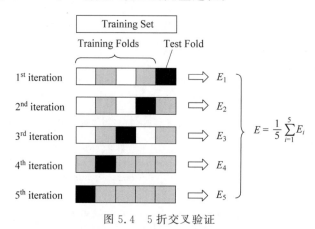

图 5.4　5 折交叉验证

下面举例来模拟一下图 5.4 的过程,首先导入所需模块,X 测试集中有 10 个数据,然后调用 K 折交叉验证函数,这里设置参数 n_splits 为 5,即进行 5 折交叉验证,最后用一个循环输出每一折的训练集和测试集的划分。

```
1    In[10]:
2    from sklearn.model_selection import KFold
3    X = ['a','b','c','d','e','f','g','h','i','j']
4    kf = KFold(n_splits = 5)
5    for train,test in kf.split(X):
6        print("训练集 % s --- 测试集 % s" % (train,test))
7    Out[10]:
8    训练集[2 3 4 5 6 7 8 9] --- 测试集[0 1]
9    训练集[0 1 4 5 6 7 8 9] --- 测试集[2 3]
10   训练集[0 1 2 3 6 7 8 9] --- 测试集[4 5]
11   训练集[0 1 2 3 4 5 8 9] --- 测试集[6 7]
12   训练集[0 1 2 3 4 5 6 7] --- 测试集[8 9]
```

2. K 折交叉验证的实现

实际使用的时候没必要像上面那样写,因为 sklearn 已经封装好了相关方法,可以直接去调用这些方法,根据 K 折交叉验证的原理,选取 K = 10 时,在威斯康星乳腺癌数据集上 K 折交叉验证的代码实现如下。

代码清单 5-2：交叉验证

```
1   In[11]:
2   ♯ 使用 K-Fold 交叉验证来评估模型性能
3   import numpy as np
4   from sklearn.model_selection import cross_val_score
5   scores = cross_val_score(estimator = pipe,
6                            X = X_train,
7                            y = y_train,
8                            cv = 10,
9                            n_jobs = 1)
10  ♯ 输出 K 折交叉验证的得分
11  print('CV accuracy scores: % s' % scores)
12  ♯ 用 np.mean()来计算均值,用 np.std()来计算标准差
13  print('CV accuracy: % .3f +/- % .3f' % (np.mean(scores), np.std(scores)))
14  Out[11]:
15  CV accuracy scores: [0.975    0.95    0.975    1.    1.    1.1.    1.
    0.97435897 1.    ]
16  CV accuracy: 0.987 +/- 0.017
```

其中,pipe 是 5.1 节创建的管道,X_train,y_train 是 5.1 节划分好的训练集,参数 CV 表示折数即 K 值。

5.2.2 分层 K 折交叉验证

微课视频

如图 5.5 所示,K 折交叉验证每次划分时对数据进行均分,假如数据集有 3 类,抽取出来的也正好是按照类别划分的 3 类,也就是说第一折的标签全是 0 类,第二折全是 1 类,第三折全是 2 类。这样划分数据集导致的后果是训练模型时没有学习到测试集中数据的特点,从而导致模型得分很低。

| Test Data | K-Fold Cross-Validation | Training Data |

Split 1	Test Data	Training Data / Training Data
Split 2	Training / Test Data	Training Data
Split 3	Training / Training	Test Data
Class Label	Class 0	Class 1	Class 2
	Fold 1	Fold 2	Fold 3

图 5.5　K 折交叉验证

下面来模拟图 5.5 的过程,首先导入所需模块,X 测试集中有 9 个数据,然后调用 K 折交叉验证函数,并设置参数 n_splits 为 3,即进行 3 折交叉验证,最后用一个循环输出每

一折的训练集和测试集的划分。

```
1   In[12]:
2   from sklearn.model_selection import KFold
3   X = ['a','b','c','d','e','f','g','h','i']
4   y = [1,1,1,2,2,2,3,3,3]
5   kf = KFold(n_splits = 3)
6   for train,test in kf.split(X,y):
7       print("训练集%s--- 测试集%s" %(train,test))
8   Out[12]:
9   训练集[3 4 5 6 7 8]--- 测试集[0 1 2]
10  训练集[0 1 2 6 7 8]--- 测试集[3 4 5]
11  训练集[0 1 2 3 4 5]--- 测试集[6 7 8]
```

从第一次划分来看,并没有学习到测试集[0 1 2]中数据的特点,第二次划分也没有学习到测试集[3 4 5]中数据的特点,最后一次划分同样也没有学习到测试集[6 7 8]中数据的特点。

为了避免 K 折交叉验证出现的上述情况,又出现了以下几种交叉验证方式。

1. 分层 K 折交叉验证

分层 K 折交叉验证(Stratified K-Fold Cross Validation)同样属于交叉验证类型,分层的意思是在每一折中都保持着原始数据中各个类别的比例关系,比如:原始数据有 3 类,比例为 1∶2∶3,采用 3 折分层交叉验证,那么划分的 3 折中,每一折中的数据类别保持着 1∶2∶3 的比例,因为这样的验证结果更加可信,如图 5.6 所示。

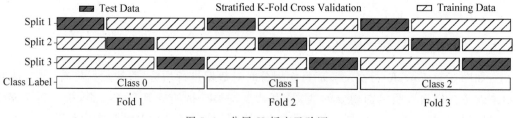

图 5.6　分层 K 折交叉验证

下面来模拟一下图 5.6 的过程,首先导入所需模块,X 测试集中有 9 个数据,然后调用 StratifiedKFold 即分层 K 折交叉验证函数,并设置参数 n_splits 为 3,即进行 3 折分层交叉验证,最后用一个循环输出每一折的训练集和测试集的划分。

```
1   In[13]:
2   from sklearn.model_selection import StratifiedKFold
3   X = ['a','b','c','d','e','f','g','h','i']
4   y = [1,1,1,2,2,2,3,3,3]
5   skf = StratifiedKFold(n_splits = 3)
6   for train,test in skf.split(X,y):
7       print("训练集%s--- 测试集%s" %(train,test))
```

```
8    Out[13]:
9    训练集[1 2 4 5 7 8]--- 测试集[0 3 6]
10   训练集[0 2 3 5 6 8]--- 测试集[1 4 7]
11   训练集[0 1 3 4 6 7]--- 测试集[2 5 8]
```

从结果可以清楚地看到,与 K 折交叉验证不同的是,分层 K 折交叉验证测试集每一次的划分都是从每个类别中各取一个数据,即每一折中的数据类别保持着 $1:1:1$ 的比例,这样就可以充分学习到每一类中数据的特点,从而提高了模型的得分。

2. 留一法交叉验证

留一法交叉验证(Leave One Out Cross-Validation)是一种特殊的交叉验证方式。顾名思义,如果样本容量为 n,则 $K=n$,进行 n 折交叉验证,每次留下一个样本进行验证。由于每一折中几乎所有的样本皆用于训练模型,因此最接近原始样本的分布,这样评估所得的结果比较可靠。但其缺点也很明显,就是比较耗时,因此适合于数据集比较小的场合。

```
1    In[14]:
2    from sklearn.model_selection import LeaveOneOut
3    X = ['a','b','c','d','e','f','g','h','i','j']
4    y = [1,1,1,2,2,2,3,3,3,3]
5    loo = LeaveOneOut()
6    for train,test in loo.split(X,y):
7        print("训练集%s--- 测试集%s" %(train,test))
8    Out[14]:
9    训练集[1 2 3 4 5 6 7 8 9]--- 测试集[0]
10   训练集[0 2 3 4 5 6 7 8 9]--- 测试集[1]
11   训练集[0 1 3 4 5 6 7 8 9]--- 测试集[2]
12   训练集[0 1 2 4 5 6 7 8 9]--- 测试集[3]
13   训练集[0 1 2 3 5 6 7 8 9]--- 测试集[4]
14   训练集[0 1 2 3 4 6 7 8 9]--- 测试集[5]
15   训练集[0 1 2 3 4 5 7 8 9]--- 测试集[6]
16   训练集[0 1 2 3 4 5 6 8 9]--- 测试集[7]
17   训练集[0 1 2 3 4 5 6 7 9]--- 测试集[8]
18   训练集[0 1 2 3 4 5 6 7 8]--- 测试集[9]
```

3. 打乱划分交叉验证

打乱划分交叉验证(Shuffle-Split Cross-Validation)是一种非常灵活的交叉验证。该方法控制更为灵活,可以控制每次划分时训练集和测试集的比例(通过 train_size 和 test_size 来控制),以及划分迭代次数(通过 n_splits 来控制)。这种灵活的控制,甚至可以存在数据既不在训练集也不在测试集的情况。

```
1    In[15]:
2    from sklearn.model_selection import ShuffleSplit
3    X = ['a','b','c','d','e','f','g','h','i','j']
```

```
4    ssp = ShuffleSplit(test_size = .4, train_size = .4, n_splits = 5)
5    for train,test in ssp.split(X):
6    print("训练集%s --- 测试集%s" %(train,test))
7    Out[15]:
8    训练集[8 0 4 6] --- 测试集[7 1 9 2]
9    训练集[6 0 4 5] --- 测试集[8 1 9 7]
10   训练集[0 2 4 6] --- 测试集[3 1 5 8]
11   训练集[9 3 1 7] --- 测试集[6 5 0 2]
12   训练集[5 0 8 3] --- 测试集[1 2 9 7]
```

从第一次划分可以看出,3 和 5 既不在训练集也不在测试集中。

4. 分组交叉验证

分组交叉验证(Group Cross-Validation)适用于数据中的分组高度相关的情况,即组内的各个变量之间不是独立的,而组间是独立的,也就是说测试集中的样本组别不能来自训练集中样本的组别。这种例子常见于医疗应用,可能拥有来自同一名病人的多个样本,但想要将其泛化到新的病人。

下面这个示例用到了一个由 groups 数组指定分组的模拟数据集。这个数据集包含了 6 个数据样本,groups 指定了该数据样本所属的分组,共分为 2 组,其中前 2 个样本为一组,后 4 个样本为一组,划分迭代次数为 2。

```
1    In[16]:
2    from sklearn.model_selection import GroupKFold
3    X = ['a','b','c','d','e','f']
4    y = [0,0,1,1,1,1]
5    groups = [1,1,2,2,2,2]
6    gkf = GroupKFold(n_splits = 2)
7    for train,test in gkf.split(X, y, groups = groups):
8    print("训练集%s --- 测试集%s" %(train,test))
9    Out[16]:
10   训练集[0 1] --- 测试集[2 3 4 5]
11   训练集[2 3 4 5] --- 测试集[0 1]
```

5.3　模型评价指标

对于一个模型来说,如何评价该模型的好坏,针对不同的问题需要不同的模型评价标准,也就是评估模型的泛化能力,这是机器学习中的一个关键性的问题。具体来讲,评价指标有两个作用:首先了解模型的泛化能力,可以通过同一个指标来对比不同模型,从而知道哪个模型相对较好,哪个模型相对较差;其次可以通过这个指标来逐步优化模型。因此,在选择模型与调参时,选择正确的指标是很重要的。本节将主要介绍分类模型的各种评价指标以及 ROC 和 AUC。

5.3.1 误分类的不同影响

误分类是指将被调查对象的特征错误地分到原本不属于它的类别中。例如将一个新型冠状病毒肺炎（Corona Virus Disease 2019，COVID-19）患者错误地诊断为健康人，这种误分类导致该患者不能得到及时的治疗，严重一点的话可能导致患者的死亡。把这种错误的阳性预测叫**假阳性**（False Positive），这种错误属于**第一类错误**（Type I Error）；相反，一个健康的人被错误的诊断为新型冠状病毒肺炎，不但会给患者造成不必要的物质上的损失，更重要的是会给患者带来精神上的极大痛苦。把这种错误的阴性预测叫**假阴性**（False Negative），这种错误属于**第二类错误**（Type Ⅱ Error）。

所有的分类器都存在偏好，因此都存在误分类的现象，但是可以通过调整分类器的阈值，比如高的召回率或者高的准确率。这样就可以通过设定分类器的阈值来避免不同类型的错误，这样模型才有实际的应用价值。

5.3.2 混淆矩阵

混淆矩阵（Confusion matrix）是表示精度评价的一种标准格式，用 n 行 n 列的矩阵来表示。混淆矩阵是总结分类模型预测结果的情形分析表，以矩阵形式将数据集中的记录按照真实的类别与分类模型预测的类别进行汇总。其中矩阵的行表示真实值，矩阵的列表示预测值。

在学习混淆矩阵之前，首先明确几个分类评估指标中相关符号的含义：

1. 真阳性（True Positive，TP）：将正类预测为正类的次数，即真实值和预测值均为 1 的次数。

2. 假阳性（False Positive，FP）：将负类预测为正类的次数，即真实值为 0，而预测值为 1 的次数。

3. 真阴性（True Negative，TN）：将负类预测为负类的次数，即真实值和预测值均为 0 的次数。

4. 假阴性（False Negative，FN）：将正类预测为负类的次数，即真实值为 1，而预测值为 0 的次数。

下面先以二分类为例，看下混淆矩阵的表现形式，如表 5.1 所示。

表 5.1　二分类的混淆矩阵

真　实　值	预　测　值	
	负类（N）	正类（P）
负类（N）	真阴性（TN）	假阳性（FP）
正类（P）	假阴性（FN）	真阳性（TP）

也可以画出二分类的混淆矩阵的解释图，如图 5.7 所示。

代码清单 5-3：模型评价指标

```
1  In[17]:
2  import mglearn
```

```
3    mglearn.plots.plot_binary_confusion_matrix()
4    Out[17]:
```

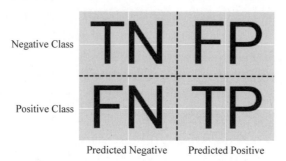

图 5.7   二分类混淆矩阵

在 Scikit-learn 中,提供了混淆矩阵函数 sklearn. metrics. confusion_matrix 的 API 接口,可以用于绘制混淆矩阵,如下所示。

```
1    sklearn.metrics.confusion_matrix(
2        y_true,                     ♯ 样本真实的分类标签列表
3        y_pred,                     ♯ 样本预测的分类结果列表
4        labels = None,              ♯ 给出的类别,通过这个可对类别进行选择
5        sample_weight = None        ♯ 样本权重
6    )
```

首先举个简单的例子。

```
1    In[18]:
2    from sklearn.metrics import confusion_matrix
3    y_true = [0, 1, 0, 1]
4    y_pred = [1, 1, 1, 0]
5    print(confusion_matrix(y_true, y_pred))
6    Out[18]:
7    [[0 2]
8    [1 1]]
```

输出了一个 2×2 的矩阵,该矩阵代表的含义如下。

第一行的 0,即真阴性(TN),表示将真实值 0 预测为 0 的次数,很显然,真实值里面有两个 0,但都预测错误(预测为 1)了,因此 TN 的值是 0。第一行的 2,即假阳性(FP),表示将真实值 0 错误预测为 1 的次数,很显然是 2 次,因此 FP 的值是 2。第二行前面的 1,即假阴性(FN),表示将 1 错误预测为 0 的次数,很明显是 1 次,因此 FN 的值是 1;第二行后面的 1,即真阳性(TP),表示将 1 预测正确的次数,很明显也是 1 次,所以 TP 的值是 1。

也可以通过 confusion_matrix 直接得到 TN、FP、FN、TP 这四个值,如下所示。

```
1   In[19]:
2   TN, FP, FN, TP = confusion_matrix([0, 1, 0, 1], [1, 1, 1, 0]).ravel()
3   print(TN, FP, FN, TP)
4   Out[19]:
5   0 2 1 1
```

理解了二分类的混淆矩阵，接下来来看多分类模型的混淆矩阵，以 Scikit-learn 官方所提供的例子为例。

```
1   In[20]:
2   from sklearn.metrics import multilabel_confusion_matrix # sklearn version >= 0.21
3   y_true = ["cat", "ant", "cat", "cat", "ant", "bird"]
4   y_pred = ["ant", "ant", "cat", "cat", "ant", "cat"]
5   mcm = multilabel_confusion_matrix(y_true, y_pred, labels = ["ant", "bird", "cat"])
6   mcm
7   Out[20]:
8   array([[[3, 1],
9           [0, 2]],
10          [[5, 0],
11           [1, 0]],
12          [[2, 1],
13           [1, 2]]], dtype = int64)
```

本例显然是个三分类问题，mcm 可以看作返回了三个二分类混淆矩阵，在每一个二分类混淆矩阵中，如图 5.7 所示，TN 在 $[0, 0]$，FP 在 $[0, 1]$，FN 在 $[1, 0]$，TP 在 $[1,1]$。

以第一个类别 ant 为例，正样本预测对的有 2 次，正样本预测错的是 0 次，它的负样本（bird、cat）预测成正样本的有 1 次，负样本预测对的有 3 次（其中 bird 预测成 cat，也算对，因为它们都是负样本）。

如果对官方的例子还不明白的话，接下来将上面的混淆矩阵可视化，最简单的方法是使用 seaborn 的热力图。热力图是机器学习数据可视化比较常用的显示方式，它通过颜色变化程度以直观反映出热点分布、区域聚集等相关数据信息。

代码如下，其输出如图 5.8 所示。

```
1   In[21]:
2   import pandas as pd
3   import seaborn as sns
4   from sklearn.metrics import confusion_matrix
5   y_true = ["cat", "ant", "cat", "cat", "ant", "bird"]
6   y_pred = ["ant", "ant", "cat", "cat", "ant", "cat"]
7   cm = confusion_matrix(y_true, y_pred, labels = ["ant", "bird", "cat"])
8   df = pd.DataFrame(cm, index = ["ant", "bird", "cat"], columns = ["ant", "bird", "cat"])
9   sns.heatmap(df, annot = True)
10  Out[21]:
```

正如前面所讲，从图 5.8 中可以明显地看出：混淆矩阵的每一行数据之和代表该类

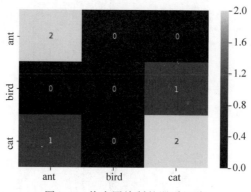

图 5.8　热力图绘制的混淆矩阵

别真实的数目,每一列之和代表该类别预测的数目,矩阵的对角线上的数值代表被正确预测的样本数目。

纵轴的标签表示真实属性,而横轴的标签表示分类的预测结果。以此热力图的第一行第一列这个数字 2 为例,它表示 ant 被成功分类成为 ant 的样本数目;同理,第三行第一列的数字 1 表示 cat 被分类成 ant 的样本数目,以此类推。

5.3.3　分类的不确定性

在开始深入探究如何使用不确定性来调试和解释模型之前,先来理解为什么不确定性如此重要。

1. 分类的不确定性

一个显著的例子就是高风险应用。假设你正在设计一个模型,用以辅助医生决定对患者的最佳治疗方案。在这种情况下,不仅要关注模型预测结果的准确性,还要关注模型对预测结果的确定性程度。如果结果的不确定性过高,那么医生应该慎重考虑。自动驾驶汽车是另外一个有趣的例子。当模型不确定道路上是否有行人时,可以使用此信息来减慢车速或者触发警报,便于驾驶员进行处理。

2. 不确定度指标

不确定度指标实际上反映了数据依赖于模型和参数的不确定程度。Scikit-learn 接口中有两个函数可以用于获取分类器的不确定度估计,即分类器预测某个测试点属于某个类别的置信程度。这两个函数分别是 decision_function 和 predict_proba。

下面对这两个函数进行简单的介绍:

1) decision_function

对于二分类的情况,decision_function(决策函数)的输出可以在任意范围取值,返回值的形状是 n_samples,注意这是一个一维数组,它为每个样本都返回一个浮点数,正值表示对正类(classes_ 属性的第二个元素)的置信程度,负值表示对负类(classes_ 属性的第一个元素)的置信程度,绝对值越大表示置信度越高。

对于多分类情况，decision_function 返回值的形状是（n_samples，n_classes），每一列对应每个类别的"确定性分数"，分数较高的类别可能性更大。

2）predict_proba

predict_proba（预测概率）的输出是每个类别的概率，总是为 0～1，两个类别的元素（概率）之和始终为 1。不管是二分类还是多分类，predict_proba 函数返回值的形状均为 n_samples，n_classes。

下面以 SVM 二分类为例，来分析一下结果。

```
1   In[22]:
2   import numpy as np
3   from sklearn.svm import SVC
4
5   X = np.array([[1,2,3],
6                 [1,3,4],
7                 [2,1,2],
8                 [4,5,6],
9                 [3,5,3],
10                [1,7,2]])
11
12  y = np.array([3, 3, 3, 2, 2, 2])
13
14  clf = SVC(probability = True)
15  clf.fit(X, y)
16  print("decision_function: \n",clf.decision_function(x))
17  print("predict:",clf.predict(x))
18  print("predict_proba: \n",clf.predict_proba(x))
19  print("classes_: ",clf.classes_)
20  Out[22]:
21  decision_function:
22   [ 1.00089036  0.64493601  0.97960658  -1.00023781 -0.9995244  -1.00023779]
23  predict: [3 3 3 2 2 2]
24  predict_proba:
25  [[0.09157972  0.90842028]
26   [0.20435202  0.79564798]
27   [0.09633253  0.90366747]
28   [0.94858803  0.05141197]
29   [0.94849393  0.05150607]
30   [0.94858803  0.05141197]]
31  classes_:[2 3]
```

如前面所讲，二分类问题的 decision_function 函数返回结果的形状与样本数量相同，且返回结果的数值表示模型预测样本属于正类的可信度。decision_function 函数返回的浮点数是可以带符号的，大于 0 表示正类的可信度大于负类，否则表示正类的可信度小于负类。

所以对于前 3 个样本，decision_function 都认为是正类的可信度高（大于 0），后 3 个样本是负类的可信度高（小于 0）。

接下来看一下 predict 函数的结果,前 3 个预测为正类 3,后 3 个样本预测为负类 2。

再看一下 predict_proba 函数预测的样本所属的类别概率,可以看到前 3 个样本属于类别 3(正类)的概率更大,后 3 个样本属于类别 2(负类)的概率更大。两个类别的概率之和始终为 1,即每个列表中两个元素之和是 1。

最后,二分类情况下 classes_ 中的第一个标签"2"代表负类,第二个标签"3"代表正类。

5.3.4　准确率-召回率曲线

微课视频

在二分类混淆矩阵中,可以很容易地看出,主对角线上(TN 与 TP)是全部预测正确的,副对角线上(FN 与 FP)是全部预测错误的。因此当得到模型的混淆矩阵后,就需要去观察对角线上的数量是否大,副对角线上的数量是否小。但是,混淆矩阵里面统计的是个数,有时候面对大量的数据,仅仅算个数,很难衡量模型的优劣。因此混淆矩阵在基本的统计结果上又延伸了如下几个指标。

1. 精确率

精确率(Accuracy)即分类正确的样本数占总样本的比例。

$$\text{Accuracy} = \frac{\text{TP} + \text{TN}}{\text{TP} + \text{TN} + \text{FP} + \text{FN}} \tag{5-1}$$

以 5.3.2 节的例子为例,来计算一下它的 Accuracy。

```
1   In[23]:
2   from sklearn.metrics import confusion_matrix
3   y_test = [0, 1, 0, 1]
4   y_predict = [1, 1, 1, 0]
5   TN, FP, FN, TP = confusion_matrix(y_test, y_predict).ravel()
6   print(TN, FP, FN, TP)
7   Out[23]:
8   0 2 1 1
9   In[24]:
10  from sklearn.metrics import accuracy_score
11  accuracy = accuracy_score(y_test, y_predict)
12  print("Accuracy = ",accuracy)
13  Out[24]:
14  Accuracy= 0.25
```

很明显 $\text{Accuracy} = \dfrac{1+0}{1+0+2+1} = 0.25$。

一般来说系统的精确率越高,性能越好。但是,对于正负样本数量极不均衡的情况,只通过精确率往往难以反映出系统的真实性能。比如,对于一个地震预测系统,假设所有样本中,1000 天中有 1 天发生地震(0:不地震,1:地震),分类器不假思索地将所有样本分类为 0,即可得到 99.99% 的精确率,但当地震真正来临时,并不能成功预测,这种结果是我们不能接受的。

2. 准确率

准确率（Precision）又叫**查准率**，其含义为预测为真的样本中实际为真的样本的占比。

$$Precision = \frac{TP}{TP + FP} \tag{5-2}$$

```
1   In[25]:
2   from sklearn.metrics import precision_score
3   precision = precision_score(y_test, y_predict)
4   print("Precision = ",precision)
5   Out[25]:
6   Precision = 0.3333333333333333
```

很明显 $Precision = \dfrac{1}{1+2} \approx 0.3333333333333333$。

3. 召回率

召回率（Recall）也叫**敏感性**（Sensitivity），又叫**查全率**。这个指标表示正样本中预测对的占总正样本的比例。顾名思义，"查全"表明预测为真覆盖到了多少实际为真的样本，换句话说遗漏了多少。

$$Recall = \frac{TP}{TP + FN} \tag{5-3}$$

```
1   In[26]:
2   from sklearn.metrics import recall_score
3   recall = recall_score(y_test, y_predict)
4   print("Recall = ",recall)
5   Out[26]:
6   Recall = 0.5
```

很明显 $Recall = \dfrac{1}{1+1} = 0.5$。

准确率和召回率是此消彼长的，即准确率提高了，召回率就会降低。因此，在不同的应用场景下，我们对准确率和召回率的关注点不同。例如，在假币预测、股票预测的时候，我们更关心的是准确率；而在地震预测、肿瘤预测的时候，我们更关注召回率，即地震或患病时预测错了的情况应该越少越好。

4. F1 值

F1 值（F1-Score）是用来衡量分类模型综合性能的一种指标。它同时兼顾了分类模型的准确率和召回率。F1 值可以看作模型准确率和召回率的调和平均数，它的最大值是1，最小值是 0。

调和平均数的性质是，当准确率和召回率二者都非常高的时候，它们的调和平均才会高。如果其中之一很低，调和平均就会被拉得接近于很低的那个数。

$$F1 = 2 \times \frac{\text{Precision} \times \text{Recall}}{\text{Precision} + \text{Recall}} \tag{5-4}$$

```
1   In[27]:
2   from sklearn.metrics import f1_score
3   f1_Score = f1_score(y_test, y_predict)
4   print("F1 - Score = ", f1_Score)
5   Out[27]:
6   F1 - Score =  0.4
```

很明显 $F1 = \dfrac{2 \times 0.3333333333333333 \times 0.5}{0.3333333333333333 + 0.5} \approx 0.4$。

5. 准确率-召回率曲线

如上所述,准确率-召回率(查准率-查全率)是一对相互矛盾的性能指标,而事实上我们期望的是既能保证查准率,又能提升查全率。

准确率-召回率曲线(Precision-Recall 曲线,P-R 曲线)也叫**查准率-查全率曲线**。对分类问题来讲,通过不断调整分类器的阈值,可以得到不同的 Precision-Recall 值,遍历所有可能的阈值,从而可以得到一条曲线(纵坐标为 Precision,横坐标为 Recall)。通常随着分类阈值从大到小变化,查准率减小,而查全率增加,如图 5.9 所示。

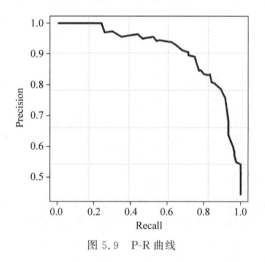

图 5.9　P-R 曲线

从图 5.9 中可以看出,查准率和查全率是一对相互矛盾的性能指标,比较两个分类器优劣时,显然是查得又准又全的比较好,也就是 P-R 曲线往坐标(1,1)的位置越靠近越好。

通常情况下,P-R 曲线在分类、检索等领域有着广泛的使用,用来表现分类、检索的性能。比如做病患检测、垃圾邮件过滤时,在保证查准率的前提下,提升查全率。

Scikit-learn 提供的接口 precision_recall_curve 函数是用来绘制 P-R 曲线,其函数原型如下。

```
1    sklearn.metrics.precision_recall_curve(
2            y_true,                    # y_true 是在范围{0,1}或{-1,1}中真实的二进制标签
3            probas_pred,               # array, shape = [n_samples] 估计概率或决策函数
4            pos_label = None,          # 正类样本标签
5            sample_weight = None       # 采样权重
6            )
```

返回值为 Precision、Recall 和 thresholds(所选阈值)。

接下来,使用 precision_recall_curve 函数来画出 P-R 曲线,如图 5.10 所示。

```
1    In[28]:
2    import matplotlib
3    import numpy as np
4    import matplotlib.pyplot as plt
5    from sklearn.metrics import precision_recall_curve
6
7    # y_true 为样本实际的类别,y_scores 为样本为正例的概率
8    y_true = np.array([1, 1, 1, 1, 1, 0, 1, 1, 0, 1, 1, 1, 0, 0, 0, 0, 1, 0, 0, 0])
9    y_scores = np.array([0.9, 0.75, 0.86, 0.47, 0.55, 0.56, 0.74, 0.62, 0.5, 0.86, 0.8,
     0.47, 0.44, 0.67, 0.43, 0.4, 0.52, 0.4, 0.35, 0.1])
10
11   plt.figure("P-R Curve")
12   plt.title('Precision/Recall Curve')
13   plt.xlabel('Recall')
14   plt.ylabel('Precision')
15
16   precision, recall, thresholds = precision_recall_curve(y_true, y_scores)
17   plt.plot(recall, precision)
18   plt.show()
19   Out[28]:
```

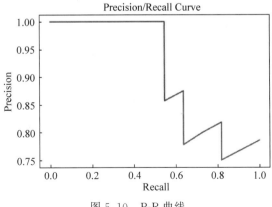

图 5.10　P-R 曲线

微课视频

5.3.5 受试者工作特征(ROC)与AUC

1. 受试者工作特征

受试者工作特征曲线(Receiver Operator Characteristic Curve,ROC 曲线)通常被用来评价一个二值分类器的优劣。ROC 曲线的横坐标是**假阳性率**(False Positive Rate,FPR),纵坐标是**真阳性率**(True Positive Rate,TPR)。

TPR 表示在所有实际为阳性的样本中,被正确地判断为阳性的比率,即 $TPR = \dfrac{TP}{TP+FN}$。而 **FPR** 表示在所有实际为阴性的样本中,被错误地判断为阳性之比率,即 $FPR = \dfrac{FP}{FP+TN}$。

TPR 越高,FPR 越低,则可以证明分类器分类效果越好。但是两者又是相互矛盾的,所以单凭 TPR 和 FPR 的两个值是没有办法比较两个分类器的好坏的,因此提出了 ROC 曲线。

对某个分类器而言,可以根据其在测试样本上的表现得到一个 TPR 和 FPR 点对。这样,此分类器就可以映射为 ROC 平面上的一个点。调整这个分类器在分类时使用的阈值,就可以得到一个经过(0,0)和(1,1)的曲线,该曲线就是此分类器的 ROC 曲线。如图 5.11 所示。

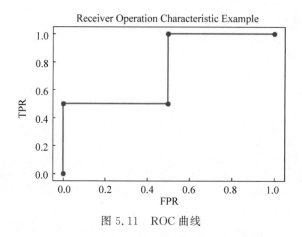

图 5.11 ROC 曲线

一般情况下,这个曲线都应该处于(0,0)和(1,1)连线的上方。因为(0,0)和(1,1)连线形成的 ROC 曲线实际上代表的是一个随机分类器。如果很不幸得到一个位于此直线下方的分类器的话,一个直观的补救办法就是把所有的预测结果反向处理。

ROC 曲线反映出 TPR 的增加以 FPR 的增加为代价,最靠近坐标左上方的点为 TPR 和 FPR 均较高的临界值,ROC 曲线下的面积是模型准确率的度量。

Sklearn 提供的接口 roc_curve 函数用来绘制 ROC 曲线。

```
1    fpr, tpr, thresholds = sklearn.metrics.roc_curve(
2        y_true,        # y_true 是在范围{0,1}或{-1,1}中真实的二进制标签.如果标签不是二
进制的,则应该显式地给出 pos_label
```

```
3        y_score,                    # 预测得分
4        pos_label = None,           # 正类样本标签
5        sample_weight = None,       # 即采样权重,可选取其中的一部分进行计算
6        drop_intermediate = True    # 即可选择去掉一些对于 ROC 性能不利的阈值,使得得
    到的曲线有更好的表现性能
7    )
```

其中,返回值 thresholds 是所选择的不同的阈值,将预测结果 scores 按照降序排列。
接下来以 Scikit-learn 官网给出的例子为例,代码如下。

```
1    In[29]:
2    import numpy as np
3    from sklearn import metrics
4    y = np.array([1, 1, 2, 2])
5    scores = np.array([0.1, 0.4, 0.35, 0.8])
6    fpr, tpr, thresholds = metrics.roc_curve(y, scores, pos_label = 2)
     # 负类标签为1,正类为2
7    print("FPR:",fpr)
8    print("TPR:",tpr)
9    print("thresholds:",thresholds)
10   Out[29]:
11   FPR: [0. 0. 0.5 0.5 1. ]
12   TPR: [0. 0.5 0.5 1. 1. ]
13   thresholds: [1.8 0.8 0.4 0.35 0.1 ]
```

thresholds 为将预测结果 scores 从大到小排列的结果。
最后画出 ROC 曲线,如图 5.11 所示。

```
1    In[30]:
2    import matplotlib.pyplot as plt
3
4    plt.plot(fpr,tpr,marker = 'o')
5    plt.xlabel('FPR')
6    plt.ylabel('TPR')
7    plt.title('Receiver Operating Characteristic Example')
8    plt.show()
9    Out[30]:
```

2. AUC

AUC(Area Under ROC Curve)是一种用来度量分类模型好坏的一个标准,假设分类器的输出是样本属于正类的 score(置信度),则 AUC 的物理意义为,任取一对(正、负)样本,正样本的 score 大于负样本的 score 的概率。AUC 值为 ROC 曲线所覆盖的区域面积。显然,AUC 越大,分类器分类效果越好。

AUC=1 是完美分类器。采用这个预测模型时,不管设定什么阈值都能得出完美预

测。但绝大多数预测的场合,不存在完美分类器。

0.5<AUC<1,优于随机猜测,若妥善设定阈值,分类器将具有预测价值。

AUC=0.5,跟随机猜测一样,模型没有预测价值。

AUC<0.5,比随机猜测还差,但只要总是反预测而行,就优于随机猜测。

Scikit-learn 计算 ROC 曲线下面积 AUC 有两种方法。

1) AUC 函数

使用 sklearn. metrics. auc 函数,它是一个通用方法,根据梯形规则计算曲线下面积,其函数原型如下。

```
1   sklearn.metrics.auc(
2       x,                  ♯ x 坐标,即 FPR,它必须是单调递增或单调递减的
3       y,                  ♯ y 坐标,即 TPR
4       reorder = False     ♯默认值
5       )
```

下面用 AUC 函数来计算图 5.11 所示 ROC 曲线下的面积。

```
1   In[31]:
2   import numpy as np
3   from sklearn import metrics
4   y = np.array([1, 1, 2, 2])
5   pred = np.array([0.1, 0.4, 0.35, 0.8])
6   fpr, tpr, thresholds = metrics.roc_curve(y, pred, pos_label = 2)
7   metrics.auc(fpr, tpr)
8   Out[31]:
9   0.75
```

2) roc_auc_score 函数

使用 sklearn. metrics. roc_auc_score,根据预测得分计算接受者工作特征曲线(ROC 曲线)下的面积,其函数原型如下:

```
1   sklearn.metrics.roc_auc_score(
2       y_true,                  ♯真实的标签
3       y_score,                 ♯预测得分
4       average = 'macro',       ♯{'micro', 'macro', 'samples', 'weighted'} or None, default = 'macro'
5       sample_weight = None,    ♯样本权重
6       max_fpr = None,          ♯float,> 0 and < = 1, default = None
7       multi_class = 'raise',   ♯{'raise', 'ovr', 'ovo'}, default = 'raise'
8       labels = None            ♯ 数组的形状(n_classes,), default = None
9       )
```

下面用 roc_auc_score 来计算图 5.11 所示 ROC 曲线下的面积。

```
1  In[32]:
2  import numpy as np
3  from sklearn.metrics import roc_auc_score
4  y_true = np.array([0, 0, 1, 1])
5  y_scores = np.array([0.1, 0.4, 0.35, 0.8])
6  roc_auc_score(y_true, y_scores)
7  Out[32]:
8  0.75
```

最后,以威斯康星乳腺癌二分类数据集为例,结合 5.2 节的交叉验证以及 ROC 与 AUC,画出 ROC 曲线并求出面积 AUC,完整代码如下,输出结果如图 5.12 所示。

```
1  In[33]:
2      # 导入所需要的模块
3  import pandas as pd
4  import numpy as np
5  import matplotlib.pyplot as plt
6  from sklearn import svm
7  from sklearn.metrics import roc_curve, auc
8  from sklearn.model_selection import StratifiedKFold
9
10 # 导入威斯康星乳腺癌数据集并进行预处理
11 bcdf = pd.read_csv('wdbc.csv')
12 bcdf.drop(['id','Unnamed: 32'], axis = 1, inplace = True)
13 bcdf['diagnosis'] = bcdf['diagnosis'].map({'M':1, 'B':0})
14 X = bcdf
15 y = bcdf.diagnosis
16 bcdf.drop('diagnosis', axis = 1, inplace = True)
17 n_samples, n_features = X.shape
18
19 # 增加噪声特征
20 random_state = np.random.RandomState(0)
21 X = np.c_[X, random_state.randn(n_samples, 200 * n_features)]
22
23 cv = StratifiedKFold(n_splits = 5)          # 利用分层 K 折交叉验证,将数据划分为 5 份
24 # SVC 模型
25 classifier = svm.SVC(kernel = 'linear', probability = True, random_state = random_state)
26 # 画平均 ROC 曲线的两个参数
27 mean_tpr = 0.0                              # 用来记录画平均 ROC 曲线的信息
28 mean_fpr = np.linspace(0, 1, 100)
29 cnt = 0
30 for i, (train, test) in enumerate(cv.split(X,y)):   # 利用模型划分数据集和目标变量
31     cnt += 1
32     probas_ = classifier.fit(X[train], y[train]).predict_proba(X[test])   # 训练模型并预测概率
33     fpr, tpr, thresholds = roc_curve(y[test], probas_[:, 1])   # 调用 roc_curve 函数
34     mean_tpr += np.interp(mean_fpr, fpr, tpr)   # 累计每次循环的总值后以求平均值
35     mean_tpr[0] = 0.0                           # 坐标以 0 为起点
```

```
36  roc_auc = auc(fpr, tpr)                    # 求 AUC 面积
37      # 画出当前分割数据的 ROC 曲线
38      plt.plot(fpr, tpr, lw = 1, label = 'ROC fold {0:.2f} (area = {1:.2f})'.format(i,
    roc_auc))
39  plt.plot([0, 1], [0, 1], '--', color = (0.6, 0.6, 0.6), label = 'Luck')
40  # 画对角线
41
42  mean_tpr /= cnt                            # 求平均值
43  mean_tpr[-1] = 1.0                         # 坐标以 1 为终点
44  mean_auc = auc(mean_fpr, mean_tpr)          # 求平均 AUC 面积
45
46  plt.plot(mean_fpr, mean_tpr, 'k--', label = 'Mean ROC (area = {0:.2f})'.format(mean_
    auc), lw = 2)
47  # 设置 x、y 轴的上下限,设置宽一点,以免和边缘重合,以便更好地观察图像的整体
48  plt.xlim([-0.05, 1.05])
49  plt.ylim([-0.05, 1.05])
50  plt.xlabel('False Positive Rate')
51  plt.ylabel('True Positive Rate')
52  plt.title('Breast Cancer Wisconsin ROC')
53  plt.legend(loc = "lower right")
54  plt.show
55  Out[33]:
```

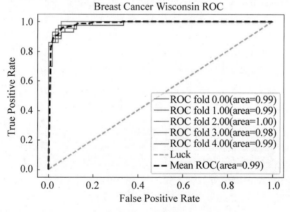

图 5.12　威斯康星乳腺癌 ROC 曲线

5.3.6　多分类指标

前面介绍了二分类的评价指标,多分类问题的所有评价指标基本上都来自二分类指标,但是要对所有类别进行平均。具体来讲,评价多分类问题时,通常把多分类问题分解为 n 个二分类问题,每次以其中一个类为正类,其余类统一为负类,并计算各种二分类指标,最后再对所有类别进行平均进而得到多分类评价指标。

多类分类评估有三种办法,分别对应 sklearn.metrics 中参数 average 值为 micro、macro 和 weighted 的情况,三种方法所求的值一般也不同。

1. 多分类的 Accuracy、Precision、Recall 和 F1-score 指标

(1) macro：分别计算第 i 类的 Precision、Recall 和 F1-score(把第 i 类当作正类，其余所有类统一为负类)，然后进行平均。

(2) micro：计算所有类别中 FP、FN 和 TP 的总数，然后利用这些数来分别计算 Precision、Recall 和 F1-score，这些值都等于 Accuracy 的值。

(3) weighted：是为了解决 macro 中没有考虑样本不均衡的情况，在计算 Precision 与 Recall 时，各个类别的 Precision 与 Recall 要乘以该类在总样本中的占比来求和。

接下来以三分类为例，分别来计算参数 average 值为 micro、macro 和 weighted 时的 Precision、Recall 和 F1-score。

首先生成一组数据，数据分为 -1、0、1 三类，真实数据 y_true 中，一共有 30 个 -1、240 个 0 和 30 个 1。生成数据并计算混淆矩阵，代码如下。

```
1   In[34]:
2   import numpy as np
3   from sklearn.metrics import confusion_matrix
4   y_true = np.array([-1] * 30 + [0] * 240 + [1] * 30)
5   y_pred = np.array([-1] * 10 + [0] * 10 + [1] * 10 +
6                     [-1] * 40 + [0] * 160 + [1] * 40 +
7                     [-1] * 5 + [0] * 5 + [1] * 20)
8   confusion_matrix(y_true, y_pred)
9   Out[34]:
10  array([[ 10, 10, 10],
11         [ 40, 160, 40],
12         [ 5, 5, 20]], dtype = int64)
```

计算参数 average 值为 macro 的情况。

```
1   In[35]:
2   from sklearn.metrics import precision_score, recall_score, f1_score
3   precision = precision_score(y_true, y_pred, average = "macro")
4   recall = recall_score(y_true, y_pred, average = "macro")
5   f1 = f1_score(y_true, y_pred, average = "macro")
6   print("precision:", precision)
7   print("recall:", recall)
8   print("f1:", f1)
9   Out[35]:
10  precision: 0.46060606060606063
11  recall: 0.5555555555555555
12  f1: 0.4687928183321521
```

计算参数 average 值为 micro 的情况。

```
1    In[36]:
2    precision = precision_score(y_true, y_pred, average = "micro")
3    recall = recall_score(y_true, y_pred, average = "micro")
4    f1 = f1_score(y_true, y_pred, average = "micro")
5    print("precision:", precision)
6    print("recall:", recall)
7    print("f1:", f1)
8    Out[36]:
9    precision: 0.6333333333333333
10   recall: 0.6333333333333333
11   f1: 0.6333333333333333
```

由于 micro 算法把所有的类放在一起算,比如 Precision,就是把所有类的 TP 加起来,再除以所有类的 TP 和 FP 相加之和。因此 micro 方法下的 Precision、Recall 和 F1-score 的值都等于 Accuracy。

计算参数 average 值为 weighted 的情况。

```
1    In[37]:
2    precision = precision_score(y_true, y_pred, average = "weighted")
3    recall = recall_score(y_true, y_pred, average = "weighted")
4    f1 = f1_score(y_true, y_pred, average = "weighted")
5    print("precision:", precision)
6    print("recall:", recall)
7    print("f1:", f1)
8    Out[37]:
9    precision: 0.7781818181818182
10   recall: 0.6333333333333333
11   f1: 0.6803968816442238
```

2. 多分类的 ROC 曲线及 AUC

计算多分类的 ROC 曲线以及 AUC 值时,若使用 roc_auc_score 函数,则参数 average 要设置为 average="micro"或"macro";若使用 AUC 函数,则采用 fpr["micro"]、tpr["micro"]或者 fpr["macro"]、tpr["macro"]。

以鸢尾花数据集为例,代码如下,输出的 ROC 曲线如图 5.13 所示。

```
1    In[38]:
2    import numpy as np
3    import matplotlib.pyplot as plt
4    from itertools import cycle
5    from sklearn import svm, datasets
6    from sklearn.metrics import roc_curve, auc
7    from sklearn.model_selection import train_test_split
8    from sklearn.preprocessing import label_binarize
9    from sklearn.multiclass import OneVsRestClassifier
```

```
10  from scipy import interp
11
12  # 加载数据
13  iris = datasets.load_iris()
14  x = iris.data
15  y = iris.target
16  # 将标签二值化,即变成[1 0 0] [0 0 1] [0 1 0]
17  y = label_binarize(y, classes = [0, 1, 2])
18
19  # 设置种类
20  n_classes = y.shape[1]
21
22  # 训练模型并预测
23  random_state = np.random.RandomState(0)
24  n_samples, n_features = x.shape
25
26  x_train, x_test, y_train, y_test = train_test_split(x, y, test_size = .5, random_state = 0)
27
28  classifier = OneVsRestClassifier(svm.SVC(kernel = 'linear', probability = True, random_
    state = random_state))
29  y_score = classifier.fit(x_train, y_train).decision_function(x_test)
30
31  # 计算每一类的 ROC
32  fpr = dict()
33  tpr = dict()
34  roc_auc = dict()
35  for i in range(n_classes):              # 遍历三个类别
36      fpr[i], tpr[i], _ = roc_curve(y_test[:, i], y_score[:, i])
37      roc_auc[i] = auc(fpr[i], tpr[i])
38
39  # Compute micro - average ROC curve and ROC area(micro 方法)
40  fpr["micro"], tpr["micro"], _ = roc_curve(y_test.ravel(), y_score.ravel())
41  roc_auc["micro"] = auc(fpr["micro"], tpr["micro"])
42
43  # Compute macro - average ROC curve and ROC area(macro 方法)
44  # First aggregate all false positive rates
45  all_fpr = np.unique(np.concatenate([fpr[i] for i in range(n_classes)]))
46  # Then interpolate all ROC curves at this points
47  mean_tpr = np.zeros_like(all_fpr)
48  for i in range(n_classes):
49      mean_tpr += interp(all_fpr, fpr[i], tpr[i])
50
51  # Finally average it and compute AUC
52  mean_tpr /= n_classes
53  fpr["macro"] = all_fpr
54  tpr["macro"] = mean_tpr
55  roc_auc["macro"] = auc(fpr["macro"], tpr["macro"])
56
```

```
57   # Plot all ROC curves
58   lw = 2
59   plt.figure()
60   plt.plot(fpr["micro"], tpr["micro"],
61        label = 'micro-average ROC curve (area - {0:0.2f})'
62              ''.format(roc_auc["micro"]),
63        color = 'deeppink', linestyle = ':', linewidth = 4)
64
65   plt.plot(fpr["macro"], tpr["macro"],
66        label = 'macro-average ROC curve (area = {0:0.2f})'
67              ''.format(roc_auc["macro"]),
68        color = 'navy', linestyle = ':', linewidth = 4)
69
70   colors = cycle(['aqua', 'darkorange', 'cornflowerblue'])
71   for i, color in zip(range(n_classes), colors):
72       plt.plot(fpr[i], tpr[i], color = color, lw = lw,
73            label = 'ROC curve of class {0} (area = {1:0.2f})'
74              ''.format(i, roc_auc[i]))
75
76   plt.plot([0, 1], [0, 1], 'k--', lw = lw)
77   plt.xlim([0.0, 1.0])
78   plt.ylim([0.0, 1.05])
79   plt.xlabel('False Positive Rate')
80   plt.ylabel('True Positive Rate')
81   plt.title('Receiver Operating Characteristic of multi-class')
82   plt.legend(loc = "lower right")
83   plt.show()
84   Out[38]:
```

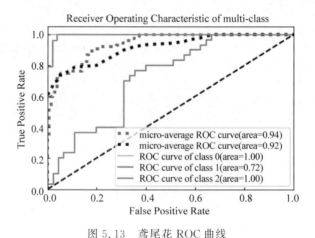

图 5.13　鸢尾花 ROC 曲线

3. classification_report

sklearn 中的 classification_report 函数用于显示主要分类指标的文本报告。在报告中显示每个类的 Precision、Recall 和 F1-score 以及 Accuracy(Micro 平均)、Macro 平均、Weighted 平均等信息,是评价模型便捷且全面的工具。

```
1   sklearn.metrics.classification_report(
2       y_true,                    #一维数组,或标签指示器数组/稀疏矩阵,目标值
3       y_pred,                    #一维数组,或标签指示器数组/稀疏矩阵,分类器返回的估计值
4       labels = None,             #array,shape = [n_labels],报表中包含的标签索引的可选列表
5       target_names = None,       #字符串列表,与标签匹配的可选显示名称(相同顺序)
6       sample_weight = None,      #类似于 shape = [n_samples]的数组,可选项,样本权重
7       digits = 2,                #输出浮点值的位数,如果 output_dict = True,此参数不起作用
8       output_dict = False        # 为 True 则评估结果以字典形式返回
9   )
```

```
1   In[39]:
2   from sklearn.metrics import classification_report
3   y_true = [0, 1, 2, 2, 2]
4   y_pred = [0, 0, 2, 2, 1]
5   target_names = ['class A', 'class B', 'class C']
6   print(classification_report(y_true, y_pred, target_names = target_names))
7   Out[39]:
8                  precision    recall    f1 - score    support
9
10      class A       0.50       1.00       0.67          1
11      class B       0.00       0.00       0.00          1
12      class C       1.00       0.67       0.80          3
13
14      accuracy                            0.60          5
15     macro avg      0.50       0.56       0.49          5
16  weighted avg      0.70       0.60       0.61          5
```

其中,support(支持度)指原始的真实数据中属于该类的数目,即每个标签出现的次数。

5.3.7 回归指标

微课视频

回归模型是机器学习中很重要的一类模型,不同于常见的分类模型,分类问题的评价指标是准确率,回归算法的评价指标主要是 MSE、RMSE、MAE、MedAE、R2、EVS。

1. 均方误差

均方误差(Mean Squared Error,MSE),是反映估计量与被估计量之间差异程度的一种度量,其值越小说明拟合效果越好,所以常被用作线性回归的损失函数。

MSE 的计算公式如式(5-5)所示。

$$\text{MSE} = \frac{1}{n} \sum_{i=1}^{n} (y_i - \hat{y}_i)^2 \tag{5-5}$$

sklearn 使用 mean_squared_error 函数计算均方误差。

```
1   In[40]:
2   from sklearn.metrics import mean_squared_error
3   y_true = [3, − 0.5, 2, 7]
4   y_pred = [2.5, 0.0, 2, 8]
5   mean_squared_error(y_true, y_pred)
6   Out[40]:
7   0.375
```

2. 平均绝对误差

平均绝对误差(Mean Absolute Error,MAE),预测目标值和实际目标值之间误差的绝对值的平均数,可以更好地反映预测值误差的实际情况,其值越小越好。

MAE 的计算公式如式(5-6)所示。

$$MAE = \frac{1}{n} \sum_{i=1}^{n} |y_i - \hat{y}_i| \tag{5-6}$$

sklearn 使用 mean_absolute_error 函数计算平均绝对误差。

```
1   In[41]:
2   from sklearn.metrics import mean_absolute_error
3   y_true = [3, − 0.5, 2, 7]
4   y_pred = [2.5, 0.0, 2, 8]
5   mean_absolute_error(y_true, y_pred)
6   Out[41]:
7   0.5
```

3. 中位绝对误差

中位绝对误差(Median Absolute Error,MedAE)通过取目标值和预测值之间的所有绝对差值的中值来计算损失,其值越小越好。

MedAE 的计算公式如式(5-7)所示。

$$MedAE(y, \hat{y}) = median(|y_1 - \hat{y}_1|, \cdots, |y_n - \hat{y}_n|) \tag{5-7}$$

sklearn 使用 median_absolute_error 函数计算中位绝对误差。

```
1   In[42]:
2   from sklearn.metrics import median_absolute_error
3   y_true = [3, − 0.5, 2, 7]
4   y_pred = [2.5, 0.0, 2, 8]
5   median_absolute_error(y_true, y_pred)
6   Out[42]:
7   0.5
```

4. R2 决定系数

R2 决定系数(R-Squared)表示回归方程在多大程度上解释了因变量的变化,或者说方程对观测值的拟合程度如何。R2 决定系数的最优值为 1(完全拟合);为 0 时,说明模型和样本基本没有关系;也可为负,为负时说明模型非常差。

R-Squared 计算公式为:

$$R^2(y,\hat{y}) = 1 - \frac{\sum_{i=1}^{n}(y_i - \hat{y}_i)^2}{\sum_{i=1}^{n}(y_i - \overline{y})^2} \tag{5-8}$$

sklearn 使用 r2_score 函数计算 R2 决定系数。

```
1    In[43]:
2    from sklearn.metrics import r2_score
3    y_true = [3, -0.5, 2, 7]
4    y_pred = [2.5, 0.0, 2, 8]
5    r2_score(y_true, y_pred)
6    Out[43]:
7    0.9486081370449679
```

5. 可释方差得分

可释方差得分(Explained Variance Score,EVS),也叫解释方差得分。表征模型中残差的方差在整个数据集所占的比重的变量,可释方差值最好的分数是 1.0,分数越低效果越差。

计算公式为:

$$\text{explained\_variance}(y,\hat{y}) = 1 - \frac{\text{var}\{y - \hat{y}\}}{\text{var}\{y\}} \tag{5-9}$$

sklearn 使用 explained_variance_score 函数计算可释方差得分。

```
1    In[44]:
2    from sklearn.metrics import explained_variance_score
3    y_true = [3, -0.5, 2, 7]
4    y_pred = [2.5, 0.0, 2, 8]
5    explained_variance_score(y_true, y_pred)
6    Out[44]:
7    0.9571734475374732
```

5.3.8 在模型选择中使用评估指标

前面详细讨论了若干种评估方法,本节以手写数字数据集(digits)为例,并根据真实情况和具体模型来应用前面所学的分类指标及回归指标。

微课视频

1. 分类指标的应用

首先导入 digits 数据集。

```
1    In[45]:
2    import pandas as pd
```

```
3    from sklearn.datasets import load_digits
4    digits = load_digits()
```

查看模块的属性列表。

```
1    In[46]:
2    dir(digits)
3    Out[46]:
4    ['DESCR', 'data', 'feature_names', 'frame', 'images', 'target', 'target_names']
```

样本集中第一个手写数字"0"的图像特征。

```
1    In[47]:
2    print(digits.images[0])
3    Out[47]:
4    [[ 0.   0.   5.  13.   9.   1.   0.   0.]
5     [ 0.   0.  13.  15.  10.  15.   5.   0.]
6     [ 0.   3.  15.   2.   0.  11.   8.   0.]
7     [ 0.   4.  12.   0.   0.   8.   8.   0.]
8     [ 0.   5.   8.   0.   0.   9.   8.   0.]
9     [ 0.   4.  11.   0.   1.  12.   7.   0.]
10    [ 0.   2.  14.   5.  10.  12.   0.   0.]
11    [ 0.   0.   6.  13.  10.   0.   0.   0.]]
```

样本集中第一个手写数字"0"的可视化,如图 5.14 所示。

```
1    In[48]:
2    import matplotlib.pyplot as plt
3    plt.imshow(digits.images[0],cmap = 'binary')
4    plt.show()
5    Out[48]:
```

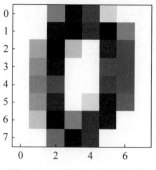

图 5.14　手写"0"的可视化

划分数据集,其中 20% 用于测试,80% 用于训练。

```
1    In[49]:
2    from sklearn.model_selection import train_test_split
```

```
3    X_train, X_test, y_train, y_test = train_test_split(x, y, test_size = 0.2, random_state = 0)
4    print("x. shape:", x. shape, "y. shape:", y. shape)
5    print("X_train:", X_train. shape)
6    print("y_train:", y_train. shape)
7    print("X_test:", X_test. shape)
8    print("y_test:", y_test. shape)
9    Out[49]:
10   x. shape: (1797, 64) y. shape: (1797,)
11   X_train: (1437, 64)
12   y_train: (1437,)
13   X_test: (360, 64)
14   y_test: (360,)
```

训练模型并调优。

```
1    In[50]:
2    from sklearn. model_selection import GridSearchCV
3    from sklearn. svm import SVC
4    param_grid = { 'C': [0.001, 0.01, 1, 10], 'gamma': [0.001, 0.01, 1, 10], 'kernel':
['linear', 'rbf']}
5    grid = GridSearchCV(SVC(), param_grid = param_grid)
6    grid. fit(X_train, y_train)
7    print("Best parameters:", grid. best_params_)
8    print("Best score: {:.3f}". format(grid. best_score_))
9    print("Test set accuracy: {:.3f}". format(grid. score(X_test, y_test)))
10   print("Best estimator: {}". format(grid. best_estimator_))
11   Out[50]:
12   Best parameters: {'C': 1, 'gamma': 0.001, 'kernel': 'rbf'}
13   Best score: 0.991
14   Test set accuracy: 0.992
15   Best estimator: SVC(C = 1, gamma = 0.001)
```

调用 classification_report 输出各评估指标的值。

```
1    In[51]:
2    from sklearn. metrics import classification_report
3    predicted = grid. best_estimator_. predict(X_test)
4    print(classification_report(y_test, predicted))
5    Out[51]:
6              precision    recall   f1 - score   support
7
8         0      1.00       1.00        1.00         27
9         1      0.97       1.00        0.99         35
10        2      1.00       1.00        1.00         36
11        3      1.00       1.00        1.00         29
12        4      1.00       1.00        1.00         30
13        5      0.97       0.97        0.97         40
14        6      1.00       1.00        1.00         44
```

15	7	1.00	1.00	1.00	39
16	8	1.00	0.97	0.99	39
17	9	0.98	0.98	0.98	41
18					
19	accuracy			0.99	360
20	macro avg	0.99	0.99	0.99	360
21	weighted avg	0.99	0.99	0.99	360

最后可视化混淆矩阵,如图 5.15 所示。

```
1   In[52]:
2   import seaborn as sn
3   from sklearn.metrics import confusion_matrix
4   cm = confusion_matrix(y_test, predicted)
5   sn.heatmap(cm, annot = True)
6   Out[52]:
```

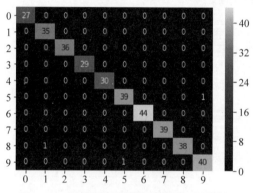

图 5.15　热力图绘制的混淆矩阵(见彩插)

从上面的热力图可以看出,模型仅有一次将数字 1 识别为 8,一次将数字 5 识别为 9,一次将数字 9 识别为 5。除此之外,模型全部识别正确。

2. 回归指标的应用

具体代码如下。

```
1   In[53]:
2   from sklearn.datasets import load_digits
3   from sklearn.model_selection import train_test_split
4   from sklearn.linear_model import LogisticRegression
5   from sklearn.metrics import r2_score
6   from sklearn.metrics import explained_variance_score
7   from sklearn.metrics import mean_absolute_error
8   from sklearn.metrics import mean_squared_error
9   from sklearn.metrics import median_absolute_error
```

```
10   # 导入 digits 数据集
11   digits = load_digits()
12   n_samples = len(digits.images)
13   x = digits.images.reshape((n_samples, -1))
14   y = digits.target
15   # 划分数据集,其中 20 % 用于测试,80 % 用于训练
16   x_train, x_test, y_train, y_test = train_test_split(x, y, test_size = 0.2, random_state = 0)
17   # 训练数据
18   lr = LogisticRegression()
19   lr.fit(x_train, y_train)
20   y_pre_lr = lr.predict(x_test)
21   lr_R2 = r2_score(y_test, y_pre_lr)
22   lr_EVS = explained_variance_score(y_test, y_pre_lr)
23   lr_MAE = mean_absolute_error(y_test, y_pre_lr)
24   lr_medAE = median_absolute_error(y_test, y_pre_lr)
25   lr_MSE = mean_squared_error(y_test, y_pre_lr)
26   # 输出评估指标
27   print("R2 决定系数:", lr_R2)
28   print("可释方差:", lr_EVS)
29   print("平均绝对误差:", lr_MAE)
30   print("中位绝对误差:", lr_medAE)
31   print("均方误差:", lr_MSE)
32   Out[53]:
33   R2 决定系数: 0.8996259447195352
34   可释方差: 0.8997035535251644
35   平均绝对误差: 0.1527777777777778
36   中位绝对误差: 0.0
37   均方误差: 0.8083333333333333
```

最后可视化混淆矩阵,如图 5.16 所示。

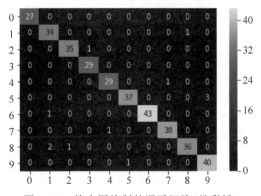

图 5.16　热力图绘制的混淆矩阵(见彩插)

```
1   In[54]:
2   import seaborn as sn
3   from sklearn.metrics import confusion_matrix
```

```
4    cm = confusion_matrix(y_test,y_pre_lr)
5    sn. heatmap(cm, annot = True)
6    Out[54]:
```

从图 5.16 中可以看出,由于未对模型进行调优,因此识别效果明显不如图 5.15。

微课视频

5.4　处理类的不平衡问题

在机器学习的实践中,通常会遇到实际数据中正负样本比例不平衡的情况,也叫数据倾斜。对于数据倾斜的情况,如果选取的算法不合适,或者评价指标不合适,那么对于实际应用线上时效果往往不尽人意,所以如何解决数据不平衡问题是实际生产中非常常见且重要的问题。

5.4.1　类别不平衡问题

类别不平衡(Class-Imbalance)是指分类任务中不同类别的训练样例数目差别很大的情况。在现实的分类学习任务中,经常会遇到类别不平衡的现象,比如在二分类问题中,通常假设正负类别相对均衡,然而实际应用中类别不平衡的现象是非常常见的,比如疾病检测、产品抽检、邮件过滤、信用卡欺诈等。

如果不同类别的训练样例数目稍有差别,通常影响不大,但若差别很大,则会对学习过程造成困扰。如图 5.17 所示,产品抽检数据集中有 998 个反例,但是正例只有 2 个,那么学习方法只需要返回一个永远将新样本预测为反例的学习器,就能达到 99.8% 的精度;然而这样的学习器没有任何实际价值,因为它不能预测出任何正例,因此有必要了解类别不平衡问题处理的基本方法。

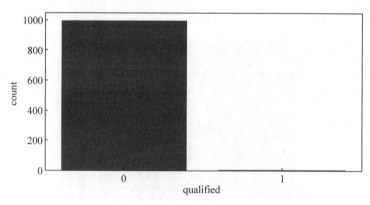
图 5.17　抽检数据集正反例对比图

如何解决机器学习中类别不平衡问题呢? 严格地讲,任何数据集都存在数据不平衡的现象,这往往是由问题本身决定的,处理时只需要关注那些分布差别比较悬殊的;另外,虽然很多数据集都包含多个类别,但这里着重考虑二分类,因为在解决了二分类中的数据不平衡问题后,推而广之,就能得到多分类情况下的解决方案。

5.4.2　解决类别不平衡问题

1. 采样法

采样法是通过对训练集进行预处理,使其从不平衡转变为较平衡的数据集的方法。该方法是较为常用的方法,并且通常情况下比较有效。采样法分为欠采样和过采样两种。

1) 欠采样

欠采样(Undersampling)通过减少分类中多数类的样本数量,使得正例、反例数目平衡。最直接的方法是随机地去掉一些多数类样本,减小多数类的规模,然后再进行学习。该方法的缺点是会丢失多数类样本中的一些重要信息。

2) 过采样

过采样(Oversampling)通过增加分类中少数类样本的数量,使得正例、反例数目平衡。最直接的方法是简单复制少数类样本,形成多条记录,然后再进行学习。该方法的缺点是如果样本特征少,可能导致过拟合。

2. 惩罚权重

该方法在算法实现过程中,对于分类中不同样本数量的类别分别赋予不同的权重,即小样本数量类别赋予较高权重,而大样本数量类别赋予较低权重,然后进行计算和建模。使用这种方法时需要对样本作额外处理,只需要在算法模型的参数中进行相应设置即可。很多模型和算法中都有基于类别参数的调整设置,以 Scikit-learn 中的 SVM 为例,通过将 class_weight 参数设置为 balanced 即可。这样 SVM 会将权重设置为与不同类别样本数量成反比的权重来做自动均衡处理,因此该方法是更加简单且高效的方法。

代码清单 5-4：处理类的不平衡问题

对 Scikit-learn 官网的例子稍加改动为例,具体代码如下,输出如图 5.18 所示。

```
1   In[55]:
2   import numpy as np
3   import matplotlib.pyplot as plt
4   from sklearn import svm
5   from sklearn.datasets import make_blobs
6
7   # we create two clusters of random points
8   n_samples_1 = 1000
9   n_samples_2 = 100
10  centers = [[0.0, 0.0], [2.0, 2.0]]
11  clusters_std = [1.5, 0.5]
12  X, y = make_blobs(n_samples = [n_samples_1, n_samples_2],
13                    centers = centers,
14                    cluster_std = clusters_std,
15                    random_state = 0, shuffle = False)
16
17  # fit the model and get the separating hyperplane
```

```
18  clf = svm.SVC(kernel = 'linear', C = 1.0)
19  clf.fit(X, y)
20
21  # fit the model and get the separating hyperplane using weighted classes
    wclf = svm.SVC(kernel = 'linear', class_weight = 'balanced')   # 官网中 class_weight = {1: 10}
22  wclf.fit(X, y)
23
24  # plot the samples
25  plt.scatter(X[:, 0], X[:, 1], c = y, cmap = plt.cm.Paired, edgecolors = 'k')
26
27  # plot the decision functions for both classifiers
28  ax = plt.gca()
29  xlim = ax.get_xlim()
30  ylim = ax.get_ylim()
31
32  # create grid to evaluate model
33  xx = np.linspace(xlim[0], xlim[1], 30)
34  yy = np.linspace(ylim[0], ylim[1], 30)
35  YY, XX = np.meshgrid(yy, xx)
36  xy = np.vstack([XX.ravel(), YY.ravel()]).T
37
38  # get the separating hyperplane
39  Z = clf.decision_function(xy).reshape(XX.shape)
40
41  # plot decision boundary and margins
42  a = ax.contour(XX, YY, Z, colors = 'k', levels = [0], alpha = 0.5, linestyles = ['-'])
43
44  # get the separating hyperplane for weighted classes
45  Z = wclf.decision_function(xy).reshape(XX.shape)
46
47  # plot decision boundary and margins for weighted classes
48  b = ax.contour(XX, YY, Z, colors = 'r', levels = [0], alpha = 0.5, linestyles = ['-'])
49  plt.legend([a.collections[0], b.collections[0]], ["non weighted", "weighted"], loc =
    "upper right")
50  plt.show()
51  Out[55]:
```

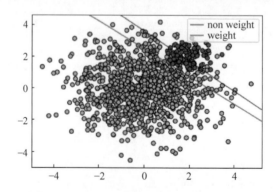

图 5.18　用 SVC 最优分离超平面(见彩插)

首先用平面 SVC 找到分离平面(non weighted,用蓝色线表示),然后通过将 class_ weight 参数设置为 balanced,自动校正不平衡类别并绘制分离超平面(weighted,用红色线表示)。

5.5 网格搜索优化模型

机器学习应用中,有两种类型的参数:一种是从训练集中学习到的参数,例如逻辑回归的权重;另一种是为了使学习算法达到最优而可调节的参数,即需要预先优化设置而非通过训练得到的参数,例如逻辑回归中的正则化参数或决策树中的深度参数、人工神经网络模型中隐藏层层数和每层的结点个数、正则项中常数大小等,这种可调节的参数称为超参数(Hyperparameters)。超参数选择不恰当的话,就会出现欠拟合或者过拟合的问题。

在选择超参数的时候,有两种途径:一种是凭经验微调;另一种就是选择不同大小的参数,代入模型中,挑选表现最好的参数。第一种微调的方法是手工调制超参数,直到找到一个好的超参数组合,但是这么做的话非常耗时,也可能没有时间探索多种组合。所以最常用的方法就是利用网格搜索,通过调参来评估一个模型的泛化能力。

5.5.1 简单网格搜索选择超参数

微课视频

网格搜索是模型超参数(即需要预先优化设置而非通过训练得到的参数)的优化技术,常用于优化三个或者更少数量的超参数,本质是穷举法。对于每个超参数,使用者选择一个较小的有限集去探索。然后,由这些超参数的笛卡儿乘积得到若干组超参数。网格搜索使用每组超参数训练模型,挑选验证集误差最小的超参数作为最优的超参数。

网格搜索采用的是穷举法的思路,其计算复杂度将随需要优化的超参数规模指数增长。因此该方法只适用于规模很小的超参数优化问题。当超参数规模较大时,随机搜索将会是更高效的超参数优化方法。

现在,要用网格搜索这个更加强大的超参数优化工具来找到超参数值的最优组合,从而进一步改善模型的性能。以鸢尾花数据集为例,通过调节 SVM 分类器的 C 和 gamma 参数,在 2 个参数上使用 for 循环,对每种参数组合分别训练并评估一个分类器,实现简单的网格搜索。

代码清单 5-5:网格搜索优化模型

```
1   In[56]:
2   from sklearn.datasets import load_iris
3   iris_dataset = load_iris()
4   In[57]:
5   # 用简单网格搜索选择超参数
6   from sklearn.model_selection import train_test_split
7   from sklearn.svm import SVC
8   X_train, X_test, y_train, y_test = train_test_split( iris.data, iris.target, random_
    state = 0)
```

```
9    print("training set: {} test set: {}".format( X_train. shape[0], X_test. shape[0]))
10   best_score = 0                                    # 存储当前最好分数
11   for gamma in [0.001, 0.01, 0.1, 1, 10, 100]:      # gamma 参数
12       for C in [0.001, 0.01, 0.1, 1, 10, 100]:      # C 参数
13           # 对 gamma 和 C 参数的每种组合都训练一个 SVC
14           svm = SVC(gamma = gamma, C = C)
15           svm.fit(X_train, y_train)
16           # 在测试集上对 SVC 进行评估
17           score = svm.score(X_test, y_test)
18           # 保存更高的分数和对应的参数
19           if score > best_score:
20               best_score = score
21               best_parameters = {'C': C, 'gamma': gamma}
22   print("Best score: {:.2f}".format(best_score))
23   print("Best parameters: {}".format(best_parameters))
24   Out[57]:
25   Size of training set: 112 size of test set: 38
26   Best score: 0.97
27   Best parameters: {'C': 100, 'gamma': 0.001}
```

得分为 97%,看起来还不错。但值得注意的是,将原始数据集划分成训练集和测试集以后,其中测试集除了用作调整参数,也用来测量模型的好坏。这样做导致最终的评分结果比实际效果好,因为测试集在调参过程中被送到模型里,而我们的目的是将训练模型应用到未曾见过的新数据上。

5.5.2 验证集用于选择超参数

已经知道,用测试集估计学习器的泛化误差,其重点在于测试样本不能以任何形式参与到模型的选择之中,包括超参数的设定,否则将导致过拟合。基于这个原因,测试集中的样本不能用于验证集。因此,只能从训练数据中构建验证集,对训练集再进行一次划分,分为训练集和验证集。这样划分的结果就是:原始数据划分为 3 份,分别为训练集(Training Set)、验证集(Validation Set)和测试集(Testing Set)。其中训练集用于学习参数(即训练模型);验证集用于估计训练中或训练后的泛化误差,更新超参数(即挑选超参数);而测试集用来衡量模型表现的好坏(即评价模型的泛化能力)。

这样一来就将原始数据集划分为如图 5.19 所示的训练集、验证集及测试集 3 个数据集。

```
1   In[58]:
2   import mglearn
3   mglearn.plots.plot_threefold_split()
4   Out[58]:
```

具体流程如图 5.20 所示。

将数据集划分为训练集、验证集和测试集后,利用验证集选定最佳参数,用找到的最

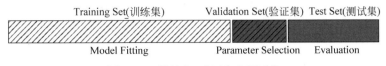

图 5.19 训练集、验证集和测试集

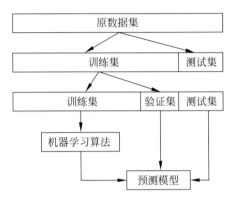

图 5.20 验证集用于选择超参数的流程

优超参数重新构建模型,并同时在训练集和验证集上进行训练,以便使用尽可能多的数据来构建模型,从而获得较好的评估结果。

具体的代码实现如下。

```
1   In[59]:
2   from sklearn.svm import SVC
3   # 将数据划分为训练集与测试集
4   X_trainval, X_test, y_trainval, y_test = train_test_split(iris.data, iris.target,
    random_state = 0)
5   # 将训练集划分为训练集与验证集
6   X_train, X_valid, y_train, y_valid = train_test_split(X_trainval, y_trainval, random_
    state = 1)
7   print("training set: {} validation set: {} test set:"
    " {}\n".format(X_train.shape[0], X_valid.shape[0], X_test.shape[0]))
8
9   best_score = 0
10
11  for gamma in [0.001, 0.01, 0.1, 1, 10, 100]:          # gamma 参数
12      for C in [0.001, 0.01, 0.1, 1, 10, 100]:          # C 参数
13          # 对 gamma 和 C 参数的每种组合都训练一个 SVC
14          svm = SVC(gamma = gamma, C = C)
15          svm.fit(X_train, y_train)
16          # 在验证集上评估 SVC
17          score = svm.score(X_valid, y_valid)
18          # 保存更高的分数和对应的参数
19          if score > best_score:
20              best_score = score
21              best_parameters = {'C': C, 'gamma': gamma}
```

```
22          # 在训练+验证集上重新构建一个模型,并在测试集上进行评估
23          svm = SVC( ** best_parameters)
24          svm.fit(X_trainval, y_trainval)
25      test_score = svm.score(X_test, y_test)
26
27      print("Best score on validation set: {:.2f}".format(best_score))
28      print("Best parameters: ", best_parameters)
29      print("Test set score with best parameters: {:.2f}".format(test_score))
30      Out[59]:
31      training set: 84 validation set: 28 test set: 38
32
33      Best score on validation set: 0.96
34      Best parameters: {'C': 10, 'gamma': 0.001}
35      Test set score with best parameters: 0.92
```

从输出结果可以看到,验证集上的最高分数是 96%,比之前的 97% 低了 1%,主要因为这次使用了更少的数据(一部分被划分为了验证集)来训练模型。测试集上的分数为92%,这个分数实际反映了模型的泛化能力,也就是说模型仅对 92% 的新数据进行了正确的分类,而不是之前认为的 97%。

5.5.3 带交叉验证的网格搜索

微课视频

尽管将数据集划分为训练集、验证集和测试集的方法相对有用,可行性较高。但是该方法对数据的划分比较敏感,也就是说其最终的表现好坏与初始数据的划分结果有很大的关系,且有时候泛化性能较低,为了得到更好的泛化性能的更好估计,可以通过交叉验证来评估每种组合的性能并以此来降低偶然性。

```
1       In[60]:
2       from sklearn.model_selection import cross_val_score
3
4       best_score = 0
5       for gamma in [0.001,0.01,1,10,100]:
6           for c in [0.001,0.01,1,10,100]:
7               # 对于每种参数可能的组合,进行一次训练
8               svm = SVC(gamma = gamma,C = c)
9               # 5 折交叉验证
10              scores = cross_val_score(svm,X_trainval,y_trainval,cv = 5)
11              score = scores.mean()
12              # 找到表现最好的参数
13              if score > best_score:
14                  best_score = score
15                  best_parameters = {'gamma':gamma,"C":c}
16
17      # 使用最佳参数,构建新的模型
18      svm = SVC( ** best_parameters)
19
```

```
20   ♯ 使用训练集和验证集进行训练
21   svm.fit(X_trainval, y_trainval)
22
23   ♯ 模型评估
24   test_score = svm.score(X_test, y_test)
25
26   print('Best score on validation set :{:.2f}'.format(best_score))
27   print('Best parameters:{}'.format(best_parameters))
28   print('Best score on test set:{:.2f}'.format(test_score))
29   Out[60]:
30   Best score on validation set :0.97
31   Best parameters:{'gamma': 0.01, 'C': 100}
32   Best score on test set:0.97
```

从运行结果可以看出,验证集上的最高分数是 97%,比 5.5.2 节提高了 1%;测试集上的分数为 97%,比 5.5.2 节提高了 5%,说明交叉验证的使用进一步提高了模型的泛化能力。

在实际应用中,交叉验证经常与网格搜索进行结合,即**带交叉验证的网格搜索**(Grid Search with Cross Validation),并以此作为参数评价的一种常用方法。为此 Scikit-learn 提供了 GridSearchCV 类,它以估计器(Estimator)的形式实现了这种方法。

1. GridSearchCV 简介

GridSearchCV 存在的意义就是自动调参,只要把参数输进去,它就能给出最优化结果和参数。GridSearchCV 其实可以拆分为 GridSearch 和 CV 两部分,即网格搜索和交叉验证。网格搜索,搜索的是参数,即在指定的参数范围内,按步长依次调整参数,利用调整的参数训练学习器,从所有的参数中找到在验证集上精度最高的参数,这其实是一个训练和比较的过程。交叉验证的目的是提高模型的泛化能力,得到可靠稳定的模型。

GridSearchCV 可以保证在指定的参数范围内找到精度最高的参数,但是这也是网格搜索的缺陷所在:它要求遍历所有可能参数的组合,在面对大数据集和多参数的情况下,非常耗时。

2. GridSearchCV 类构造方法参数说明

GridSearchCV 类的构造方法的语法格式如下。

```
__init__(self, estimator, param_grid, scoring = None, fit_params = None, n_jobs = 1, iid =
True, refit = True, cv = None, verbose = 0, pre_dispatch = '2 * n_jobs', error_score = 'raise',
return_train_score = 'warn')
```

GridSearchCV 类构造方法各参数如下。

1) estimator
选择使用的分类器,并且传入除需要确定最佳的参数之外的其他参数。每一个分类器都需要一个 scoring 参数或者 score 方法,举例如下。

```
estimator = RandomForestClassifier(min_sample_split = 100, min_samples_leaf = 20, max_
depth = 8, max_features = 'sqrt', random_state = 10)
```

2) param_grid

需要最优化的参数的取值,值为字典或者列表,举例如下。

```
param_grid = {'kernel': ['linear', 'rbf'], 'gamma': [0.001, 0.01, 1, 10, 100], 'C': [0.001,
0.01, 1, 10, 100]}
```

3) scoring

模型评价标准,默认为 None,这时需要使用 score 函数;根据所选模型不同,评价准则不同,字符串(函数名)或可调用对象需要其函数签名,形如 scorer(estimator, X, y);如果是 None,则使用 estimator 的误差估计函数。

4) fit_params

该参数通常取 None。

5) n_jobs

n_jobs:并行数。n_jobs 为 -1 表示跟 CPU 核数一致,默认值为 1。

6) iid

iid:默认为 True,为 True 时,默认为各个样本 fold 概率分布一致,误差估计为所有样本之和,而非各个 fold 的平均。

7) refit

默认为 True,程序将会以交叉验证训练集得到的最佳参数,重新对所有可能的训练集与开发集进行,作为最终用于性能评估的最佳模型参数。即在搜索参数结束后,用最佳参数结果再次 fit 一遍全部数据集。

8) cv

交叉验证参数,默认为 None,使用 3 折交叉验证。指定 fold 数量,默认为 3,也可以是 yield 训练/测试数据的生成器。

9) verbose

verbose:日志冗长度。为 0 表示不输出训练过程,为 1 表示偶尔输出,大于 1 表示对每个子模型都输出。

10) pre_dispatch

指定总的并行任务数,当 n_jobs 大于 1 时,数据将在每个运行点进行复制,这可能导致 OOM,而设置 pre_dispatch 参数,则可以预先划分总的任务数量,使数据最多被复制 pre_dispatch 次。

11) error_score

该参数通常取 raise。

12) return_train_score

该参数通常取 warn。如果取 False,cv_results_ 属性将不包括训练分数。

3. GridSearchCV 对象属性说明

1) cv_results

具有键作为列标题和值作为列的字典,可以导入 DataFrame 中,params 键用于存储所有参数候选项的参数设置列表。

2) best_estimator

通过搜索选择的估计器,即在左侧数据上给出最高分数(或指定的最小损失)的估计器。如果 refit = False,则该属性不可用。

3) best_score

best_estimator 的交叉验证平均分数。

4) best_params_

在保存数据上给出最佳结果的参数设置。

5) best_index_

对应于最佳候选参数设置的索引。

6) scorer_

选出最佳参数的估计器所使用的评分器。

7) n_splits

交叉验证时折叠或迭代的数量。

8) refit_time

在整个数据集的基础上选出最佳模型所耗费的时间。

4. GridSearchCV 对象的方法

1) decision_function(X)

使用找到的参数最好的分类器调用 decision_function,仅当 refit 参数为 True 且估计器有 decision_function 方法时可用。

2) fit(X, y=None, groups=None, ** fit_params)

遍历所有参数组合,对模型进行训练。

3) get_params(deep=True)

获取估计器的参数。

4) predict(self, X)

用找到的最佳参数预测模型结果,仅当 refit 参数为 True 且估计器含有 predict 方法时才可用。

5) predict_log_proba(X)

调用最佳模型的 predict_log_proba 方法,仅当 refit 参数为 True 且估计器有 predict_log_proba 方法时才可用。

6) predict_proba(X)

调用最佳模型的 predict_proba 方法,仅当 refit 参数为 True 且估计器有 predict_proba 方法时才可用。

7) score(X, y=None)

如果预估器已经选出最优的分类器,则返回给定数据集的得分。

8) set_params(** params)

设置模型的参数。

9) transform(X)

调用最优分类器对 X 进行转换,仅当 refit 参数为 True 且估计器有 transform 方法时才可用。

要使用 GridSearchCV 类,首先需要用一个字典指定要搜索的参数名称,字典的值是想要尝试的参数设置。如果 C 和 gamma 想要尝试的取值为 0.001,0.01,0.1,1,10 和100,kernel 想要尝试 linear 和 rbf,可以将其转化为下面的字典。

下面来调节 SVM 分类器的 C、kernel、gamma 参数,完整的代码如下。

```
1   In[61]:
2   from sklearn.datasets import load_iris
3   from sklearn.model_selection import train_test_split
4   from sklearn.model_selection import GridSearchCV
5   from sklearn.svm import SVC
6
7   iris = load_iris()
8   X_train, X_test, y_train, y_test = train_test_split(
9       iris.data, iris.target, random_state = 0)
10
11  param_grid = { 'C': [0.001, 0.01, 1, 10, 100], 'gamma': [0.001, 0.01, 1, 10, 100], '
    kernel': ['linear', 'rbf']}
12  grid_search_svc = GridSearchCV(estimator = SVC(),
13  param_grid = param_grid, scoring = 'accuracy', cv = 10, n_jobs = -1)
14  grid_search_svc = grid_search_svc.fit(X_train, y_train)
15
16  print('Best score on validation set :{:.2f}'.format(grid_search_svc.best_score_))
17  print('Best parameters:{}'.format(grid_search_svc.best_params_))
18  print('Best score on test set:{:.2f}'.format(grid_search_svc.score(X_test, y_test)))
19  print("Best estimator:\n{}".format(grid_search_svc.best_estimator_))
20  Out[61]:
21  Best score on validation set :0.98
22  Best parameters:{'C': 1, 'gamma': 0.001, 'kernel': 'linear'}
23  Best score on test set:0.97
24  Best estimator:
25  SVC(C = 1, gamma = 0.001, kernel = 'linear')
```

上例中划分数据集、运行网格搜索并评估最终参数的完整过程如图 5.21 所示。

```
1   In[62]:
2   mglearn.plots.plot_grid_search_overview()
3   Out[62]:
```

网格搜索的结果可以在 cv_results_ 属性中找到(sklearn 2.0 版本以下用 grid_scores_ 属

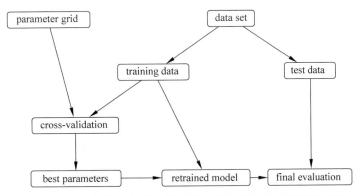

图 5.21 划分数据集、运行网格搜索并评估最终参数的完整过程

性查看),它是一个字典,保存了搜索的所有内容,代表搜索的整个过程,其输出如表 5.2 所示。

```
1  In[63]:
2  import pandas as pd
3  results = pd.DataFrame(grid_search_svc.cv_results_)
4  display(results)
5  Out[63]:
```

表 5.2 cv_results_ 属性的值

id	mean_fit_time	...	params	split0_test_score	...	split4_test_score	mean_test_score	...
0	0.0018	...	{'C': 0.001, 'gamma': 0.001, 'kernel': 'linear'}	0.347826	...	0.409091	0.366403	...
1	0.002	...	{'C': 0.001, 'gamma': 0.001, 'kernel': 'rbf'}	0.347826	...	0.409091	0.366403	...
2	0.001	...	{'C': 0.001, 'gamma': 0.01, 'kernel': 'linear'}	0.347826	...	0.409091	0.366403	...
...	...	...	...	...	...	...	...	...
22	**0**	...	**{'C': 1, 'gamma': 0.01, 'kernel': 'linear'}**	**1**	...	**0.954545**	**0.973123**	...
...	...	...	...	...	...	...	...	...
47	0.0014	...	{'C': 100, 'gamma': 10, 'kernel': 'rbf'}	0.869565	...	0.954545	0.911067	...
48	0.0008	...	{'C': 100, 'gamma': 100, 'kernel': 'linear'}	0.956522	...	0.954545	0.955336	...
49	0.0016	...	{'C': 100, 'gamma': 100, 'kernel': 'rbf'}	0.521739	...	0.681818	0.581423	...

从输出结果可以看出,要想使用 5 折交叉验证对 C、gamma 以及 kernel 特定取值的

SVM 的精度进行评估,总共需要训练 $5 \times 5 \times 2 = 50$ 轮。每一轮尝试其中一种 C、gamma 以及 kernel 的组合,并且每一轮中需要交叉验证 5 次。最终从中找出在验证集上平均得分最高的参数组合,即第 23 轮中(用灰色表示)验证集上平均最高得分 0.973123,参数组合为 {'C': 1, 'gamma': 0.01, 'kernel': 'linear'}。

5.6　本章小结

　　本章首先讨论了算法链与管道。管道可以理解为一个容器,然后把需要进行的操作封装在其中进行操作,比如数据标准化、特征降维、主成分分析、模型预测等。Pipeline 类不但可用于预处理和分类,还可以将任意数量的估计器连接,极大地方便了使用。

　　接着讨论了交叉验证、模型评价指标以及处理类的不平衡问题。交叉验证主要用于防止模型过于复杂而引起的过拟合问题。模型评价指标是评估模型的泛化能力,这是机器学习中的一个关键性的问题。评价指标的作用是了解模型的泛化能力,通过这些指标来逐步优化模型。在实际应用中,分类问题很少会遇到平衡的类别,因此需要了解这些分类不平衡的后果,并选择相应的评估指标。

　　最后讨论了在机器学习中如何通过网格搜索对模型调优。调优的过程就是寻找超参数的过程,如果超参数选择不恰当,模型就会出现欠拟合或者过拟合的问题。尽管将数据集划分为训练集、验证集和测试集的方法相对有用、可行性较高,但是该方法对数据的划分比较敏感,也就是说其最终的表现好坏与初始数据的划分结果有很大的关系,且有时候泛化性能较低。为了更好地提高模型的泛化能力,最好选择带交叉验证的网格搜索来评估每种组合的性能并以此来降低偶然性。

习题

　　1. 什么是算法链和管道?它们有什么作用?

　　2. 为什么要进行交叉验证?

　　3. K 折交叉验证、分层 K 折交叉验证、留一法交叉验证、打乱划分交叉验证以及分组交叉验证之间有什么区别?

　　4. 为什么要对模型进行评价?

　　5. 解释一下什么是混淆矩阵。

　　6. 举例说明分类问题的评价指标都有哪些。

　　7. 举例说明回归问题的评价指标都有哪些。

　　8. 用 GridSearchCV 对 5.3.8 节 In[53]的逻辑回归模型进行调优,并输出相关评价指标及混淆矩阵。

　　9. 将 5.5.2 节 In[59]中 random_state 设置为 117,观察输出情况,并分析造成这种结果的原因是什么。

第 **6** 章

机器学习应用案例

本章内容

◇　电影推荐系统

◇　情感分析系统

◇　房价预测系统

◇　人脸识别

6.1　电影推荐系统

推荐系统就是利用用户的行为,通过数学算法,推测出用户可能喜欢的东西。在当今高度信息化发展的世界,人们总是在寻找最适合他们的产品以及服务,推荐系统可以帮助用户在不消耗认知资源的情况下做出正确的选择,因此推荐系统变得越来越重要。

6.1.1　推荐系统基础

1. 推荐系统起源

推荐算法的研究起源于 20 世纪 90 年代,由美国明尼苏达大学 GroupLens 研究小组最先开始研究。GroupLens 想要制作一个名为 MovieLens 的电影推荐系统,从而实现对用户进行电影的个性化推荐。首先研究小组让用户对自己看过的电影进行评分,然后小组对用户评价的结果进行分析,并预测出用户对并未看过的电影的兴趣度,从而向他们推荐从未看过并可能感兴趣的电影。

此后,Amazon 开始在网站上使用推荐系统,在实际中对用户的浏览购买行为进行分析,尝试对曾经浏览或购买商品的用户进行个性化推荐。根据 Enture Beat 的统计,这一举措将该网站的销售额提高了 35%。此后,个性化推荐的应用越来越广泛。

2. 推荐系统结构

和搜索引擎不同,个性化推荐系统依赖于用户的行为数据,因此一般都是作为应用存在于不同网站之中。在互联网的各类网站中都可以看到推荐系统的应用,而个性化推荐系统在这些网站中的主要作用是通过分析大量用户行为日志,给不同用户提供不同的个性化页面展示,来提高网站的点击率和转化率。

广泛利用推荐系统的领域包括电子商务、电影和视频、音乐、社交网络、阅读、基于位置的服务、个性化邮件和广告等。尽管不同的网站使用不同的推荐系统,但是总的来说,几乎所有的推荐系统的结构都是类似的,都由线上和线下两部分组成,如图 6.1 所示。

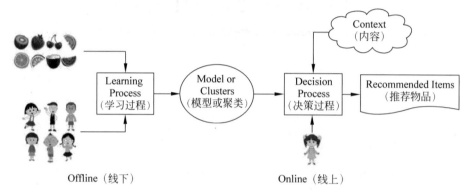

图 6.1　推荐系统结构

3. 推荐引擎架构

如图 6.2 所示,推荐引擎主要由三大部分组成。

(1) A 模块负责用户行为和属性特征的收集,并通过分析用户的行为生成当前用户的特征向量。

(2) B 模块的相关表是根据不同的引擎算法生成的,并通过特征-物品相关矩阵转化为初始推荐结果列表,作为 C 模块的输入。

(3) C 模块经过过滤、排名等处理,最终生成推荐结果。

6.1.2　推荐引擎算法

微课视频

1. 基于内容的推荐

基于内容的推荐(Content-based Recommendation)通过相关特征的属性来定义项目或对象,系统基于用户评价对象的特征、学习用户的兴趣,考察用户资料与待预测项目的匹配程度。用户的资料模型取决于所用的学习方法,常用的有决策树、神经网络和基于向量的表示方法等。基于内容的用户资料需要有用户的历史数据,用户资料模型可能随着用户的偏好改变而发生变化。

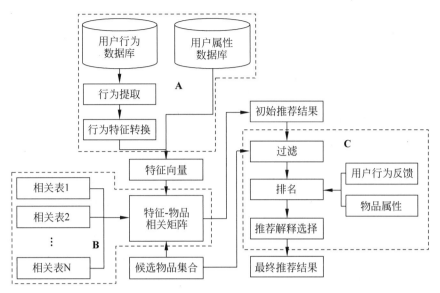

图 6.2 推荐引擎架构

基于内容的推荐算法利用物品的基本信息和用户偏好内容的相似性进行物品推荐。通过分析用户已经浏览过的物品内容,生成用户的偏好内容,然后推荐与用户感兴趣的物品内容相似度高的其他物品。如图 6.3 所示。

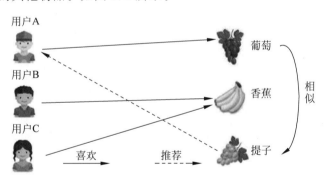

图 6.3 基于内容的推荐

众所周知,葡萄和提子被认为是相似的水果;对于用户 A,他既然喜欢葡萄,那就可以给他推荐相似的提子。

基于内容的推荐优缺点如下。

优点:简单、有效;建模和商品间的相似性度量可以脱机进行,因而推荐响应时间快。

缺点:难以区分商品信息的品质和风格,而且不能为用户发现新的感兴趣的商品,只能发现和用户已有兴趣相似的商品。

2. 基于协同过滤的推荐

基于协同过滤的推荐(Collaborative Filtering Recommendation)技术是推荐系统中

应用最早和最为成功的技术之一。它一般采用最近邻技术,利用用户的历史喜好信息计算用户之间的距离,然后利用目标用户的最近邻用户对商品评价的加权评价值来预测目标用户对特定商品的喜好程度,从而根据这一喜好程度来对目标用户进行推荐。

基于内容的推荐只考虑了对象的本身性质,将对象按标签形成集合,如果用户消费了集合中的一个,则向用户推荐集合中的其他对象。

基于协同过滤的推荐算法,充分利用集体智慧,即在大量的人群的行为和数据中收集答案,以帮助对整个人群得到统计意义上的结论。这种算法推荐的个性化程度高,基于以下两个出发点。

(1) 兴趣相近的用户可能会对同样的东西感兴趣。

(2) 用户可能较偏爱与其已购买的东西相似的商品。也就是说考虑用户的历史习惯,对象客观上不一定相似,但由于其行为可以认为其主观上是相似的,这样就可以产生推荐了。

因此,基于协同过滤的推荐系统又可分为基于用户的协同过滤及基于物品的协同过滤,下面逐一进行介绍。

基于用户的协同过滤推荐(User-based Collaborative Filtering Recommendation)算法先使用统计技术寻找与目标用户有相同喜好的邻居,然后根据目标用户的邻居的喜好产生向目标用户的推荐。基本原理就是利用用户访问行为的相似性来互相推荐用户可能感兴趣的资源,其核心是找相似的人,如图6.4所示。

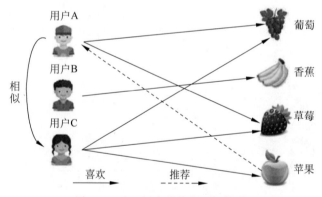

图 6.4　基于用户的协同过滤推荐

用户 A 和用户 C 都购买过葡萄和草莓(似乎都具有酸甜味),那么可以认为用户 A 和 C 是相似的,因为他们共同喜欢的物品多。这样,就可以将用户 C 购买过的苹果推荐给用户 A。

基于物品的协同过滤推荐(Item-based Collaborative Filtering Recommendation)根据所有用户对物品或者信息的评价,发现物品和物品之间的相似度,然后根据用户的历史偏好信息将相似的物品推荐给该用户,其核心是找相似的物品,如图6.5所示。

葡萄和草莓同时被用户 A、B、C 购买过,那么葡萄和草莓被认为是相似的,因为它们共同出现的次数多。这时候,如果用户 D 购买了葡萄,则可以将和葡萄最相似的草莓推荐给用户 D。

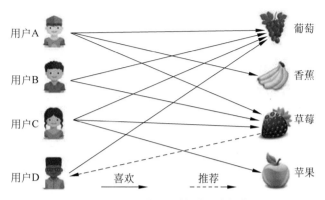

图 6.5　基于物品的协同过滤推荐

基于协同过滤的推荐优缺点如下：

优点：能为用户发现新的感兴趣的商品，不需要考虑商品的特征，任何形式的商品都可以推荐。

缺点：用户对商品的评价矩阵非常稀疏；随着系统用户和商品的增多，系统的性能会越来越低；如果从来没有用户对某一商品加以评价，则这个商品就不可能被推荐。

3. 混合推荐

由于各种推荐方法都有优缺点，所以在实际应用中，混合推荐（Hybrid Recommendation）经常被采用，它通过对以上算法的组合来避免或弥补各自推荐算法的弱点。

6.1.3　相似度指标

为了构建一个推荐引擎，需要定义一些相似度指标，以便计算用户之间的相似度、物品之间的相似度，以及计算用户与物品之间的相关性。相似度指标主要有以下几种。

1）欧几里得相似度

欧几里得相似度（Euclidean Distance-based Similarity）用于计算欧几里得空间中两个点的距离，假设 x、y 是 n 维空间的两个点，它们之间的欧几里得距离见式（6-1）。

$$d(x,y) = \sqrt{\sum_{i=1}^{n}(x_i - y_i)^2} \tag{6-1}$$

可以看出，当 $n=2$ 时，欧几里得距离就是平面上两个点的距离。当用欧几里得距离表示相似度时，一般采用式（6-2）进行转换：

$$\mathrm{sim}(x,y) = \frac{1}{1 + d(x,y)} \tag{6-2}$$

可以看出，欧几里得距离越小，相似度越大。

2）皮尔逊相关系数

皮尔逊相关系数（Pearson Correlation Coefficient）广泛用于度量两个变量之间的相关程度，其值介于 -1 与 1 之间。在推荐系统中，用户之间的皮尔逊相关系数计算式为：

$$\text{sim}(x,y) = \frac{\sum_{i=1}^{n}(x_i - \bar{x})(y_i - \bar{y})}{\sqrt{\sum_{i=1}^{n}(x_i - \bar{x})^2}\sqrt{\sum_{i=1}^{n}(y_i - \bar{y})^2}} \tag{6-3}$$

其中,n 为两个用户 x、y 共同评价过的物品的总数;x_i 表示用户 x 对物品 i 的评分,$\bar{x}$ 表示用户 x 评价过的所有物品的平均分;y_i 表示用户 y 对物品 i 的评分,$\bar{y}$ 表示用户 y 评价过的所有物品的平均分。

皮尔逊相关系数考虑了用户的评分偏好,可以避免不同用户对相同物品评分时,由于评价习惯不同而导致的差异。

3) 余弦相似度

余弦相似度(Cosine-based Similarity)用向量空间中的两个向量夹角的余弦值作为衡量两个个体间差异大小的度量,值越接近 1,就说明夹角角度越接近 $0°$,也就是两个向量越相似,其计算式如下:

$$\cos\theta = \frac{\sum_{i=1}^{n}(A_i \times B_i)}{\sqrt{\sum_{i=1}^{n}(A_i)^2} \times \sqrt{\sum_{i=1}^{n}(B_i)^2}} = \frac{\boldsymbol{A} \cdot \boldsymbol{B}}{|\boldsymbol{A}| \times |\boldsymbol{B}|} \tag{6-4}$$

微课视频

6.1.4　电影推荐系统实战

1. 数据集简介

MovieLens 数据集包含用户对多部电影的评级数据,也包括电影元数据信息和用户属性信息。这个数据集经常用作推荐系统、机器学习算法的测试数据集。尤其在推荐系统领域,很多著名论文都是基于这个数据集的。

其下载地址为 http://files.grouplens.org/datasets/movielens/,有多种版本,对应不同数据量,本文所用的数据为 1MB 的数据集。

2. 数据介绍

将 1MB 的数据集解压后,可以看到里面包含四个主要的 .csv 文件,这四个文件分别是 links.csv、movies.csv、ratings.csv 和 tags.csv。本节推荐系统主要基于 ratings.csv 和 movies.csv 数据集。

1) ratings 数据集

ratings 数据集包含了每一个用户对于每一部电影的评分,数据格式如下。

- userId:每个用户的 id。
- movieId:每部电影的 id。
- rating:用户评分,5 星制,按半颗星的规模递增(0.5 stars～5 stars)。
- timestamp:自 1970 年 1 月 1 日 0 点到用户提交评价的时间的秒数。

其中,数据按照 userId、movieId 的顺序排列。

2）movies 数据集

movies 数据集包含了一部电影的 id 和标题，以及该电影的类别，数据格式如下。

- movieId：每部电影的 id。
- title：电影的标题。
- genres：电影的类别（详细分类见 readme.txt）。

其中，数据按照 movieId 的顺序排列。

代码清单 6-1：电影推荐系统

3. 导入数据

首先导入所需的 Pandas 和 NumPy 库。

```
1   In[1]:
2   import pandas as pd
3   import numpy as np
```

然后利用 Pandas 中预定义的 read_csv（）函数导入 movies.csv，并选择 movieId 和 title 作为列，将 movieId 的类型改为整数以便充当主键，而 title 的类型视为字符串。

```
1   In[2]:
2   movies_df = pd.read_csv('movies.csv')
3   #首先查看前 5 条记录
4   In[3]:
5   movies_df.head()
6   Out[3]:
```

输出结果如图 6.6 所示。

	movieId	title	genres
0	1	Toy Story (1995)	Adventure|Animation|Children|Comedy|Fantasy
1	2	Jumanji (1995)	Adventure|Children|Fantasy
2	3	Grumpier Old Men (1995)	Comedy|Romance
3	4	Waiting to Exhale (1995)	Comedy|Drama|Romance
4	5	Father of the Bride Part II (1995)	Comedy

图 6.6　movies 数据集前 5 条记录

接下来导入 ratings.csv 评分数据集。

```
1   In[4]:
2   rating_df = pd.read_csv('ratings.csv')
3   In[5]:
4   rating_df.head()
5   Out[5]:
```

输出结果如图 6.7 所示。

4. 数据清洗

删除 movies 数据集中的 genres 列。

```
1  In[6]:
2  movies_df.drop('genres', axis = 1, inplace = True)
3  movies_df.head()
4  Out[6]:
```

输出结果如图 6.8 所示。

	userId	movieId	rating	timestamp
0	1	1	4.0	964982703
1	1	3	4.0	964981247
2	1	6	4.0	964982224
3	1	47	5.0	964983815
4	1	50	5.0	964982931

图 6.7 rating 数据集前 5 条记录

	movieId	title
0	1	Toy Story (1995)
1	2	Jumanji (1995)
2	3	Grumpier Old Men (1995)
3	4	Waiting to Exhale (1995)
4	5	Father of the Bride Part II (1995)

图 6.8 movies 数据集前 5 条记录

删除 rating 数据集中的 timestamp 列。

```
1  In[7]:
2  rating_df.drop('timestamp', axis = 1, inplace = True)
3  rating_df.head()
4  Out[7]:
```

输出结果如图 6.9 所示。

根据 movieId 来合并 movies 和 rating 这两个数据集。

```
1  In[8]:
2  df = pd.merge(rating_df,movies_df,on = 'movieId')
3  df.head()
4  Out[8]:
```

输出结果如图 6.10 所示。

	userId	movieId	rating
0	1	1	4.0
1	1	3	4.0
2	1	6	4.0
3	1	47	5.0
4	1	50	5.0

图 6.9 rating 数据集前 5 条记录

	userId	movieId	rating	title
0	1	1	4.0	Toy Story (1995)
1	5	1	4.0	Toy Story (1995)
2	7	1	4.5	Toy Story (1995)
3	15	1	2.5	Toy Story (1995)
4	17	1	4.5	Toy Story (1995)

图 6.10 合并后的前 5 条记录

在数据预处理或训练模型之前,检查一下是否有数据丢失的值是一个非常好的习惯。

```
1  In[9]:
2  df.isna().sum()
3  Out[9]:
```

输出结果如图 6.11 所示。

```
userId      0
movieId     0
rating      0
title       0
dtype: int64
```

图 6.11　数据丢失检查

从结果中可以看到,没有丢失的数据。

5. 数据分析及可视化

```
1  In[10]:
2  import matplotlib.pyplot as plt
3  import seaborn as sns
4  fig, ax = plt.subplots(figsize = (8,4))
5  ax = sns.countplot(x = "rating",data = rating_df)
6  Out[10]:
```

输出结果如图 6.12 所示。

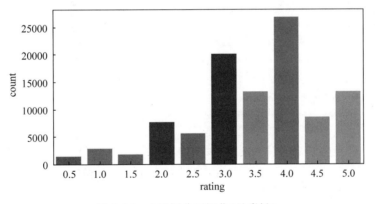

图 6.12　电影评分可视化(见彩插)

在这里可以清楚地观察到,大多数人投票为 4.0,更少的人投票为 0.5,平均值是 3.0。
接下来看收视率最高的 10 部电影。

```
1  In[11]:
2  res = df.groupby("title").size().sort_values(ascending = False)[:10]
3  plt.ylabel("Title")
4  plt.xlabel("Viewership Count")
```

```
5   res.plot(kind = "barh")
6   Out[11]:
```

输出结果如图 6.13 所示。

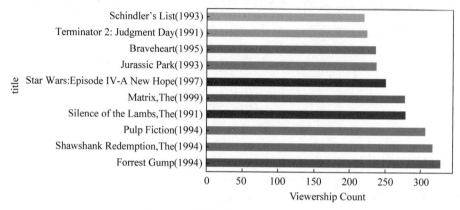

图 6.13　收视率最高的 10 部电影

接下来统计每部电影总共的评价次数。

```
1   In[12]:
2   combine_movie_rating = df.dropna(axis = 0, subset = ['title'])
3   movie_ratingCount = (combine_movie_rating.
4       groupby(by = ['title'])['rating'].
5       count().
6       reset_index().
7       rename(columns = {'rating': 'totalRatingCount'})
8       [['title', 'totalRatingCount']]
9       )
10  movie_ratingCount.head()
11  Out[12]:
```

输出结果如图 6.14 所示。

	title	totalRatingCount
0	'71 (2014)	1
1	'Hellboy': The Seeds of Creation (2004)	1
2	'Round Midnight (1986)	2
3	'Salem's Lot (2004)	1
4	'Til There Was You (1997)	2

图 6.14　每部电影总共的评价次数

然后来统计每部电影的评分之和。

```
1    In[13]:
2    rating_with_totalRatingCount = combine_movie_rating.merge(movie_ratingCount, left_
on = 'title', right_on = 'title', how = 'left')
3    rating_with_totalRatingCount.head()
4    Out[13]:
```

输出结果如图 6.15 所示。

	userId	movieId	rating	title	totalRatingCount
0	1	1	4.0	Toy Story (1995)	215
1	5	1	4.0	Toy Story (1995)	215
2	7	1	4.5	Toy Story (1995)	215
3	15	1	2.5	Toy Story (1995)	215
4	17	1	4.5	Toy Story (1995)	215

图 6.15 每部电影的评分之和

有了每部电影的总共评价次数以后,就可以想办法找出最受关注的电影、最流行的电影了,首先查看总评价次数的分布情况。

```
1    In[14]:
2    pd.set_option('display.float_format', lambda x: '%.3f' % x)
3    print(movie_ratingCount['totalRatingCount'].describe())
4    Out[14]:
```

输出结果如图 6.16 所示。

```
count    9719.000
mean       10.375
std        22.406
min         1.000
25%         1.000
50%         3.000
75%         9.000
max       329.000
Name: totalRatingCount, dtype: float64
```

图 6.16 总评价次数的分布情况

可以看到,电影总数是 9719,其中有 75% 的电影评价次数小于 10 次,如果一部电影的评价次数小于 10 次,还谈不上是备受关注的电影,所以它不应该被推荐。

6. 数据降维

```
1    In[15]:
2    rating_with_totalRatingCount.shape
3    Out[15]:
4    (100836, 5)
5    #为了减少数据集的维度,将过滤掉很少评级的电影和很少评级的用户
6    In[16]:
```

```
7    print(rating_with_totalRatingCount['totalRatingCount'].quantile(np.arrange(.6,1,.02)))
8    Out[16]:
```

其输出结果如图6.17所示。可以看到,有60%的电影评价次数少于52次,这里姑且把50次作为识别受关注电影的指标,读者可以根据自己的想法,尝试其他的指标。

```
1    In[17]:
2    popularity_threshold = 50
3    rating_popular_movie = rating_with_totalRatingCount.query('totalRatingCount > = @
     popularity_threshold')
4    rating_popular_movie.shape
5    Out[17]:
6    (41362, 5)
```

```
0.600    52.000
0.620    55.000
0.640    58.000
0.660    61.000
0.680    65.000
0.700    69.000
0.720    75.000
0.740    81.000
0.760    87.000
0.780    92.000
0.800    100.000
0.820    105.000
0.840    112.000
0.860    122.000
0.880    132.000
0.900    143.000
0.920    164.000
0.940    185.000
0.960    202.000
0.980    237.000
Name: totalRatingCount, dtype: float64
```

图6.17   前40%总评价次数的分布情况

现在要构造一个用户对电影的评分矩阵,该矩阵每一行代表一部电影(movie),每一列代表一个用户(user),矩阵中的每一个值代表某位用户对某部电影的评分。如果用户对某部电影没有评价就置为0。

```
1    In[18]:
2    movie_features_df = rating_popular_movie.pivot_table(index = 'title', columns =
     'userId', values = 'rating').fillna(0)
3    movie_features_df.head()
4    Out[18]:
```

输出结果如图6.18所示。

| userId | 1 | 2 | 3 | 4 | 5 | 6 | 7 | 8 | 9 | 10 | ... | 601 | 602 | 603 | 604 | 605 | 606 | 607 | 608 | 609 | 610 |
title																					
10 Things I Hate About You (1999)	0.000	0.000	0.000	0.000	0.000	0.000	0.000	0.000	0.000	0.000	...	0.000	0.000	3.000	0.000	5.000	0.000	0.000	0.000	0.000	0.000
12 Angry Men (1957)	0.000	0.000	0.000	5.000	0.000	0.000	0.000	0.000	0.000	0.000	...	5.000	0.000	0.000	0.000	0.000	0.000	0.000	0.000	0.000	0.000
2001: A Space Odyssey (1968)	0.000	0.000	0.000	0.000	0.000	0.000	4.000	0.000	0.000	0.000	...	0.000	0.000	5.000	0.000	5.000	0.000	3.000	0.000	0.000	4.500
28 Days Later (2002)	0.000	0.000	0.000	0.000	0.000	0.000	0.000	0.000	0.000	0.000	...	0.000	0.000	0.000	0.000	0.000	0.000	0.000	3.500	0.000	5.000
300 (2007)	0.000	0.000	0.000	0.000	0.000	0.000	0.000	0.000	0.000	3.000	...	0.000	0.000	0.000	0.000	3.000	0.000	5.000	0.000	0.000	4.000

5 rows × 606 columns

图 6.18　输出稀疏矩阵

最后看下降维之后的用户及电影各有多少。

```
1  In[19]:
2  movie_features_df.shape
3  Out[19]:
4  (450, 606)
```

7. 训练模型

使用 sklearn.neighbors 的无监督算法,基于最近邻的物品协同过滤算法创建机器学习模型。然后,将矩阵 movie_features_df 的 rating 值转换为稀疏矩阵,以便可以进行更有效的计算。

其中用来计算最近邻的算法是 brute,代表使用蛮力搜索,相当于 KNN 算法,需遍历所有样本数据与目标数据的距离,进而按升序排序并选取最近的 K 个值,采用投票得出结果。指定相似度指标 metric＝cosine,以便计算评分向量之间的余弦相似度。

```
1  In[20]:
2  from scipy.sparse import csr_matrix
3  movie_features_df_matrix = csr_matrix(movie_features_df.values)   ♯压缩稀疏矩阵
```

然后使用 sklearn.neighbors 算法,并指定参数 metric＝'cosine', algorithm＝'brute',以便计算 **rating** 向量之间的余弦相似度。

```
1  In[21]:
2  from sklearn.neighbors import NearestNeighbors
3  model_knn = NearestNeighbors(metric = 'cosine', algorithm = 'brute')
4  model_knn.fit(movie_features_df_matrix)      ♯训练模型
5  Out[21]:
6  NearestNeighbors(algorithm = 'brute', metric = 'cosine')
```

8. 推荐测试

在这一步中,最近邻算法开始计算当前电影和其他所有电影的距离,并从中找出与当

前电影距离最近的 K 部电影,这里为了方便调用,用 recommender 函数来实现。

```
In[22]:
def recommender(movie_name,data,model,n_recommendations):
    indexNamesArr = movie_features_df.index.values
    listOfRowIndexLabels = list(indexNamesArr)       # 将 np 数组转化为列表
    for i in range(len(listOfRowIndexLabels)):       # 遍历后各电影列表
        m_name = listOfRowIndexLabels[i]
        if movie_name in m_name:         # 搜索给定电影的下标,找到后退出循环
            movieIndex = i
            break
    distances, indices =
    model_knn.kneighbors(movie_features_df.iloc[movieIndex,:].values.reshape(1, -1), n_
neighbors = n_recommendations + 1)       # 根据模型找到与所选电影最近的包含自身的
recommendations + 1 部电影
    for i in range(0, len(distances.flatten())):
        if i == 0:
            print('Recommendations for
            {0}:\n'.format(movie_features_df.index[movieIndex]))
            # print(movie_features_df.index[movieIndex])
        else:                               # 输出推荐的 recommendations 部电影
            print('{0}: {1}, with distance of {2}:'.format(i, movie_features_df.index
[indices.flatten()[i]], distances.flatten()[i]))
In[23]:
your_favorite = input("Enter Movie name: ")
recommender(your_favorite,movie_features_df_matrix,model_knn,5)
Out[23]:
Enter Movie name: Kung Fu Panda
Recommendations for Kung Fu Panda (2008):

1: Sherlock Holmes (2009), with distance of 0.4091447526902373:
2: Avatar (2009), with distance of 0.41309164032650225:
3: Iron Man (2008), with distance of 0.43562807509379653:
4: Zombieland (2009), with distance of 0.45817869476946094:
5: Hangover, The (2009), with distance of 0.4598016639246759:
```

从结果可以看出,当输入电影"功夫熊猫"时,模型推荐了"阿凡达""钢铁侠""僵尸之地"等 5 部电影,推荐结果还是相当不错的。

6.2 情感分析系统

文本情感分类是对带有情感色彩的主观性文本进行分析、处理、归纳和推理的过程,是 NLP 领域重要的基础问题,涉及文本分词、词语情感分析、机器学习、深度学习等知识。本节使用 IMDb 影评数据集来进行测试,此数据集包含 50000 条偏向明显的评论,在这50000 条评论中,正向、负向评论各占一半,其中 25000 条作为训练集,25000 条作为测试集。

6.2.1 情感分析概述

1. 情感分析

情感分析(Sentiment Analysis)指的是对新闻报道、商品评论、电影评论等文本信息进行观点提取、主题分析、情感挖掘。比如对新闻报道的主旨是偏向积极或消极进行分析、对淘宝商品评论的情感打分、股评情感分析、电影评论情感挖掘等。

情感分析的内容包括：情感的持有者分析、态度持有者分析、态度类型分析(一系列类型如喜欢(Like)、讨厌(Hate)、珍视(Value)、渴望(Desire)等；或者简单的加权极性，如积极(Positive)、消极(Negative)和中性(Neutral)，并可用具体的权重修饰)、态度的范围分析(包含每句话、某一段或者全文)。

因此，情感分析对文本信息进行情感倾向挖掘，可以分为三个层次。初级的情感分析：分析文章的整体感情是积极/消极的；进阶的情感分析：对文章的态度用1~5打分；高级的情感分析：检测态度的目标、持有者和类型。

2. 情感分析方法

1) 基于词典

基于词典方法的核心模式是"词典＋规则"，即以情感词典作为判断情感极性的主要依据，同时兼顾评论数据中的句法结构，设计相应的判断规则。基于词典的情感分类方法本质上依赖于情感词典和判断规则的质量，而两者都需要人工设计。因此这类方法的优劣，很大程度上取决于人工设计和先验知识，推广能力较差。

2) 基于机器学习

基于机器学习的情感分类方法选取情感词作为特征词，使用经典分类模型如逻辑回归(Logistic Regression)、朴素贝叶斯(Naive Bayes)、支持向量机(SVM)等方法进行分类。最终分类效果取决于训练文本的选择以及正确的情感标注。其中多数分类模型的性能依赖于标注数据集的质量，而获取高质量的标注数据需要耗费大量的人工成本。

3) 基于弱标注信息

从用户产生的数据中挖掘有助于训练情感分类器的信息，如评论的评分、微博中的表情符号等。由于互联网用户的标注行为没有统一标准，具有较大的随意性，所以将这种标注信息称为弱标注信息。

4) 基于深度学习

基于深度学习的情感分类方法首先从海量评论语料中学习出语义词向量，然后通过不同的语义合成方法，最终词向量得到所对应句子或文档的特征表达。

3. 情感分析的流程

以本案例中情感分析的流程为例，情感分析的一般流程如图6.19所示。

首先通过清洗文本对输入数据进行预处理，然后通过词袋模型将其转换为词特征向量，并使用它来训练25000条电影评论的情感标签(1或0)。最后使用训练好的模型进行

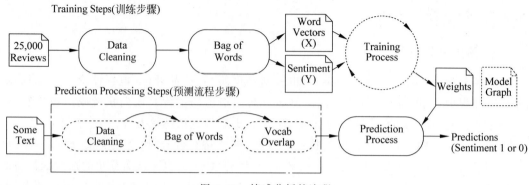

图 6.19　情感分析的流程

预测,最终输出预测的结果。

微课视频

6.2.2　导入数据集

代码清单 6-2:情感分析系统

1. 数据集介绍

IMDb(Internet Movie Database)影评数据集是一个主要用于情感二元分类的数据集,其中包含 25000 条用于训练的电影评论和 25000 条用于测试的电影评论,这些电影评论的特点是偏向性特别明显。

2. 导入数据集

```
1    In[1]:
2    import pandas as pd
3    df = pd.read_csv('IMDB Dataset.csv')
4    In[2]:
5    df.shape
6    Out[2]:
7    (50000, 2)
```

输出(50000,2),表明该数据集共有 50000 条记录,每条记录有两个特征。接下来查看前 5 条记录,输出结果如图 6.20 所示。

	review	sentiment
0	One of the other reviewers has mentioned that ...	positive
1	A wonderful little production. The...	positive
2	I thought this was a wonderful way to spend ti...	positive
3	Basically there's a family where a little boy ...	negative
4	Petter Mattei's "Love in the Time of Money" is...	positive

图 6.20　输出前 5 条记录

```
1  In[3]:
2  df.head()
3  Out[3]:
```

其中，review 表示某部电影的评论；sentiment 代表观众评论所透露出的情绪，其中 positive 代表正向情绪，negative 代表负向情绪。

3. 数据可视化

这里输出影评的正向、负向情感分布图，如图 6.21 所示。

```
1  In[4]:
2  import matplotlib.pyplot as plt
3  import seaborn as sns
4  fig, ax = plt.subplots(figsize = (8,4))
5  ax = sns.countplot(x = "sentiment",data = df)
6  Out[4]:
```

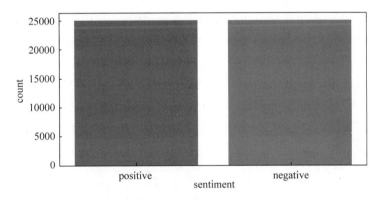

图 6.21　影评正向、负向情感分布图

可以看出，正向和负向情感样本各占一半，表明该数据集的标签分布是均衡的。

6.2.3　词袋模型

微课视频

在信息检索中，词袋(Bag of Words)模型假定：对于一个文本，忽略它的单词顺序和语法、句法等要素，将其仅仅看作若干个词汇的集合；文档中每个单词的出现都是独立的，不依赖于其他单词是否出现。也就是说，文档中任意一个位置出现的任何单词，都是不受该文档语意影响而独立选择的。

词袋模型首先会进行分词，在分词之后，通过统计每个词在文本中出现的次数，就可以得到该文本基于词的特征。如果将各个文本样本的词与对应的词频放在一起，就是向量化。向量化后一般会使用 TF-IDF 进行特征的权重修正，再将特征进行标准化。再进行一些其他的特征工程后，就可以将数据"喂"入机器学习模型。这里要说明的是，词袋模型有很大的局限性，因为它仅仅考虑了词频，没有考虑上下文，因此会丢失一部分文本的语义。

在词袋模型统计词频的时候,可以使用 sklearn 中的 CountVectorizer 来完成。下面,将调用 CountVectorizer 的 fit_transform 方法构建词袋模型。

```
1   In[5]:
2   import numpy as np
3   from sklearn.feature_extraction.text import CountVectorizer
4   count = CountVectorizer()
5   docs = np.array([
6           'The sun is shining',
7           'The weather is sweet',
8           'The sun is shining, the weather is sweet, and one and one is two'])
9   tf = count.fit_transform(docs)            #计算词频 tf
10  In[6]:
11  print(count.vocabulary_)
12  Out[6]:
13  {'the': 6, 'sun': 4, 'is': 1, 'shining': 3, 'weather': 8, 'sweet': 5, 'and': 0, 'one': 2,
    'two': 7}
```

CountVectorizer 属于常见的特征数值计算类,是一个文本特征提取方法。对于每一个训练文本,它只考虑每种词汇在该训练文本中出现的频率,并将文本中所有单词按照首字母进行排序。CountVectorizer 类的 vocabulary_ 属性以字典形式返回一个词汇表。

在上面的例子中,and 代表键,由于其首字母为 a,所以键值为 0;而 weather 的首字母为 w,所以键值只能为 8。

```
1   In[7]:
2   tf.shape
3   Out[7]:
4   (3, 9)
5   #可以看到,tf 是一个 3 行 9 列的二维矩阵,接下来,输出这个二维矩阵
6   In[8]:
7   print(tf.toarray())
8   Out[8]:
9   [[0 1 0 1 1 0 1 0 0]
10   [0 1 0 0 0 1 1 0 1]
11   [2 3 2 1 1 1 2 1 1]]
```

可以看出,第 i 个元素表示字典中第 i 个单词在句子中出现的次数。由于大部分文本都只会用词汇表中很少的词,因此词向量中有大量的 0,也就是说词向量是稀疏的。因此在实际应用中,一般使用稀疏矩阵来存储。

从上面的输出可以看出,在构造文档向量的过程中,并没有表达单词在原来句子中出现的次序,这是 Bag of Words 模型的一个缺点。因此,Bag of Words 模型是否适用,需要根据实际情况来确定。对于那些不可以忽视词序的应用,语法和句法的场合均不能采用 Bag of Words 模型的方法(注意,本案例中暂不考虑词序)。

如果直接将统计词频后的九维特征作为文本分类的输入,会发现有一些问题。比如

第 3 句中,发现 shining、weather 和 sweet 各出现了 1 次,而 is 出现了 3 次,and 出现了 2 次。看起来这句似乎与 is 和 and 这两个特征关系更紧密。但是实际上 is 和 and 都是非常普遍的词,几乎所有的文本都会用到,因此虽然它的词频为 3 和 2,但是重要性却比词频为 1 的 shining、weather 和 sweet 要低得多。如果向量化特征仅仅用词频表示就无法反映这一点。

因此需要进一步进行预处理来反映文本的这个特征,而这个预处理就是用 TF-IDF 进行特征的权重的修正。

6.2.4　TF-IDF

微课视频

TF-IDF(Term Frequency-Inverse Document Frequency,词频-逆向文件频率)是一种用于**信息检索**(Information Retrieval)与**文本挖掘**(Text Mining)的常用加权技术。

TF-IDF 是一种统计方法,用以评估一个字词对于一个文件集或一个语料库中的其中一份文件的重要程度。字词的重要性与它在文件中出现的次数成正相关,但同时会与它在语料库中出现的频率成负相关。

TF-IDF 的主要思想是:如果某个单词在一篇文章中出现的 TF 高,并且在其他文章中很少出现,则认为该词或者短语具有很好的类别区分能力,适合用来分类。

1. TF(Term Frequency)

TF(Term Frequency,词频)指的是某一个给定的词语在该文件中出现的频率。这个数值是对**词数**(Term Count)的归一化,以防止它偏向长的文件。

在 Scikit-learn 中计算 TF 为:

$$\text{TF}_{i,j} = \frac{n_{i,j}}{\sum_{k} n_{k,j}} \tag{6-5}$$

其中,$n_{i,j}$ 是该词在文件 d_j 中出现的次数,分母则是文件 d_j 中所有词汇出现的次数总和。

2. IDF(Inverse Document Frequency)

IDF(Inverse Document Frequency,逆向文件频率)是一个词语普遍重要性的度量。IDF 表示计算倒文本频率,又称为逆文档频率,它是文档频率的倒数,主要用于降低所有文档中一些常见却对文档影响不大的词语。

在 Scikit-learn 中计算 IDF 为

$$\text{IDF}(t,d) = \log \frac{1 + n_d}{1 + \text{DF}(d,t)} \tag{6-6}$$

其中,n_d 为文档总数,$\text{DF}(d,t)$ 为包含词条 t 的文档 d 的数量。该公式表明,如果包含词条 t 的文档越少,则 IDF 越大,说明词条 t 具有很好的类别区分能力。

3. TF-IDF(Term Frequency-Inverse Document Frequency)

TF-IDF 表示词频 TF 和倒文本频率 IDF 的乘积,在 Scikit-learn 中计算 TF-IDF

如下：

$$TF - IDF(t,d) = TF(t,d) \times (IDF(t,d) + 1) \tag{6-7}$$

式(6-7)表明，TF-IDF 中权重与特征项在文档中出现的频率成正比，与在整个语料中出现该特征项的文档数成反比。TF-IDF 值越大则该特征词对这个文本的重要程度越高，因此，TF-IDF 倾向于过滤掉常见的词，以保留重要的词。

接下来调用函数 TfidfTransformer() 计算各个文本中各个词的 TF-IDF 值。

```
1   In[9]:
2   from sklearn.feature_extraction.text import TfidfTransformer
3   np.set_printoptions(precision = 2)
4   tfidf = TfidfTransformer()
5   print(tfidf.fit_transform(tf).toarray())
6   Out[9]:
7   [[0.    0.43 0.    0.56 0.56 0.    0.43 0.    0.   ]
8    [0.    0.43 0.    0.    0.    0.56 0.43 0.    0.56]
9    [0.5  0.45 0.5  0.19 0.19 0.19 0.3  0.25 0.19]]
```

微课视频

6.2.5 数据预处理

1. 数据清洗

首先输出 IMDb 影评数据集中的第二条电影评论(注：因第一条电影评论较长)。

```
1   In[10]:
2   df.loc[1,'review']
3   Out[10]:
4   'A wonderful little production. < br /> < br /> The filming technique is very unassuming -
    very old - time - BBC fashion and gives a comforting, and sometimes discomforting, sense of
    realism to the entire piece. < br /> < br /> The actors are extremely well chosen - Michael
    Sheen not only "has got all the polari" but he has all the voices down pat too! You can truly
    see the seamless editing guided by the references to Williams\' diary entries, not only is it
    well worth the watching but it is a terrifically written and performed piece. A masterful
    production about one of the great master\'s of comedy and his life. < br /> < br /> The realism
    really comes home with the little things: the fantasy of the guard which, rather than use the
    traditional \'dream\' techniques remains solid then disappears. It plays on our knowledge and
    our senses, particularly with the scenes concerning Orton and Halliwell and the sets
    (particularly of their flat with Halliwell\'s murals decorating every surface) are terribly
    well done.'
```

可以看到，电影评论中有一些 HTML 标记以及反斜杠、括号等字符，这些字符会给后续的工作带来不便，所以下面利用正则编写一个函数 preprocessor()，调用该函数就可以将上述的那些字符清洗掉。

```
1   In[11]:
2   import re
3   def preprocessor(text):
4       text = re.sub('<[^>] * >', '', text)
5       emoticons = re.findall('(?::|;| = )(?: - )?(?:\)|\(|D|P)', text)
```

```
6          text = re.sub('[\W] + ', ' ', text.lower()) + \
7              ''.join(emoticons).replace(' - ', '')
8    return text
9    In[12]:
10   preprocessor(df.loc[1, 'review'])
11   Out[12]:
12   'a wonderful little production the filming technique is very unassuming very old time bbc
     fashion and gives a comforting and sometimes discomforting sense of realism to the entire
     piece the actors are extremely well chosen michael sheen not only has got all the polari
     but he has all the voices down pat too you can truly see the seamless editing guided by the
     references to williams diary entries not only is it well worth the watching but it is a
     terrifically written and performed piece a masterful production about one of the great
     master s of comedy and his life the realism really comes home with the little things the
     fantasy of the guard which rather than use the traditional dream techniques remains solid
     then disappears it plays on our knowledge and our senses particularly with the scenes
     concerning orton and halliwell and the sets particularly of their flat with halliwell's
     murals decorating every surface are terribly well done '
```

2. 分词

分词(Tokenization)是自然语言处理的基础任务,就是将句子、段落、文章这种长文本,分解为以字词为单位的数据结构,方便后续的处理分析工作。

先看一下 split()函数的分词效果。

```
1    In[13]:
2    text = 'runners like running and thus they run'
3    def tokenizer(text):
4        return text.split()
5    tokenizer(text)
6    Out[13]:
7    ['runners', 'like', 'running', 'and', 'thus', 'they', 'run']
```

可以看到,有些词的后缀并没有去掉。接下来利用基于后缀剥离的词干提取算法,也就是波特词干算法(也叫波特词干器,Porter Stemmer),来去掉后缀。

```
1    In[14]:
2    from nltk.stem.porter import PorterStemmer
3    porter = PorterStemmer()
4    def tokenizer_porter(text):
5        return [porter.stem(word) for word in text.split()]
6    tokenizer_porter(text)
7    Out[14]:
8    ['runner', 'like', 'run', 'and', 'thu', 'they', 'run']
```

3. 停用词

停用词(Stop Words)是指在信息检索中,为节省存储空间和提高搜索效率,在处理自然语言文本之前或之后会自动过滤掉某些字或词,这些字或词被称为 Stop Words。具体来讲,文本经过分词生成特征词集后,注意到这个特征词集中有很多虚词,这些虚词(比如介词、副词等)在文本中仅仅起到结构的作用,并不代表实际意义,因此对分类来说作用不大,应该从特征词集中剔除,故而把这些词称为停用词。

这些停用词都是人工输入、非自动化生成的,生成后的停用词会形成一个停用词表。停用词的选取对特征词集的大小以及分类的准确率都有很大的影响。

nltk 是 Python 处理语言的主要工具包,可以实现去除停用词、词性标注以及分词和分句等。接下来首先利用 nltk 工具包的 download() 函数下载停用词,并作一个简单的测试。

```
1   In[15]:
2   import nltk
3   nltk.download('stopwords')
4   Out[15]:
5   [nltk_data] Downloading package stopwords to
6   [nltk_data]     C:\Users\Houge\AppData\Roaming\nltk_data…
7   [nltk_data]   Unzipping corpora\stopwords.zip.
8   True
9   In[16]:
10  from nltk.corpus import stopwords
11  stop = stopwords.words('english')
12  [w for w in tokenizer_porter('a runner likes running and runs a lot')[-10:]
13  if w not in stop]
14  Out[16]:
15  ['runner', 'like', 'run', 'run']
```

从输出结果可以看出,冠词 a、连词 and 都是停用词,都被有效地剔除掉了。

4. 词云

词云(Wordcloud)是对文本信息中出现频率较高的关键词给予视觉上的突出,形成关键词渲染。从视觉上过滤掉大量无用的文本信息,从而使读者能更快地领会文本的主旨。

在生成词云前,先对影评文本进行预处理,即用之前的方法,首先清洗掉 HTML 标记以及反斜杠、括号等字符,然后进行分词,最后再过滤掉停用词。为了便于操作,这里写一个函数 clean_text() 来完成预处理工作。

```
1   In[17]:
2   def clean_text(text):
3       text_prepr = preprocessor(text)
4       stop = stopwords.words('english')
5       words = [w for w in tokenizer(text_prepr)if w not in stop and len(w)>= 3 ]
6   return ("".join(words)).strip()
7   In[18]:
8   df['cleaned_review'] = df['review'].apply(lambda x: clean_text(x))
```

9 #预处理后可以看一下效果,这里看其中一条评论处理之后的结果

10 In[19]:

11 df['cleaned_review'][1]

12 Out[19]:

13 'wonderful little production filming technique unassuming old time bbc fashion gives comforting sometimes discomforting sense realism entire piece actors extremely well chosen michael sheen got polari voices pat truly see seamless editing guided references williams diary entries well worth watching terrificly written performed piece masterful production one great master comedy life realism really comes home little things fantasy guard rather use traditional dream techniques remains solid disappears plays knowledge senses particularly scenes concerning orton halliwell sets particularly flat halliwell murals decorating every surface terribly well done'

14 #接下来,首先生成所有影评的词云,其结果如图6.22所示

15 In[20]:

16
```
from wordcloud import WordCloud
all_words = ''.join([text for text in df['cleaned_review']])
wordcloud = WordCloud(width = 800, height = 500, random_state = 99, max_font_size =
120).generate(all_words)
plt.figure(figsize = (10, 7))
plt.imshow(wordcloud, interpolation = "bilinear")
plt.axis('off')
plt.show()
Out[20]:
```

图6.22 总体影评词云(见彩插)

生成所有正向影评的词云,其结果如图6.23所示。

1 In[21]:

2 positive_words = ''.join([text for text in

3   df['cleaned_review'][df['sentiment'] == 'positive']])

4
```
wordcloud = WordCloud(width = 800, height = 500, random_state = 99, max_font_size =
120).generate(positive_words)
```

5 plt.figure(figsize = (10, 7))

6 plt.imshow(wordcloud, interpolation = "bilinear")

```
7    plt.axis('off')
8    plt.show()
9    Out[21]:
```

图 6.23　正向影评词云

从结果可以看出，better、well、great、good、love、beautiful 等都是代表正向的关键词。最后生成所有负向影评的词云，其结果如图 6.24 所示。

```
1    In[22]:
2    negative_words = ''.join([text for text in
3                df['cleaned_review'][df['sentiment'] == 'negative']])
4    wordcloud = WordCloud(width = 800, height = 500, random_state = 99, max_font_size =
     120).generate(negative_words)
5    plt.figure(figsize = (10, 7))
6    plt.imshow(wordcloud, interpolation = "bilinear")
7    plt.axis('off')
8    plt.show()
9    Out[22]:
```

图 6.24　负向影评词云

从结果可以看出，bad、sad、nothing、violence、never、worse 等都是代表负向的关键词。

至此，就完成了对影评数据的预处理，为 6.2.6 节训练模型打好基础。

6.2.6 训练模型

1. 划分数据集

在划分数据集之前，首先需要计算 TF-IDF，由于之前已经进行过数据预处理，这里可将 preprocessor、tokenizer 以及 stop_words 三个参数均设为 None。

```
1   In[23]:
2   from sklearn.feature_extraction.text import TfidfVectorizer
3   tfidf = TfidfVectorizer(strip_accents = None, lowercase = True, preprocessor = None,
    tokenizer = None, stop_words = None, use_idf = True, norm = 'l2', smooth_idf = True)
4   y = df.sentiment.values
5   x = tfidf.fit_transform(df['cleaned_review'])
6   # 接下来划分数据集，采取的方法是训练集、测试集各占一半
7   In[24]:
8   from sklearn.model_selection import train_test_split
9   x_train, x_test, y_train, y_test = train_test_split(x, y, random_state = 1, test_size =
    0.5, shuffle = False)
```

2. 训练模型

由于影评情感分析是一个二分类的问题，因此这里选择用逻辑回归来分类。

```
1   In[25]:
2   from sklearn.linear_model import LogisticRegression
3   lr = LogisticRegression(random_state = 0).fit(x_train, y_train)
```

6.2.7 模型评估及调优

1. 模型评估

```
1    In[26]:
2    from sklearn.metrics import accuracy_score, classification_report
3    y_train_pred = lr.predict(x_train)
4    y_test_pred = lr.predict(x_test)
5    print("lr.score:", lr.score(x_test, y_test))
6    # print("accuracy_score:", accuracy_score(y_train, y_train_pred))
7    print("classification_report:\n", classification_report(y_train, lr.predict(x_
     train), digits = 5))
8    Out[26]:
9    lr.score: 0.89268
10   classification_report:
11                  precision    recall    f1 - score   support
```

12					
13	negative	0.94456	0.93030	0.93738	12526
14	positive	0.93106	0.94517	0.93806	12474
15					
16	accuracy			0.93772	25000
17	macro avg	0.93781	0.93774	0.93772	25000
18	weighted avg	0.93782	0.93772	0.93772	25000

2. 模型调优

接下来用网格搜索 GridSearchCV 来寻找最优参数。

```
 1  In[27]:
 2  from sklearn.model_selection import GridSearchCV
 3  clf = LogisticRegression(random_state = None).fit(x_train, y_train)
 4  param_grid = {
 5                  'penalty': ['l2'],
 6                  'C': [0.01, 0.1, 1, 10, 100],
 7                  'max_iter':[10, 100, 200, 500, 1000]
 8                  }
 9  lr_grid_search = GridSearchCV(estimator = clf, param_grid = param_grid,
10                                scoring = 'accuracy',
11                                cv = 3,
12                                verbose = 1,
13                                n_jobs = - 1)
14  lr_grid_search.fit(x_train, y_train)
15  Out[27]:
16  GridSearchCV(cv = 3, estimator = LogisticRegression(), n_jobs = - 1,
17             param_grid = {'C': [0.01, 0.1, 1, 10, 100],
18                          'max_iter': [10, 100, 200, 500, 1000],
19                          'penalty': ['l2']},
20             scoring = 'accuracy', verbose = 1)
21  # 先输出最优估计器
22  In[28]:
23  lr_grid_search.best_estimator_
24  Out[28]:
25  LogisticRegression(C = 10, class_weight = None, dual = False,
26                          fit_intercept = True,
27  intercept_scaling = 1, max_iter = 10, multi_class = 'ovr',
28                          n_jobs = 1,
29          penalty = 'l2', random_state = None, solver = 'liblinear',
30                          tol = 0.0001,
31          verbose = 0, warm_start = False)
32  # 还可以直接输出最优参数
33  In[29]:
34  lr_grid_search.best_params_
35  Out[29]:
```

```
36   {'C': 10, 'max_iter': 100, 'penalty': 'l2'}
37   # 输出调优后的模型评估结果
38   In[30]:
39   print("lr_grid_search.score:",lr_grid_search.score(x_test,y_test))
40   print("after gridsearch classification_report:\n",
41   classification_report(y_train,
42   lr_grid_search.predict(x_train),digits = 5))
43   Out[30]:
44   lr_grid_search.score: 0.8946
45   after gridsearch classification_report:
46                precision    recall    f1 - score    support
47
48     negative    0.99136    0.98986    0.99061    12526
49     positive    0.98983    0.99134    0.99059    12474
50
51     accuracy                          0.99060    25000
52    macro avg    0.99060    0.99060    0.99060    25000
53 weighted avg    0.99060    0.99060    0.99060    25000
```

结果超出了预期,调优后的模型预测精确率比之前高了将近 6%,分类效果非常好。

6.3 房价预测系统

房价是体现经济运转好坏的重要指标,房地产开发商与购房者都密切关注着房价波动,构建有效的房价预测模型对金融市场、民情民生有着重要意义。因此,创建一个好的房价预测模型,无论对于开发商、房地产经纪人以及普通购房者来说,都具有非常重要的价值。

6.3.1 案例背景

1. 任务描述

本案例利用马萨诸塞州波士顿郊区的房屋信息数据集搭建一个波士顿房价预测模型,通过数据挖掘对影响波士顿房价的因素进行分析,利用犯罪率、是否邻近查尔斯河、住宅平均房间数、公路可达性等信息,来预测 20 世纪 70 年代波士顿地区房屋价格的中位数,并对模型的性能和预测能力进行评估。

2. 获取数据集

该数据集是 Scikit-learn 自带的美国某经济学杂志上分析研究波士顿房价的数据集。数据集中的每一行数据都是对波士顿周边或城镇房价的描述,这个数据集包含 506 个数据点、13 个输入特征和 1 个输出变量。
- CRIM:城镇人均犯罪率。
- ZN:住宅用地超过 25000 平方英尺的比例。

- INDUS：城镇非零售商用土地的比例。
- CHAS：查理斯河空变量,1 为靠近,0 为远离。
- NOX：环保指数,表示一氧化氮浓度。
- RM：住宅平均房间数。
- AGE：1940 年以前建成的自用房屋比例。
- DIS：距离波士顿 5 个中心区域的加权距离。
- RAD：距离高速公路的便利指数。
- TAX：每一万美元的不动产税率。
- PRTATIO：城镇中的教师学生比例。
- B：城镇中人种的比例。
- LSTAT：人口中地位较低的人口比例。
- MEDV：自住房的中位数。

6.3.2 数据处理及可视化分析

因为要对房屋价格的中位数进行预测,故应将 MEDV 作为输出变量(也就是因变量),其他输入特征作为自变量。

代码清单 6-3：房价预测系统

1. 导入数据

```
1   In[1]:
2   import sklearn.datasets as datasets        #首先导入需要的包
3   boston = datasets.load_boston()            #加载波士顿房价的数据集
4   train = boston.data                        #导入所有特征变量
5   target = boston.target                     #导入目标值即房价
6   train.shape                                #查看数据大小
7   Out[1]:
8   (506, 13)
9   #输出为(506, 13),表明该数据集有 506 个样本,每个样本有 13 个特征
10  In[2]:
11  name_data = boston.feature_names            #查看特征标签
12  name_data
13  Out[2]:
14  array(['CRIM', 'ZN', 'INDUS', 'CHAS', 'NOX', 'RM', 'AGE', 'DIS', 'RAD','TAX', 'PTRATIO',
    'B', 'LSTAT'], dtype = '<U7')
```

2. 数据可视化

首先查看一下各个输入特征的散点分布情况。

```
1   In[3]:
2   import matplotlib.pyplot as plt
3   fig = plt.figure(figsize = (10,10))
```

```
4    fig.subplots_adjust(wspace = 0.3,hspace = 0.3)
5    for i in range(13):
6        plt.subplot(4,4,i + 1)
7        plt.scatter(train [:,i], target,s = 5)
8        plt.title(name_data[i])
9    plt.show
10   Out[3]:
```

输出如图 6.25 所示。

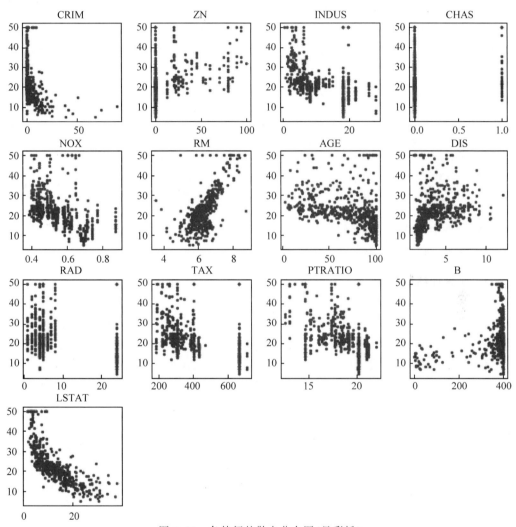

图 6.25 各特征的散点分布图(见彩插)

3. 数据预处理

1)移除次要特征

根据图 6.25 中各特征的散点图,房屋的 RM、LSTAT、PTRATIO 三个特征与房屋价格中位数的相关性最大,所以,可以将其余不相关的特征移除。

2）异常数据处理

目标值中有 16 个值为 50.0 的异常数据点，它们对模型会有影响，因此需要被移除。

```
1   In[4]:
2   import numpy as np
3   i_ = []
4   for i in range(len(target)):
5       if target[i] == 50:
6           i_.append(i)                        #存储房价等于50的异常值下标
7   train = np.delete(train, i_, axis = 0)      #删除异常值
8   target = np.delete(target, i_, axis = 0)    #删除异常值
9   name_data = boston.feature_names
10  j_ = []
11  for i in range(13):
12      if name_data[i] == 'RM'or name_data[i] == 'PTRATIO'or name_data[i] == 'LSTAT':
13          continue
14      j_.append(i)                            #存储次要特征的下标
15  train = np.delete(train, j_, axis = 1)      #删除次要特征
16  print(np.shape(train))
17  Out[4]:
18  (490, 3)
```

输出为(490，3)，表明该数据集的 16 个异常数据点已经被移除，次要特征也被移除了，每个样本仅存 3 个主要特征。

4. 划分训练验证集

将数据分割为训练集和测试集，其中 20% 的数据构建测试样本，剩余作为训练样本。

```
1   In[5]:
2   from sklearn.model_selection import train_test_split
3   x_train, x_test, y_train, y_test = train_test_split(train, target, test_size = 0.2,
    random_state = 7)
4   print(len(x_train))
5   print(len(x_test))
6   print(len(y_train))
7   print(len(y_test))
8   Out[5]:
9   392
10  98
11  392
12  98
```

这里的 random_state 保证程序每次运行都分割一样的训练集和测试集，从而便于比较不同算法模型之间的性能。否则，同样的算法模型在不同的训练集和测试集上的效果表现将不一样，这样就不便于比较不同算法模型之间的性能。

微课视频

6.3.3 训练模型

回归模型可以选择前面章节里学过的 K 近邻回归、线性回归、岭回归、Lasso 回归以及决策树回归模型。

1. K 近邻回归

```
1   In[6]:
2   from sklearn.neighbors import KNeighborsRegressor
3   from sklearn.metrics import r2_score
4   from sklearn.metrics import explained_variance_score
5   from sklearn.metrics import mean_absolute_error
6   from sklearn.metrics import mean_squared_error
7   from sklearn.metrics import median_absolute_error
8   knn = KNeighborsRegressor()
9   knn.fit(x_train,y_train)
10  y_pre_knn = knn.predict(x_test)
11  knn_score = r2_score(y_test,y_pre_knn)
12  knn_EV = explained_variance_score(y_test, y_pre_knn)
13  knn_MAE = mean_absolute_error(y_test, y_pre_knn)
14  knn_medAE = median_absolute_error(y_test, y_pre_knn)
15  knn_MSE = mean_squared_error(y_test, y_pre_knn)
```

2. 线性回归

```
1   In[7]:
2   from sklearn.linear_model import LinearRegression
3   linear = LinearRegression()
4   linear.fit(x_train,y_train)
5   y_pre_linear = linear.predict(x_test)
6   linear_score = r2_score(y_test,y_pre_linear)
7   linear_EV = explained_variance_score(y_test, y_pre_linear)
8   linear_MAE = mean_absolute_error(y_test, y_pre_linear)
9   linear_medAE = median_absolute_error(y_test, y_pre_linear)
10  linear_MSE = mean_squared_error(y_test, y_pre_linear)
```

3. 岭回归

```
1   In[8]:
2   from sklearn.linear_model import Ridge
3   ridge = Ridge()
4   ridge.fit(x_train,y_train)
5   y_pre_ridge = ridge.predict(x_test)
6   ridge_score = r2_score(y_test,y_pre_ridge)
7   ridge_EV = explained_variance_score(y_test, y_pre_ridge)
8   ridge_MAE = mean_absolute_error(y_test, y_pre_ridge)
9   ridge_medAE = median_absolute_error(y_test, y_pre_ridge)
10  ridge_MSE = mean_squared_error(y_test, y_pre_ridge)
```

4. Lasso 回归

```
1   In[9]:
2   from sklearn.linear_model import Lasso
3   lasso = Lasso(alpha = .0001)
4   lasso.fit(x_train, y_train)
5   y_pre_lasso = lasso.predict(x_test)
6   lasso_score = r2_score(y_test, y_pre_lasso)
7   lasso_EV = explained_variance_score(y_test, y_pre_lasso)
8   lasso_MAE = mean_absolute_error(y_test, y_pre_lasso)
9   lasso_medAE = median_absolute_error(y_test, y_pre_lasso)
10  lasso_MSE = mean_squared_error(y_test, y_pre_lasso)
```

5. 决策树回归

```
1   In[10]:
2   from sklearn.tree import DecisionTreeRegressor
3   decision = DecisionTreeRegressor()
4   decision.fit(x_train, y_train)
5   y_pre_decision = decision.predict(x_test)
6   decision_score = r2_score(y_test, y_pre_decision)
7   decision_EV = explained_variance_score(y_test, y_pre_decision)
8   decision_MAE = mean_absolute_error(y_test, y_pre_decision)
9   decision_medAE = median_absolute_error(y_test, y_pre_decision)
10  decision_MSE = mean_squared_error(y_test, y_pre_decision)
```

6.3.4 模型评估

回归模型评价指标可以选择前面章节学过的 R2 决定系数、可释方差、平均绝对误差、中位绝对误差以及均方误差。

1. R2 决定系数对比结果

```
1   In[11]:
2   print("knnR2 决定系数:", knn_score)
3   print("LinearR2 决定系数:", linear_score)
4   print("ridgeR2 决定系数:", ridge_score)
5   print("lassoR2 决定系数:", lasso_score)
6   print("decisionR2 决定系数:", decision_score)
7   Out[11]:
8   knnR2 决定系数: 0.8088401827547975
9   LinearR2 决定系数: 0.7225438599174723
10  ridgeR2 决定系数: 0.722179010376782
11  lassoR2 决定系数: 0.7225419411493674
12  decisionR2 决定系数: 0.6851597745273366
```

从对比结果可以看到,KNN 回归模型的 R2 决定系数最高,约为 0.81,表明其预测的结果较为理想。decision 的 R2 决定系数最低,表明其预测的结果较差。

2. 可释方差对比结果

```
1   In[12]:
2   print("KNN 可释方差:",knn_EV)
3   print("Linear 可释方差:",linear_EV)
4   print("ridge 可释方差:",ridge_EV)
5   print("lasso 可释方差:",lasso_EV)
6   print("decision 可释方差:",decision_EV)
7   Out[12]:
8   KNN 可释方差: 0.8098907075049465
9   Linear 可释方差: 0.7227946280683668
10  ridge 可释方差: 0.7224322944171769
11  lasso 可释方差: 0.7227926922269345
12  decision 可释方差: 0.6866175411208002
```

从对比结果可以看到,KNN 回归模型的可释方差最高,约为 0.81,表明其预测的结果较为理想。decision 可释方差最低,表明其预测的结果较差。

3. 平均绝对误差对比结果

```
1   In[13]:
2   print("KNN 平均绝对误差:",knn_MAE)
3   print("linear 平均绝对误差:",linear_MAE)
4   print("ridge 平均绝对误差:",ridge_MAE)
5   print("lasso 平均绝对误差:",lasso_MAE)
6   print("decision 平均绝对误差:",decision_MAE)
7   Out[13]:
8   KNN 平均绝对误差: 2.355714285714286
9   linear 平均绝对误差: 2.9485456013556033
10  ridge 平均绝对误差: 2.9488243197683026
11  lasso 平均绝对误差: 2.9485457715298957
12  decision 平均绝对误差: 3.1081632653061213
```

从对比结果可以看到,KNN 回归模型的平均绝对误差最小,表明其预测的结果较好。decision 平均绝对误差最大,表明其预测的结果较差。

4. 中位绝对误差对比结果

```
1   In[14]:
2   print("KNN 中位绝对误差:",knn_medAE)
3   print("linear 中位绝对误差:",linear_medAE)
4   print("ridge 中位绝对误差:",ridge_medAE)
5   print("lasso 中位绝对误差:",lasso_medAE)
6   print("decision 中位绝对误差:",decision_medAE)
7   Out[14]:
8   KNN 中位绝对误差: 1.9500000000000002
```

```
 9   linear 中位绝对误差: 2.5206011353628934
10   ridge 中位绝对误差: 2.508144982372807
11   lasso 中位绝对误差: 2.520546424720564
12   decision 中位绝对误差: 2.3499999999999996
```

从对比结果可以看到,KNN 回归模型的中位绝对误差最小,表明其预测的结果较好。decision 中位绝对误差最大,表明其预测的结果较差。

5. 均方误差对比结果

```
 1   In[15]:
 2   print("KNN 均方误差:",knn_MSE)
 3   print("linear 均方误差:",linear_MSE)
 4   print("ridge 均方误差:",ridge_MSE)
 5   print("lasso 均方误差:",lasso_MSE)
 6   print("decision 均方误差:",decision_MSE)
 7   Out[15]:
 8   KNN 均方误差: 10.250795918367345
 9   linear 均方误差: 14.878368839596243
10   ridge 均方误差: 14.897933611295773
11   lasso 均方误差: 14.878471732037452
12   decision 均方误差: 16.883061224489797
```

从对比结果可以看到,KNN 回归模型的均方误差最小,表明其预测的结果较好。decision 均方误差最大,表明其预测的结果较差。

```
 1   In[16]:
 2   plt.plot(y_test,label = 'true price')
 3   plt.plot(y_pre_knn,label = 'knn predicted')
 4   plt.legend()
 5   plt.show()
 6   plt.plot(y_test,label = 'true price')
 7   plt.plot(y_pre_knn,label = 'linear predicted')
 8   plt.legend()
 9   plt.show()
10   plt.plot(y_test,label = 'true price')
11   plt.plot(y_pre_ridge,label = 'ridge predicted')
12   plt.legend()
13   plt.show()
14   plt.plot(y_test,label = 'true price')
15   plt.plot(y_pre_lasso,label = 'lasso predicted')
16   plt.legend()
17   plt.show()
18   plt.plot(y_test,label = 'true')
19   plt.plot(y_pre_decision,label = 'decision predicted')
20   plt.legend()
21   plt.show()
```

从可视化的结果也能看出,各模型预测值与真实值的可视化对比图如图 6.26～图 6.30 所示。

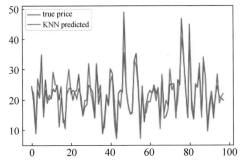

图 6.26　KNN 预测值与真实值对比(见彩插)

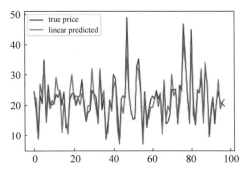

图 6.27　linear 预测值与真实值对比(见彩插)

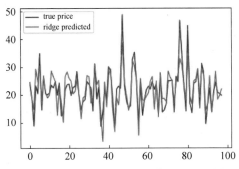

图 6.28　ridge 预测值与真实值对比(见彩插)

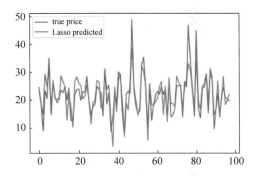

图 6.29　Lasso 预测值与真实值对比(见彩插)

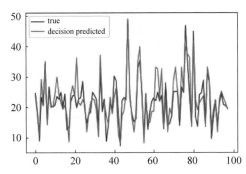

图 6.30　decision 预测值与真实值对比(见彩插)

为什么 KNN 回归模型会有如此好的表现呢? 主要是:首先对数据进行过预处理,移除了一些异常数据。其次移除了 10 个次要特征,仅保留了 3 个主要特征。正因为特征数变得非常少,KNN 回归模型的性能超越了其他的模型。

读者可以跳过预处理,然后观察各模型的表现,并分析原因,进一步总结一下各个模型优缺点。

6.3.5 模型调优

这里以 6.3.4 节中表现最差的决策树回归模型为例,利用 GridSearchCV 对决策树回归模型的参数调优,DecisionTreeRegressor 的主要参数如下。

- max_depth:可以为整数或者 None,指定树的最大深度。如果为 None,则表示树的深度不限。如果 max_leaf_nodes 参数非 None,则忽略此选项。
- min_samples_split:为整数,指定每个内部结点(非叶结点)包含的最少的样本数。
- min_samples_leaf:为整数,指定每个叶结点包含的最少的样本数。
- max_Leaf_nodes:为整数或者 None,指定叶结点的最大数量。

```
In[17]:
from sklearn.model_selection import GridSearchCV
param_grid = {'max_depth':range(3,10),'max_leaf_nodes':range(3,30,3),'min_samples_leaf':
range(2, 20, 2),'min_samples_split':range(5, 40, 5)}
grid = GridSearchCV(DecisionTreeRegressor(), param_grid, cv = 10, n_jobs = 1)
grid.fit(x_train,y_train)
Out[17]:
GridSearchCV(cv = 10, estimator = DecisionTreeRegressor(), n_jobs = 1,
             param_grid = {'max_depth': range(3, 10),
                          'max_leaf_nodes': range(3, 30, 3),
                          'min_samples_leaf': range(2, 20, 2),
                          'min_samples_split': range(5, 40, 5)})
# 先输出最优估计器
In[18]:
print(grid.best_estimator_)
Out[18]:
DecisionTreeRegressor(max_depth = 6, max_leaf_nodes = 15,
                      min_samples_leaf = 10,
min_samples_split = 25)
# 还可以直接输出最优参数
In[19]:
print( grid.best_params_)
Out[19]:
{'max_depth': 6, 'max_leaf_nodes': 15, 'min_samples_leaf': 10, 'min_samples_split': 25}
# 最后输出调优后的 R2 决定系数、可释方差、平均绝对误差、中位绝对误差以及均方误差
In[20]:
y_pre_decision = grid.predict(x_test)
decision_score = r2_score(y_test,y_pre_decision)
decision_EV = explained_variance_score(y_test, y_pre_decision)
decision_MAE = mean_absolute_error(y_test, y_pre_decision)
decision_medAE = median_absolute_error(y_test, y_pre_decision)
decision_MSE = mean_squared_error(y_test, y_pre_decision)
print("decisionR2 决定系数:",decision_score)
print("decision 可释方差:",decision_EV)
print("decision 平均绝对误差:",decision_MAE)
print("decision 中位绝对误差:",decision_medAE)
```

```
37   print("decision 均方误差:",decision_MSE)
38   Out[20]:
39   decisionR2 决定系数: 0.8556031094293061
40   decision 可释方差: 0.8593125448306622
41   decision 平均绝对误差: 2.13988710027046
42   decision 中位绝对误差: 1.9191919191919187
43   decision 均方误差: 7.743170493767321
44   # 预测值与真实值的可视化对比图如图 6.31 所示
45   In[21]:
46   plt.plot(y_test,label = 'true')
47   plt.plot(y_pre_decision,label = 'decision predicted')
48   plt.legend()
49   plt.show()
50   Out[21]:
```

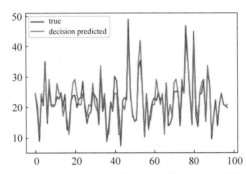

图 6.31　decision 预测值与真实值对比(见彩插)

6.4　人脸识别

人脸识别(Face Recognition)是将静态图像或视频图像中检测出的人脸图像与数据库中的人脸图像进行对比,从中找出与之匹配的人脸的过程,以达到身份识别与鉴定的目的。人脸识别是生物特征识别领域和人工智能领域的研究课题。目前,人脸识别已经广泛应用于金融、司法、航天、电力、教育、医疗等领域。相信随着社会发展与科技的进步,人脸识别技术将会在更多的领域得到应用。

6.4.1　概述

1. 人脸识别的历史

早在 20 世纪 50 年代,就有学者尝试从心理学的角度来阐释人脸认知的奥秘。除了从感知与心理学的角度来研究人脸识别原理外,也有从生物视觉角度来探索奥秘的。但真正与现在的人脸识别技术有较多关联的研究,其实出现在 20 世纪 70 年代。经过几十年的曲折发展,如今人脸识别技术已经日趋成熟。

人脸识别技术的发展历程可划分为三个阶段。

第一阶段就是起源于 20 世纪 70 年代的半机械式识别方法;这一阶段的人脸识别过

程几乎全部需要操作人员来完成。

第二阶段则是以人机交互式识别方法为主,人脸识别过程并没有完全摆脱人工的干预。

第三阶段就是现在所处的阶段,随着机器学习和深度学习技术的兴起,机器能够自动地进行人脸识别与判断。

2. 人脸识别的流程

人脸识别,是基于人的脸部特征信息进行身份识别的一种生物识别技术。用摄像机或摄像头采集含有人脸的图像或视频流,并自动在图像中检测和跟踪人脸,进而对检测到的人脸进行脸部识别的一系列相关技术,通常也叫作人像识别、面部识别。

人脸识别的一般流程如图 6.32 所示。

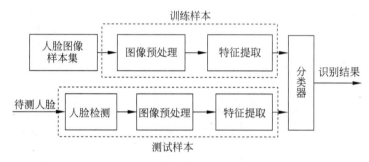

图 6.32　人脸识别的一般流程

(1) 人脸图像采集:不同的人脸图像都能通过摄像镜头采集下来,比如静态图像、动态图像、不同的位置、不同表情等。

(2) 人脸检测:判断输入图片中是否有人脸图像,并对人脸进行定位。

(3) 人脸图像预处理:系统获取的原始图像由于受到各种条件的限制和随机干扰,往往不能直接使用,必须在图像处理的早期阶段对它进行灰度校正、噪声过滤等图像预处理。经过预处理之后,将有利于提高后续人脸识别算法的准确率。

(4) 特征提取:人脸特征提取,也称人脸表征,它是对人脸进行特征建模的过程。通过提取人脸所具有的共性,比如人脸的鼻子、嘴巴、眼睛等所有人脸共有的性质,来判断图像中某一区域是否是人脸。

(5) 人脸识别:主要分为 $1:1$ 和 $1:N$ 两个问题,其中 $1:N$ 问题是通过提取待识别人脸的特征,对比标准数据集,判断该人脸是否存在于已有的人脸数据库中,如果存在,则输出属于哪一个人。

人脸识别过程中,需要综合考虑多种影响因素,特征选择、特征提取等都是十分重要的影响因素。而人脸检测、预处理、特征提取、识别等不同的阶段,是能否准确、快速实现人脸识别系统的关键性阶段。

6.4.2　加载数据集

微课视频

Olivetti Faces 人脸数据库是纽约大学组建的一个迷你的人脸数据库。数据采集自

40个人,每人10张图片,组成一张有400张人脸的大图片,每张人脸图片大小是64×64。

代码清单6-4:人脸识别

使用sklearn的datasets模块在线获取Olivetti Faces数据集之前,首先需导入的datasets模块。

```
1    In[1]:
2    from sklearn import datasets
3    from sklearn.datasets import fetch_olivetti_faces
4    ♯在线获取Olivetti Faces数据集
5    In[2]:
6    face_data = fetch_olivetti_faces()
7    In[3]:
8    face_data.images.shape
9    Out[3]:
10   (400, 64, 64)
11   In[4]:
12   number_of_samples, height, width = face_data.images.shape
13   X = face_data.data
14   y = face_data.target
15   print("Number of images " + str(number_of_samples) )
16   print("Height of each image " + str(height))
17   print("Width of each image " + str(width))
18   Out[4]:
19   Number of images 400
20   Height of each image 64
21   Width of each image 64
22   ♯可以看出总共有400张人脸,每张人脸照片的大小是64×64
23   ♯接下来读取人脸数据及标签
24   In[5]:
25   import numpy as np
26   X = face_data.data
27   Y = face_data.target.reshape(-1,1)         ♯将标签转化为一维向量
28   print("X: ", X.shape)
29   print("Y: ", Y.shape)
30   Out[5]:
31   X: (400, 4096)
32   Y: (400, 1)
33   ♯得到人脸数据后,试着输出样本中前5排的人脸,如图6.33所示
34   In[6]:
35   import matplotlib.pyplot as plt
36   from skimage.io import imshow
37   fig = plt.figure(figsize = (24, 12))
38   fig.subplots_adjust(wspace = 0.1, hspace = 0.1)
39   columns = 10
40   rows = 5
41   for i in range(1, columns * rows + 1):
42       img = X[(i-1)]
43       fig.add_subplot(rows, columns, i)
44       plt.imshow(img.reshape((64, 64)), cmap = plt.get_cmap('gray'))
45       plt.axis('off')
46   Out[6]:
```

图 6.33　输出前 5 排人脸

从输出结果可以看出,每一排的 10 个人脸是同一个人的。接下来输出不同的 40 张人脸,方法是每次输出每一排的最后一张人脸并排成四排,输出结果如图 6.34 所示。

```
1   In[7]:
2   fig = plt.figure(figsize = (24, 10))
3   columns = 10
4   rows = 4
5   for i in range(1, columns * rows + 1):
6       img = X[(10 * i - 1)]
7       fig.add_subplot(rows, columns, i)
8       plt.imshow(img.reshape((64, 64)), cmap = plt.get_cmap('gray'))
9       plt.title("person {}".format(i), fontsize = 14)
10      plt.axis('off')
11  Out[7]:
```

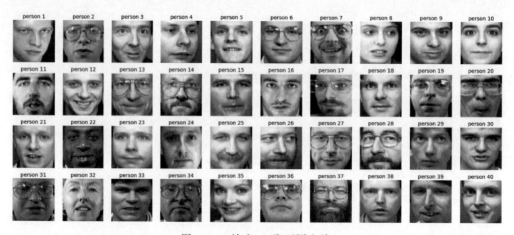

图 6.34　输出 40 张不同人脸

6.4.3 训练模型

训练模型之前,先划分训练集及测试集,其中70%用于训练,30%用于测试。

```
1  In[8]:
2  from sklearn.model_selection import train_test_split
3  x_train, x_test, y_train, y_test = train_test_split(X, Y, test_size = 0.3, random_
   state = 137)
4  print("x_train: ",x_train.shape)
5  print("x_test: ",x_test.shape)
6  print("y_train: ",y_train.shape)
7  print("y_test: ",y_test.shape)
```

为了有对比的效果,接下来分别用 K 近邻、逻辑回归、线性 SVM 以及随机森林四种算法来训练模型。

```
1   In[9]:
2   from sklearn.neighbors import KNeighborsClassifier
3   from sklearn.linear_model import LogisticRegression
4   from sklearn.svm import SVC
5   from sklearn.ensemble import RandomForestClassifier
6
7   Knn = KNeighborsClassifier(n_neighbors = 1)
8   Knn.fit(x_train, y_train.ravel())
9
10  lr = LogisticRegression(max_iter = 500)
11  lr.fit(x_train, y_train.ravel())
12
13  svm = SVC(kernel = 'linear')
14  svm.fit(x_train, y_train.ravel())
15
16  rf = RandomForestClassifier(n_estimators = 100)
17  rf.fit(x_train, y_train.ravel())
```

6.4.4 测试模型

现在计算四种算法的精确率并输出,如图6.35所示。

```
1  In[10]:
2  Knn_accuracy = round(Knn.score(x_test, y_test) * 100,2)
3  list_names.append("KNN")
4  list_accuracy.append(Knn_accuracy)
5
6  LR_accuracy = round(lr.score(x_test, y_test) * 100,2)
7  list_names.append("Logistic Regression")
8  list_accuracy.append(LR_accuracy)
```

```
9
10  svm_accuracy = round(svm.score(x_test, y_test) * 100, 2)
11  list_names.append("SVM")
12  list_accuracy.append(svm_accuracy)
13
14  RF_accuracy = round(rf.score(x_test, y_test) * 100, 2)
15  list_names.append("Random Forest")
16  list_accuracy.append(RF_accuracy)
17
18  import pandas as pd
19  df = pd.DataFrame({'Algorithm': list_names, 'Accuracy (%)': list_accuracy})
20  df.head()
21  Out[10]:
```

	Algorithm	Accuracy (%)
0	KNN	90.83
1	Logistic Regression	96.67
2	SVM	96.67
3	Random Forest	94.17

图 6.35   四种模型的精确率

6.4.5 PCA 主成分分析

微课视频

1. 获取特征脸

一组特征脸可以通过在一大组描述不同人脸的图像上进行主成分分析(PCA)获得。任意一张人脸图像都可以被认为是这些标准脸的组合。另外,由于人脸是通过一系列向量(每个特征脸一个比值)而不是数字图像进行保存,可以节省很多存储空间。

首先将数据集的特征数量降到 100 维,并将数据投射到特征空间,然后算出每个主成分的重要程度。

```
1   In[11]:
2   from sklearn.decomposition import PCA
3   n_components = 100                                    # 将数据集的特征数量降到100维
4   pca = PCA(n_components)
5   X_train_pca = pca.fit_transform(x_train)             # 将数据投影到特征空间
6   X_test_pca = pca.transform(x_test)
7   print('Original dataset:', x_train.shape)
8   print('Dataset after applying PCA:', X_train_pca.shape)
9   print('Eigen Face Dimension:', pca.components_.shape)
10  print(pca.explained_variance_ratio_)                 # 表示每个主成分的重要程度
11  print('Sum of Variance:', pca.explained_variance_ratio_.sum())
12  # 累积的解释方差
13  Out[11]:
14  Original dataset: (280, 4096)
```

```
15  Dataset after applying PCA: (280, 100)
16  Eigen Face Dimension: (100, 4096)
17  [0.24349788 0.14659676 0.07617877 0.05010133 0.03718267 0.03039682
    0.02402358 0.02076211 0.01915522 0.01674237 0.01517571 0.0146837
    0.01250559 0.01160107 0.01061861 0.00977817 0.00942221 0.00829476
    0.0079007  0.00723241 0.00695322 0.00644871 0.00612682 0.0058369
    0.00563258 0.00532646 0.00502753 0.00488699 0.00473312 0.00439801
    0.00428309 0.00384706 0.00355036 0.00348767 0.00342264 0.0033315
    0.00329513 0.00324413 0.00293543 0.00288041 0.00268486 0.00264496
    0.0026025  0.00244826 0.00241306 0.00240391 0.00234145 0.00229823
    0.00223556 0.00214463 0.00204934 0.00200838 0.00194753 0.00192615
    0.0019187  0.00185069 0.00175834 0.00172433 0.00171366 0.00165546
    0.00162451 0.00157573 0.00151851 0.00150942 0.00142922 0.00139814
    0.00139187 0.00138937 0.00133216 0.00130022 0.00129131 0.00128427
    0.00124472 0.00123534 0.00119285 0.00117736 0.0011531  0.00112237
    0.00111738 0.00108586 0.00105456 0.00103246 0.00101922 0.00100441
    0.00098164 0.00096512 0.00095672 0.00092791 0.0009228  0.00091822
    0.00087894 0.00087759 0.00086004 0.00083339 0.00082921 0.00080972
    0.00079826 0.00078462 0.00076614 0.00075764]
18  Sum of Variance: 0.9486206
19  #接下来计算并输出所有的特征脸,其输出如图6.36所示
20  In[12]:
21  number_of_eigenfaces = pca.components_.shape[0]
22  eigen_faces = pca.components_.reshape((number_of_eigenfaces, 64, 64))
23  columns = 10
24  rows = int(number_of_eigenfaces/columns)
25  fig, axarr = plt.subplots(nrows = rows, ncols = columns, figsize = (16,16))
26  axarr = axarr.flatten()
27  for i in range(number_of_eigenfaces):
28      axarr[i].imshow(eigen_faces[i], cmap = "gray")
29      axarr[i].set_title("eigen_id:{}".format(i))
30      axarr[i].axis('off')
31  Out[12]:
```

然后计算一下平均脸,输出如图6.37所示。

```
1  In[13]:
2  plt.figure(figsize = (4, 4))
3  plt.imshow(pca.mean_.reshape((64,64)), cmap = "gray")
4  plt.title('Average Face')
5  plt.show()
6  Out[13]:
```

2. 训练降维后的模型

```
1  In[14]:
2  Knn = KNeighborsClassifier(n_neighbors = 1)
```

```
3    Knn.fit(X_train_pca, y_train.ravel())
4
5    lr = LogisticRegression(max_iter = 500)
6    lr.fit(X_train_pca, y_train.ravel())
7
8    svm = SVC(kernel = 'linear')
9    svm.fit(X_train_pca, y_train.ravel())
10
11   rf = RandomForestClassifier(n_estimators = 100)
12   rf.fit(X_train_pca, y_train.ravel())
```

图 6.36　所有特征脸

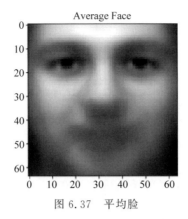

图 6.37 平均脸

3. 测试降维后的模型

```
1   In[15]:
2   list_names_pca = []
3   list_accuracy_pca = []
4   Knn_accuracy = round(Knn.score(X_test_pca, y_test) * 100,2)
5   list_names_pca.append("KNN")
6   list_accuracy_pca.append(Knn_accuracy)
7
8   LR_accuracy = round(lr.score(X_test_pca, y_test) * 100,2)
9   list_names_pca.append("Logistic Regression")
10  list_accuracy_pca.append(LR_accuracy)
11
12  svm_accuracy = round(svm.score(X_test_pca,y_test) * 100,2)
13  list_names_pca.append("SVM")
14  list_accuracy_pca.append(svm_accuracy)
15
16  RF_accuracy = round(rf.score(X_test_pca, y_test) * 100,2)
17  list_names_pca.append("Random Forest")
18  list_accuracy_pca.append(RF_accuracy)
19
20  df = pd.DataFrame({'Algorithm after PCA': list_names_pca, 'Accuracy ( % )': list_accuracy_
    pca})
21  df.head()
22  Out[15]:  #PCA 降维后的精确率如图 6.38 所示
```

	Algorithm after PCA	Accuracy (%)
0	KNN	91.67
1	Logistic Regression	96.67
2	SVM	98.33
3	Random Forest	93.33

图 6.38 PCA 降维后的精确率

微课视频

6.4.6 模型调优

为了便于操作,将构建一个简单的管道。为了能够对 PCA 的 n_components 参数调优,该管道将包括用于 PCA 降维和用于分类的分类器。

分别对之前的 4 种分类器进行调优,完整代码如下。

```
1   In[16]:
2   from sklearn.model_selection import GridSearchCV
3   from sklearn.pipeline import Pipeline
4   pipeline = Pipeline([ ('pca', PCA()),
5                         ('clf', KNeighborsClassifier ())
6                       ])
7   param_grid = {'clf__n_neighbors':[1,2,3,4,5],'clf__weights':['uniform','distance'],'pca__n_
    components':range(50, 130, 10)}
8   clf = GridSearchCV(pipeline, param_grid)
9   clf.fit(x_train, y_train.ravel())
10  print("best params: ",clf.best_params_)
11  accuracy = round(clf.score(x_test, y_test) * 100,2)
12  print("Accuracy: ",accuracy)
13  Out[16]:
14  best params: {'clf__n_neighbors': 1, 'clf__weights': 'uniform', 'pca__n_components': 60}
15  Accuracy: 92.5
16  #结果表明,调优之后比上节高了近1%
17  In[17]:
18  pipeline = Pipeline([ ('pca', PCA()),
19                        ('clf', LogisticRegression(class_weight = 'balanced'))
20                      ])
21  param_grid = {'clf__C':[1,10],'clf__max_iter':range(50,1000,50),'pca__n_components':
    range(50, 130, 10)}
22  clf = GridSearchCV(pipeline, param_grid)
23  clf.fit(x_train, y_train.ravel())
24  print("best params: ",clf.best_params_)
25  accuracy = round(clf.score(x_test, y_test) * 100,2)
26  print("Accuracy: ",accuracy)
27  Out[17]:
28  best params: {'clf__C': 1, 'clf__max_iter': 50, 'pca__n_components': 120}
29  Accuracy: 97.5
30  #结果表明,调优之后比上节高了0.83%
31  In[18]:
32  pipeline = Pipeline([ ('pca', PCA()),
33                        ('clf', SVC())
34                      ])
35  param_grid = {'clf__kernel':['linear',
                  'rbf'],'pca__n_components':range(10, 150, 10)}
36  clf = GridSearchCV(pipeline, param_grid,cv = 4)
37  clf.fit(x_train, y_train.ravel())
38  print("best params: ",clf.best_params_)
```

```
39   accuracy = round(clf.score(x_test, y_test) * 100,2)
40   print("Accuracy: ",accuracy)
41   Out[18]:
42   best params: {'clf__kernel': 'linear', 'pca__n_components': 40}
43   Accuracy: 99.17
44   #结果表明,调优之后比上节高了0.84%
45   In[19]:
46   pipeline = Pipeline([ ('pca', PCA()),
                           ('clf', RandomForestClassifier(class_weight = 'balanced'))
                         ])
47   param_grid = {'clf__n_estimators':[200,400,600,800],'pca__n_components':range(50,
130, 10)},
48   clf = GridSearchCV(pipeline, param_grid)
49   clf.fit(x_train, y_train.ravel())
50   print("best params: ",clf.best_params_)
51   accuracy = round(clf.score(x_test, y_test) * 100,2)
52   print("Accuracy: ",accuracy)
53   Out[19]:
54   best params: {'clf__n_estimators': 400, 'pca__n_components': 100}
55   Accuracy: 95.83
56   #结果表明,调优之后比上上节高了1.66%
```

6.5 本章小结

本章 6.1 节首先介绍了推荐系统起源、推荐系统的结构、推荐系统引擎的架构,重点介绍了常见的推荐引擎算法。然后经历从导入数据、数据清洗、数据预处理及可视化分析、数据降维、训练模型直至模型预测等完整的流程,最终实现了一个基于无监督最近邻的协同过滤算法的推荐系统,从测试的结果来看,效果还是相当不错的。

6.2 节的案例,首先介绍了词袋模型、TF-IDF、分词、停用词及词云等概念。然后经过数据预处理、划分数据集、训练模型、模型评估以及模型调优等完整的机器学习流程,对 IMDb 影评数据集进行了情感分析,从调优之后的评估结果可以看出,分类的效果还是非常理想的。

6.3 节的案例,通过对波士顿数据集的导入以及对输入特征的散点分布情况的可视化分析,移除了次要特征和异常数据,搭建若干个波士顿房价预测模型,通过对影响波士顿房价的主要因素进行分析,实现了对 20 世纪 70 年代波士顿地区房屋价格的中位数的预测,并对模型的性能和预测能力进行了简单的评估。

6.4 节的案例,首先介绍了人脸识别的发展历史及流程,通过对 Olivetti Faces 数据集的导入及可视化分析及 PCA 主成分分析,分别用 K 近邻、逻辑回归、线性 SVM 以及随机森林四种算法来训练模型并对各模型进行了调优。

习题

1. 什么是推荐系统？常见的推荐引擎算法有哪些？各有什么特点？

2. 用基于内容的推荐算法来重新实现一个电影推荐系统。

3. 用基于用户的协同过滤算法来重新实现一个电影推荐系统。

4. 什么是情感分析？简述情感分析的一般流程。

5. 简述什么是词袋、分词、停用词、词云以及 TF-IDF。

6. 用爬虫从豆瓣爬取电视剧"大秦赋"的影评数据，并对爬取的影评数据进行情感分析。

7. 若不对 6.3 节中数据做预处理，观察一下各模型的表现，并分析一下原因，总结一下各个模型优缺点。

8. 分别对 6.3 节中的 K 近邻回归、线性回归、岭回归及 Lasso 回归模型进行调优。

9. 简述人脸识别的一般流程。

10. 将 6.4.3 节 In[8]中 random_state＝137 设置为其他值，观察输出情况，分析造成这种结果的原因并提出改进意见。

图书资源支持

感谢您一直以来对清华版图书的支持和爱护。为了配合本书的使用,本书提供配套的资源,有需求的读者请扫描下方的"书圈"微信公众号二维码,在图书专区下载,也可以拨打电话或发送电子邮件咨询。

如果您在使用本书的过程中遇到了什么问题,或者有相关图书出版计划,也请您发邮件告诉我们,以便我们更好地为您服务。

我们的联系方式:

地　　址:北京市海淀区双清路学研大厦 A 座 714

邮　　编:100084

电　　话:010-83470236　010-83470237

客服邮箱:2301891038@qq.com

QQ:2301891038(请写明您的单位和姓名)

资源下载:关注公众号"书圈"下载配套资源。

资源下载、样书申请
书圈

图书案例
清华计算机学堂

观看课程直播